人工声学超材料带隙特性研究与控制

主 编 姚 宏 赵静波

国防工业出版社

·北京·

内 容 简 介

本书系统介绍了以声子晶体为基础的振动噪声控制理论和实验研究,以及单腔、多腔、可调亥姆霍兹谐振腔、折叠板和薄膜等典型结构对低频宽带的控制效果。主要内容包括:声子晶体/声学超材料的基本概念和发展现状;局域共振声子晶体带隙特性研究;亥姆霍兹周期结构低频带隙机理及隔声特性研究;压电数字声子晶体带隙特性研究;板结构的振动特性研究;薄膜声学超材料隔声特性研究以及近几年来作者对低频振动噪声控制研究的科研成果。

本书可作为高等院校相关专业高年级本科生和研究生教材,也可作为机械工程、力学、声学、物理学相关科研人员和工程技术人员的理论参考书。

图书在版编目(CIP)数据

人工声学超材料带隙特性研究与控制/姚宏,赵静波主编. —北京:国防工业出版社,2022.3
ISBN 978 – 7 – 118 – 11001 – 2

Ⅰ.①人… Ⅱ.①姚… ②赵… Ⅲ.①声学材料—研究 Ⅳ.①TB34

中国版本图书馆 CIP 数据核字(2021)第 216529 号

※

*国防工业出版社*出版发行
(北京市海淀区紫竹院南路 23 号 邮政编码 100048)
北京富博印刷有限公司印刷
新华书店经售

*

开本 787×1092 1/16 插页 3 印张 16½ 字数 375 千字
2022 年 3 月第 1 版第 1 次印刷 印数 1—1500 册 定价 98.00 元

(本书如有印装错误,我社负责调换)

国防书店:(010)88540777   书店传真:(010)88540776
发行业务:(010)88540717   发行传真:(010)88540762

编委会名单

主　编　姚　宏　赵静波

副主编　杜　军　董亚科

参　编　姜久龙　贺子厚　陈　鑫　张佳龙

　　　　祁鹏山　刘　红

前　　言

振动噪声问题在大型装备中广泛存在。在工程技术领域面临的问题非常突出，许多设备都装载了非常多的精密仪器和仪表，功率过大的振动和噪声将使这些精密仪器的性能大大降低，甚至损坏，进而影响其战斗性能。工业设备系统元件众多、振动耦合形式复杂，而且受结构尺寸和质量等条件的约束，传统的减振降噪技术还不能满足这些苛刻要求，因此迫切需要发展新的振动与噪声控制技术。

装备中的振动噪声是以弹性波的形式传播的，本质上都是弹性波在介质中的传播。随着理论探索的不断深入，根植于光子晶体理论产生的声子晶体理论，为低频隔振降噪提供了新的理论和研究思路。经特定设计的声子晶体结构中存在着可以抑制弹性波传播的频率范围，这些频率范围被研究者们称为带隙。研究表明，一些经特定设计的声子晶体具有非常好的低频隔声性能，颠覆了我们对传统隔振降噪领域的认识。除此之外，声子晶体还具有负折射、负等效模量等传统材料不具有的特性。

声子晶体经过20多年的发展，取得了丰硕的研究成果。作者所在课题组紧密结合声子晶体/声学超材料发展前沿，在低频降噪和带隙主动控制领域展开了一系列研究工作，取得了一些研究成果。作者将课题组多年来在声子晶体/声学超材料方面的部分研究成果进行整理出版，希望与同行们交流学习。

本书的内容共分6章，第1章是绪论，介绍了声子晶体/声学超材料的基本概念和发展现状；第2章是亥姆霍兹周期结构低频带隙机理及隔声特性研究，进行了单腔、多腔和可调亥姆霍兹结构的带隙分析；第3章是局域共振声子晶体带隙特性研究；第4章是压电数字声子晶体带隙特性研究，进行了压电等效模量的计算方法和压电数字声子晶体的带隙控制分析；第5章是板结构的振动特性研究，进行了折叠板、阻抗效应板和复合板的隔声分析；第6章是薄膜声学超材料隔声特性研究，进行了几种薄膜声学超材料的吸声分析。

在编写本书的过程中，课题组的姜久龙、贺子厚、陈鑫、张佳龙、祁鹏山、刘红参与了部分工作，在此表示感谢。

本书的研究工作得到了国家自然科学基金（11504429）的资助，在此表达诚挚的谢意。

由于作者水平有限，不妥之处在所难免，望各位读者批评指正。

作　者

2020 年 12 月

目　　录

第1章 绪 论

1.1 引 言

随着大型飞机飞行时间持续增加,乘务人员长时间处于密闭舱室。密闭舱室距离噪声源(发动机)近,噪声严重超标,影响乘员身心健康和舒适性,长时间任务对乘员的身心损伤非常大,甚至可能造成不能恢复的永久性损伤(如部分频段的听力损失),而且噪声过大会影响驾驶员的正常操作、驾驶、交流等,不利于效率的有效发挥。部分频段噪声,尤其是低频噪声对人体的软伤害,还会造成神经紧张,心动过速。长期处于低频噪声下会造成神经衰弱、失眠、头痛等各种神经官能症。从使用效能上讲,高噪声导致设备操作人员和乘务人员极易疲劳,身心受损,严重影响工作状态,人为差错产生的可能性大大增加,在一定程度上制约了飞机效能的生成。由于工作环境的特殊,其噪声来源多样,频率覆盖范围为 $10 \sim 5000\mathrm{Hz}$[1-2],而其中噪声最为集中的范围为 $20 \sim 2000\mathrm{Hz}$,噪声问题特点可归结为噪声频率范围广、低频作用明显。

针对噪声治理问题,主要可从噪声源和噪声传播途径两个环节入手。从噪声源入手主要是指针对发动机等噪声源设备进行降噪设计[1,3]。对于发动机产生的噪声,通过采用大涵道比设计、提高安装精度、改变发动机喷口形状等措施降低其因振动产生的噪声。但需要注意的是这种治理方法需要在设计之初便要考虑,将面对着发动机设计、气动设计、传动系统设计等高难度技术问题,对既有装备改造难度大,需要大量的时间进行理论分析、试验以及工程化验证。从源头进行噪声抑制面临着技术难度高、短时间难以解决的问题,因而从受众者的角度进行噪声抑制,成为一条不错的思路。既然从源头上噪声难以解决,那么在噪声传播路径上进行抑制,使其不能传播到人的耳朵里,也是有效的解决方法。

噪声传播至工作舱室内主要有两种方式:一是发动机产生的噪声和振动通过弹性波传递到舱室壁板,引起机舱壁板结构振动,产生声固耦合噪声;二是噪声通过空气传播到舱室壁后透射进入工作舱室,产生辐射噪声。从噪声传播途径入手主要包括隔声、舱内设施与舱壁内壁吸声、舱体与内板之间的隔振、舱体结构的振动与声辐射抑制等,将噪声部分隔离、吸收,以及减少由舱体结构振动引起的噪声辐射。为实现对噪声的隔离和吸收,目前主要采取填充吸/隔声材料[4]、安装内饰隔声结构[5]等措施;为实现对舱体结构振动与噪声辐射的抑制,目前主要采取在结构上敷设阻尼材料层[6]、运用主动控制方法[7-9]等措施。需要指出的是,这些方法对于高频噪声具有良好的降噪效果,然而对于低频噪声($20 \sim 500\mathrm{Hz}$)难以从根本上解决。

低频噪声在传播上也与高频噪声有非常大的区别,如高频噪声的点声源,每 $10\mathrm{m}$ 传播距离就能下降 $6\mathrm{dB}$。而低频噪声却衰减得很慢,声波又较长,能轻易穿越障碍物,能够

1

长距离直入人耳,造成人体不适。传统的隔振降噪方式主要采用被动防护的方式,主要包括以动力吸振器[10-13]为主要方式进行吸声处理,采用金属橡胶[14-15]、空气弹簧[16-17]、浮筏减振[18-20]等进行隔振处理,以及利用阻尼系统高损耗的特性,将振动能量转化为其他能量的阻尼减振方法[21-22]。其基本原理是通过能量转换,利用结构或材料属性将弹性波/声波进行耗散,使其转化为热能,从而抑制弹性波/声波的传播,达到隔振降噪的目的。采用这种方法对于波长较短的高频噪声有极好的效果,能够迅速使噪声能量衰减,但是对于长波长的低频噪声,声波能轻易绕过隔振材料,导致声波隔离失败,为此不得不增加材料厚度达到隔离长波长的目的,这样使整套系统比较庞大笨重,该技术用于军用装备上会极大地占用空间,增加装备重量,影响装备的整体性能(如机动性),增加装备的燃油消耗,不符合现代作战的发展方向[3]。这也是导致多年来低频噪声难以得到有效解决的原因之一。因此,当前面临的低频以及对结构重量、体积的限制是舱室噪声治理的关键问题。寻求一种"低频、轻质、小巧"的隔振降噪结构是解决这一问题的首选。

随着科学技术的不断发展以及众多学者的不懈探索,根植于光子晶体理论产生的声子晶体理论以及进一步扩展的声学超材料理论为低频隔振降噪提供了新的理论和思路。研究表明,一些经过特殊设计的声学超材料具有非常好的低频隔声、吸声以及减振特性,极大地颠覆了传统隔振降噪领域认识,突破了传统的"质量密度"限制,受到了隔振降噪领域研究者的高度关注。声学超材料低频隔振降噪领域的良好表现也引起了美军的重视,自2002年起,美国国防高级研究计划局(DARPA)对声子晶体和声超结构在振动和噪声隔离等领域进行了大力资助,并对声子晶体装备减振与隔振、降噪平台和低成本快速制备工艺进行了详细规划和重点资助;美国海军研究实验所(NRL)目前也开展了利用声子晶体和声超结构局域共振带隙特性进行潜艇的隔振降噪的预先研究。

1.2　声子晶体和声学超材料基本概念

"声子晶体"(Phononic Crystals)是类比光子晶体概念(Photonics Crystals)提出的新概念。声子晶体是由两种或两种以上材料组成的周期性复合材料或结构[23-24],周期变化的结构参数使之具有"带隙"特性。

其带隙特性表现为:频率在带隙范围内的声波或弹性波在结构中不会传播,这种特性为该结构或材料在隔振降噪领域应用打下了基础。声子晶体概念是由Kushwaha[25]于1993年首次提出的,Kushwaha在研究镍/铝周期结构时,发现其在一定频段内剪切波传播受到了极大抑制,类比光子晶体概念,提出在该结构中存在剪切波的完整带隙,以此为基础提出了"声子晶体"概念。1995年,Sala[26]等对马德里一座用不同长度钢管按照一定的周期排列的名为"流动的旋律"的雕塑(图1.1)进行声学特性测试,首次验证了弹性波带隙的存在。

这种声子晶体称为布拉格散射型声子晶体。布拉格散射型声子晶体中的带隙称为布拉格带隙,其形成原因主要为弹性波在周期结构间来回反射,使前向波与后向波产生叠加效果,在某一特定频段内,前向和后向波叠加抵消,弹性波在周期结构中没有相对应的振动模态,导致该频段的弹性波不能继续传播,从而产生带隙。布拉格带隙主要受布拉格条件控制,为满足弹性波在周期结构中的反射叠加效果,其晶格尺寸应该大于弹性波的半个波长[27]。因此,为了得到低频布拉格带隙,需要的声子晶体尺寸往往很大,这不便于实际应用。

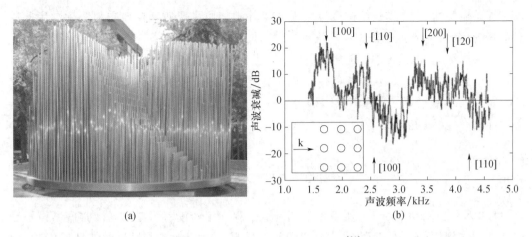

图 1.1　马德里"流动的旋律"雕塑[26]

2000 年,Liu[28]等将铅球用硅橡胶包裹按照简立方排列在环氧树脂中得到一种新型的声子晶体,如图 1.2 所示。在该结构中,铅球与硅橡胶构成"质量 – 弹簧"系统,该系统与基体传播的弹性波发生耦合作用,使弹性波在该系统中耗散掉,从而抑制弹性波的传播,产生带隙。理论和实验表明该结构可以在晶格长度为 2cm 的情况下,得到 331 ~ 618Hz 的低频带隙。其控制的弹性波频率所对应的弹性波长大于晶格长度两个数量级,远远大于布拉格散射型声子晶体所控制的弹性波频率对应的波长,实现了"小尺寸控制大波长",突破了布拉格散射型声子晶体的局限。

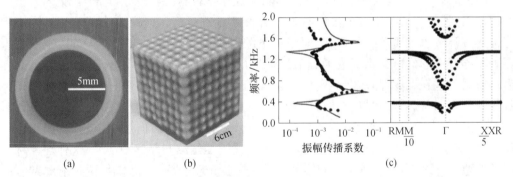

图 1.2　Liu 提出的局域共振声子晶体[28]

(a)原胞横截面;(b)样品;(c)带隙及传输特性。

Liu 的发现使声子晶体的研究进入了新的阶段,与布拉格散射声子晶体相比,局域共振型声子晶体具有极佳的低频控制特性(小尺寸控制大波长)、不依赖晶格周期性等特性,为其在低频降噪领域提供了良好应用前景。在此研究的鼓舞下,大量学者对局域共振型声子晶体进行了研究,大量的新发现、新成果不断涌现。其中,最具意义的发现是局域共振型声子晶体不仅具有低频控制特性,同时表现出负的等效模量、负的等效质量密度[29-36]等异于常规材料的特性。对比电磁超材料概念,"声学超材料"概念应运而生,从此,局域共振型声子晶体被纳入声学超材料的研究范畴。刘正猷提出的"质量 – 弹簧 – 质量"三组元结构是局域共振型声子晶体的基本构型,但随着研究的深入,一些不同于三组元构型的局域共振结构不断被学者所发现并进行研究。如亥姆霍兹共振结构,该结构利用空气共振特性,只需进行结构设计而无需另外附加质量便使其在轻质和低频设计上具有良好的优势,得到了众多学者的认可[37-40]。关栋[41]等设计了具有开口通道折叠的亥姆霍兹共振结构,得到了中低频带隙,并分析了带隙结构的影响因素。JING[42]设计了多层开口谐振环的亥姆霍兹结构,通过改变各层谐振环的开口方向,具有调节低频带隙范围的功能。Murray[43]等在亥姆霍兹结构上设计了双层亥姆霍兹结构,声学测试表明,该结构设计具有良好的隔声效果。

1.3　声子晶体/声学超材料研究现状

自 1993 年 Kushwaha 等提出声子晶体概念,2000 年刘正猷等提出局域共振型声子晶体,局域共振型声子晶体负的质量密度和负的模量等区别于传统材料的特性的发现,到 2004 年声学超材料概念的提出,20 多年间声子晶体/声学超材料理论不断向前发展,其在隔振降噪、声学隐身、声学透镜、弹性波/声波控制等方面的巨大潜在应用价值得到广大专家学者的关注。当前,声子晶体/声学超材料研究工作主要集中在带隙产生的机理研究、负质量密度/负模量特性研究、带隙调控、高效率低频声波吸/隔声研究等方面,下面就各领域的研究内容和研究现状进行介绍。

1.3.1　带隙机理研究

声子晶体/声学超材料的典型特性是具有“带隙”特性。从声子晶体概念提出伊始,对于这种人工周期结构的带隙特性研究便不断在进行。研究表明,声子晶体/声学超材料带隙产生主要有两种机制,即布拉格散射机制和局域共振机制。布拉格散射型声子晶体带隙理论是类比于电子运动能带理论提出的。电子运动能带理论指出,晶体由晶格周期排列组成,晶体会产生周期性势场,电子在晶体中传播时,受到这种周期性势场的作用,其传播形式将会以布洛赫波形式传播。当布洛赫波频率满足一定条件时(布拉格散射条件),波将会在晶格间产生反射,使前向波与后向波幅值相等,而相位相反,从而使波相互抵消,出现能级分离的现象,波不能继续在晶体中传播,这种现象称为电子带隙。与之类似,弹性波/声波在布拉格散射型声子晶体传播时,在各个周期表面都会来回反射,对于单个原胞来说,入射波和界面反射回的反射波将会相互叠加,当入射波与反射波满足一定条件时,其叠加相消,使得某些频率的波在周期结构中没有对应的振动模式,无法继续传播,产生带隙[26]。布拉格声子晶体的研究一直受到广大学者的关注,关于其带隙产生机理的进一步讨论以及影响的因素研究一直在进行[25-26,44-48]。基体与散射体构成的材料组合[49-53]、排列方式(正方形、三角形、正六边形等)[54-60]、材料填充率[60-62]等被广泛讨论。

研究表明,组成布拉格声子晶体材料的物理特性以及结构排列周期参数对其带隙的形成有重大影响。一般来讲,组成布拉格声子晶体的基体与散射体材料质量、密度、声速、弹性模量等物理参数差别越大,其带隙越易形成;散射体排列方式、晶格常数以及散射体的填充率也是影响带隙结构的重要因素,散射体排列越紧密,晶格常数越小,带隙将会向低频移动。这主要是由于布拉格带隙出现的频率位置受布拉格条件控制,即

$$a = \frac{n\lambda}{2} \quad (n = 1,2,3,\cdots) \tag{1-1}$$

式中:a 为晶格常数;λ 为弹性波波长。

式(1-1)也可以表示为

$$f = \frac{nc}{2a} \quad (n = 1,2,3,\cdots) \tag{1-2}$$

式中:c 为在声子晶体中传播的弹性波波速。

由式(1-2)可知,在布拉格散射型声子晶体中,其第一带隙中心频率一般位于$\frac{c}{2a}$附近,即声子晶体布拉格带隙出现在弹性波波长为晶格尺寸 2 倍的频段。因此要得到低频的布拉格带隙,其晶格尺寸要相应增大,这一特性极大地限制了布拉格散射声子晶体在低频降噪领域的应用。

局域共振型声子晶体自提出以来,其良好的低频带隙特性大大突破了布拉格散射声子晶体的局限,将声子晶体理论研究推向了新的阶段。Liu 的研究成果表明,晶格常数为 2cm 的铅球 – 硅橡胶 – 环氧树脂三组元局域共振声子晶体的带隙最低为 331Hz[28],其控制的弹性波波长是其晶格常数的两个数量级,这与布拉格散射声子晶体控制波长只能是其晶格常数的同一数量级有着明显的优势。在 Liu 的工作的激发下,学者们提出各种局域共振型声子晶体,从各个角度对局域共振机理进行深入研究。Chen[63-64]等建立了类似三明治的局域共振结构,分析了多层板型局域共振模式低频带隙的形成的原因;Xiao Y[65]以及 Miranda[66]等讨论了一维杆状声子晶体内弯曲波的带隙特性和传播特性;后来在二维结构探索上,通过在板上附加立柱[67-69]、共振单元[70-73]等方式设计的局域共振板型声子晶体得到了到广泛研究,依靠共振单元谐振能有效抑制板内传播的弹性波的传播。Chen Jiwei 等在网状结构中通过附加质量块,利用网状结构本身具有的弹性,构建局域共振体系,得到了网状结构的低频带隙[74-76]。Acar 以及 Wang 等在不附加弹性体的情况下,巧妙改造基体,使基体与质量体之间通过基体的小部分连接设计了 Neck 型局域共振声子晶体,该结构中基体既是系统的主体同时也提供了质量体与基体之间的弹性连接,实现了无弹性体二元结构并对其局域共振带隙进行分析[77-79]。针对由铅球、硅橡胶和环氧树脂这类三维三组元局域共振结构,H. Peng 等通过将中心铅球分裂、硅橡胶环分裂的方式,探讨了质量分布以及弹性体分布对局域共振带隙的影响[80-83]。Wang 等研究了以橡胶 – 环氧树脂的结构无质量体的二元结构的低频带隙产生及影响因素,得到了诸多有益结论[84-87]。

这些众多的探索和结论的获得,使局域共振机理更加清晰。相比于布拉格散射型声子晶体在得到低频带隙时需要较大的晶格尺寸的限制,局域共振型声子晶体由共振体与基体组成,当在基体传播的弹性波的频率与共振体固有频率相同或接近时,共振体共振模态被激发,这时基体在受到弹性波施加的力的同时,受到共振体施加的反向力,两个力大小相等,方向相反,叠加效果为 0,反映在基体上,基体不振动,因此,弹性波无法继续传播,从而产生带隙。这种带隙产生机理与布拉格带隙产生机理完全不同,其与单原胞排列方式和晶格大小无关,只与共振单元的固有频率有关。当共振单元在小尺寸上能具有较低的固有频率时,其构成的局域共振型声子晶体便具有低频带隙,从而突破了布拉格条件的限制,能够以较小尺寸控制大波长。

1.3.2　声学超材料负等效参数研究

Liu 对其提出的局域共振声子晶体[28]研究表明,局域共振声子晶体能够控制其晶格常数几个数量级波长的弹性波。当波长远远大于其结构尺度时,虽然局域共振结构具有周期结构和参数变化,但由于其控制的波长较长,弹性波不具备足够的分辨率来辨别结构以及参数的周期变化。因此,对于弹性波来说,此时该结构可视为均质结构,周期结构可以通过等效参数如等效质量、密度、体积模量等进行描述。Liu 将所提出的铅球 - 硅橡胶 - 环氧树脂三元结构等效为质量 - 弹簧 - 质量模型,根据谐振原理,计算该结构的等效质量密度并与该结构的声波传输特性进行联合对比,其对比结果如图 1.3 所示。

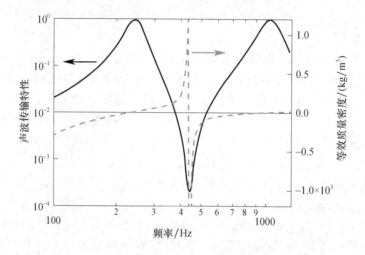

图 1.3　Liu 提出的局域共振声子晶体传输特性和等效质量密度关系图[28]

图 1.3 中,虚线为等效质量密度随频率变化曲线,实线为声波传输特性曲线,从图中可以看出,在带隙频段内,声波传播受到极大抑制,与之对应的是带隙频段内等效质量密度为负。这一发现,极大地推动了声子晶体负参数的研究。

2004 年,Li[29]等在研究由硅橡胶球放入水中组成的固/液局域共振声子晶体时,发现该结构存在单极子和偶极子共振模态,当结构出现单极子共振模态时,其等效质量密度为负;出现偶极子共振模态时,其等效体积模量为负;在特定频段内,若结构同时出现单、偶极子共振模态时,结构将表现出“双负”声学特性。通过类比电磁超材料概念,首次提出了声学超材料(acoustic metamaterial)的概念。2006 年,Fang[88]等设计了一组并联的亥姆霍兹结构(图 1.4),在结构中充满液体,通过类比电磁超材料等效参数[89-90]计算方法,得到了亥姆霍兹结构等效模量计算方法为

$$E_{\mathrm{eff}}^{-1}(\omega) = E_0^{-1}\Big[1 - \frac{F\omega_0^2}{\omega^2 - \omega_0^2 + \mathrm{i}\Gamma\omega}\Big] \tag{1-3}$$

式中:F 为结构几何参数;ω_0 为亥姆霍兹固有共振频率;Γ 为声波在亥姆霍兹共振结构的耗散损失。

仿真及试验结果表明,该结构在带隙内具有负的等效体积模量。

在此基础上,Cheng[91-92]等进行了进一步研究,他们发现在这个系统中,当声波频率超过亥姆霍兹结构的固有频率时,系统将会表现出负的质量密度特性。

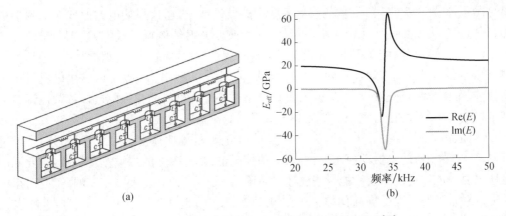

(a)　　　　　　　　　　　　　(b)

图 1.4　一维充液亥姆霍兹结构及结构负模量计算图[88]

(a)一维充液亥姆霍兹结构;(b)结构负模量计算图。

随着研究的深入,除了亥姆霍兹结构,一些具有负质量密度、负体积模量新型的声学超材料相继发现[36,93-97]。如 Hu[93]等设计的具有旋转模态的弹性超材料(图 1.5),也得到了负质量密度、负体积模量的"双负"特性。

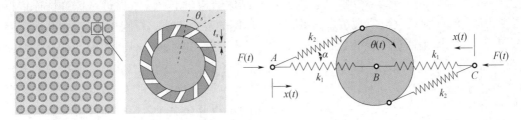

图 1.5　Hu 设计的具有"双负"等效参数的声学超材料[93]

1.3.3　声学超材料带隙调控研究

声学超材料带隙调控一直是声学超材料研究的重点和热点,声学超材料带隙调控主要是指通过结构设计、参数调节、主动控制等方式使带隙增宽、移动等,达到人们期望的性能。主要有两种方式:一种是通过声学超材料参数和结构调节使带隙中心点进行移动或带隙增宽,达到可大范围带隙可控的目的;第二种是通过多段带隙设计,采用复合的思路,将不同带隙宽度的结构,通过巧妙的复合设计使声学超材料具有多频段带隙,达到宽频的目的。

带隙增宽中心点控制方法主要是将具有主动控制特性的功能材料(如压电材料、形状记忆合金等)引入结构设计中。通过控制功能材料使结构参数发生变化,以求改变周期结构的带隙分布或使带隙移动的目的。2000 年,Ruzzene[98-99]等将形状记忆合金引入周期结构设计中,通过形状记忆合金几何结构的改变,使整体周期结构发生改变,从而控制能带结构并讨论了其带隙变化规律,他的工作开启了智能化周期结构研究序幕。后来,Wang 等在其工作的基础上,讨论了几何构型以及弹性模量对周期结构带隙的影响,给出了形状记忆合金几何参数以及材料参数对带隙影响的一般规律,对形状记忆合金周期结构设计具有一定的指导意义[100-101]。相比于形状记忆合金人工控制较弱的情况,压电材料这种具有较强主动控制能力的功能材料更适合于声子晶体的带隙调控。Thorp 等将压电片贴于杆[102]、板[103-104]结构的共振系统中的质量体上,通过外接电路改变压电片上应力,压电片应力发生的变化传递给质量体,从而改变共振体的振动模态,达到了带隙控制的目的。在这种思路的指引下,研究了压电材料用于共振体[105-112]、基体[103-109]等结构中对带隙的影响以及调节规律。除了贴片模式外,部分学者[111-113]也尝试将压电材料作为质量体、基体材料填充到周期结构中,利用外部电路改变材料的弹性模量等参数以调节周期结构的带隙特性,也得到了不错的调节效果。

然而,需要注意的是,采用形状记忆合金、压电材料等功能材料对声学超材料带隙进行调控,主要针对的是振动模态的控制,一般情况下,其能改变的带隙宽度较窄,主要原因是压电材料能够提供的控制能量毕竟还是有限的。研究表明,在大填充率的条件下,压电效应会对带隙有较大影响;而填充率较小的时候,压电效应的影响很小甚至可以忽略[111],这意味着要想获得较好的调节效果,压电材料提供的应力、弹性模量变化量需要更大,这对压电材料的性能要求无疑变得很高。

多段带隙声学超材料的研究主要是通过结构设计或参数调节将具有不同结构、不同频率声学超材料进行复合,达到整体上的多段带隙目的。局域共振单元与吸声材料的复合[114]、多个局域共振单元[115-117]之间复合在打开低频带隙和拓宽带隙上均有良好表现。张思文[117]等提出一种局域共振复合单元声子晶体结构(图1.6)。通过基体弹性连接将多个谐振单元进行复合,实现了多重共振。多原胞的复合与单一原胞相比,有益共振模态更多。同时,原胞通过弹性相连,单元结构之间的耦合强度增强,纵向和横向部分局域共振模态部分合并,带隙进一步压缩下探,在更低频段打开带隙的能力增强。所提出的复合单元结构能在200Hz以下的低频范围打开超过60%宽度的共振带隙,最低带隙频率甚至低至18Hz[117]。这种形式的复合由于边界的复杂和声波在不同结构传播使得分析计算有一定的难度,然而从工程应用上也不失为一种好的方法。

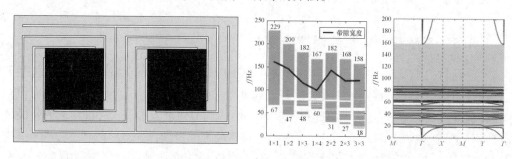

图1.6　多重复合声子晶体结构和带隙图[117]

1.3.4　声学超材料隔振降噪应用研究

局域共振声子晶体具有抑制频率在带隙频段内的声波/弹性波传播以及能以较小尺寸控制大波长的特性使其在低频隔振降噪方面有着广阔的潜在应用前景,各国学者在这方面做了大量的探索。在处理板、梁结构的低频振动问题中,引入局域共振周期结构的设计思想,通过在板、梁结构中附加谐振模块,可以有效地隔绝板、梁内低频弹性波的传递。国防科技大学声子晶体研究团队在这方面做了大量的探索,成功地在管道、板型、杆等结构中实现了低频段的振动隔离[118-126]。同时,在水声材料的设计中,该团队引入局域共振设计思想,设计了钢球/钢柱按简立方晶格排列在橡胶中形成的三维周期水吸声材料,试验证明,在低频段可得到 0.9 的吸声系数良好水声吸收效果[127−130]。2008 年,Yang[131]等采用薄膜作为弹性材料,在张紧薄膜上贴上铁片的方式设计出了具有极高低频隔声效果的周期结构材料,更为重要的是由于薄膜的采用,该结构厚度极低,附加质量也较小,极大地推动了声学超材料轻质、小巧化的发展。这一开拓性的工作立刻引起了广大学者的关注,大量的薄膜型声学超材料的研究成果逐步被报道出来。Romero − García[132]等在空腔上贴附薄膜吸声结构,得到了较宽的低频隔声效果。Naify[133−136]等设计了多种薄膜吸声结构,并讨论了张力、质量分布等对吸/隔声的影响。2010 年,Mei J[137]等设计了一种新型轻质薄板型材料,该材料在长方形框架内对称放置两个半圆形铁片,通过两块铁片交替上下振动对声波能量进行耗散,在 200 ~ 1000Hz 宽频段内具有高效吸声(图 1.7),被称为"暗吸声材料"(dark acoustic metamaterial)。

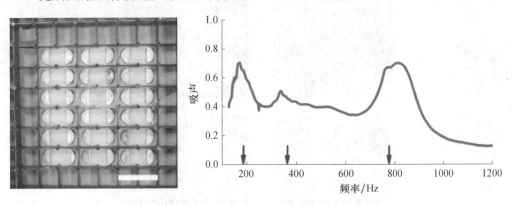

图 1.7　Mei J 设计的结构及实验测试吸声曲线[137]

进一步,在此基础上,不同质量分布的改进结构被研究,结构内部两个半圆采用不同质量体,得到多个吸声峰,与 Mei J 的结构相比,在保持低频吸声效率不变的情况下,在 400 ~ 800Hz 这一较大宽带内提升了吸声效率[138],如图 1.8 所示。

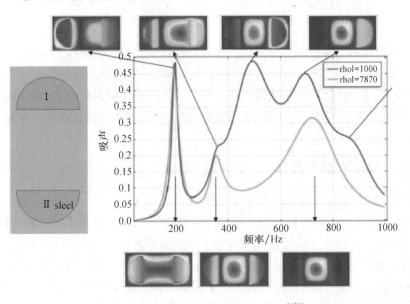

图 1.8　不同质量分布薄膜吸声结构[138]

由于薄膜刚度很低,薄膜声学超材料在设计时,需要给弹性薄膜施加一定的外在张力,使其具有一定的弹性。但在样品制作中,张力是极不好控制的,微小的误差都会导致较大的频率偏移[139]。针对这一问题,西安交通大学吴九汇团队对薄膜声学超材料中薄膜张力对吸声特性的影响进行了讨论[140],通过增加薄膜厚度设计出了不需要给薄膜施加外在张力的薄膜声学超材料,得到不错的吸/隔声效果[139,141]。同时,开展了质量块形状、柔性框架材料对薄膜声学超材料吸声特性的影响分析[142],设计了含空气层的多层薄膜声学超材料[143]并进行了理论分析和试验验证工作,得到了许多具有指导意义的结论,如图 1.9 所示。

(a)　　　　　　　　　(b)

(c)　　　　　　　　　(d)

图 1.9　不同结构的薄膜声学超材料
(a)无张力薄膜吸声结构[141];(b)硅胶质量体刚性框架吸声结构[142];
(c)柔性框架薄膜吸声结构[142];(d)多层薄膜吸声结构[143]。

总体上讲,薄膜型共振声学超材料制作材料简单、厚度很薄、结构非常轻,在低频段具有良好的吸声能力,这些优势为低频降噪提供了非常好的思路。但是需要注意的是薄膜声学超材料整体结构刚度不够,当薄膜被破坏后,其吸/隔声效果将消失,这也阻碍了薄膜声学超材料在实际工程中的应用,寻求轻质、高强度的薄膜替代材料将是薄膜超材料工程应用的发展方向。

1.3.5　声数字声子晶体

数字超材料是由 Della 在 2014 年提出的,数字超材料由于具有模拟材料不具备的优势而被广泛关注[144]。Cui 等提出的电磁编码超材料是一种通过全数字的方式进行表征、分析和设计的全新超材料,相比于传统的基于等效媒质理论的"模拟超材料",这种"数字超材料"极大地简化了设计流程和难度,对电磁波的调控功能取决于所赋予的编码序列[145]。Wang[146]等通过 3D 打印技术制备了一种可调的数字弹性超材料,其包括一个主框架和嵌入式电磁铁的辅助梁。通过转换电磁铁的模式(接触(1 位),分离(0 位))可以激活超材料不同的波导。将功能材料引入到声子晶体当中是声子晶体发展方向之一,通过压电压磁等材料改变带隙的位置[85,146-153]。Chen 等研究了一种新的负电容弹性超材料压电分流,他们研究了色散曲线和带隙主动质量晶格系统的控制,证明了带隙通过适当选择负电容的值可以主动控制和优化不同有效刚度常数的线性弹簧[154]。功能材料的引入能调节材料的等效参数,实现单胞形态的可调节和参数的准确控制。利用压电材料进行声子晶体带隙控制已经进行了一些探索[108-109,155-160]。

图 1.10 所示为 Wang Z[146] 等设计的电磁数字声子晶体结构,每个原胞有两个可受外部电路控制的电磁铁,外部电路开关状态可以改变原胞的状态,在此基础上设计了路径可调的波导结构和带隙可调的超原胞结构。

图 1.10　电磁数字声子晶体

在这些研究者的努力下,声子晶体得到了很大的发展。在隔振吸声方面,局域共振和布拉格散射声子晶体、非线性声子晶体、薄膜超材料都有一定应用价值。但局域共振和布拉格散射带隙在实际应用中还存在一定的限制。局域共振由于受振子质量的约束,结构的质量较大。布拉格散射声子晶体由于受低频结构尺寸较大的约束,也难以得到广泛应用。因此,需要进一步探索新的带隙机理或者通过合理的结构设计来满足低频宽带隙的要求。寻求一种轻质、低频、宽带的声子晶体结构仍然是一项艰巨的任务。

第2章 亥姆霍兹周期结构低频带隙机理及隔声特性研究

当前,采用人工周期结构处理隔振降噪问题的主要发展方向为设计"轻质、小巧、低频、宽带"的结构。亥姆霍兹共鸣器利用了空气的共振特性,只需进行结构设计而无需另外附加质量使其在轻质和低频设计方面具有良好的优势。深入分析其结构特点以及结构构型对低频带隙的影响是利用该原理设计低频隔声结构的基础。低频局域共振声学超材料带隙特性由周期原胞和排列方式决定,因此本章首先分析亥姆霍兹原胞对低频带隙的影响。本章利用亥姆霍兹共振原理设计了两种亥姆霍兹周期结构用以讨论共振腔数量对低频带隙的影响。再从声子晶体理论对声波在该结构中传播的低频能带特性以及特定频率的声模态进行分析。同时,针对该结构出现的低频局域共振带隙,建立了低频带隙等效计算数学模型,并与有限元法计算结果进行对比。利用该数学模型可以在结构设计之初对带隙特性进行初步的预估,同时通过数学模型的建立,可以完成结构参数对带隙影响的定量分析,能深入揭示该结构的结构参数对低频带隙的影响。

2.1 单腔局域共振周期结构低频带隙机理及隔声特性研究

单腔亥姆霍兹结构如图2.1所示,该结构为正方柱结构,单开口的亥姆霍兹腔。内腔通过环形通道与外部空气相连。开口宽度为d_0,管壁厚度为d_1,边长为l_1,晶格常数为l_0。

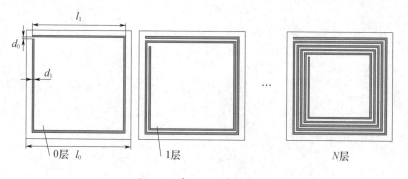

图2.1 单腔亥姆霍兹结构

其结构参数如表2.1所列。

表2.1 结构参数

d_0/mm	d_1/mm	l_0/mm	l_1/mm
1	1	55	50

2.1.1 单腔局域共振周期结构能带分析

从图 2.1 可以看出,该结构包含两个区域,即空气域与固体域。由于空气只有体积模量而没有剪切模量,因此在计算其动力学特性时,需要用无源声波方程[161]:

$$\frac{\ddot{p}}{c^2} = \nabla^2 p \tag{2-1}$$

式中:p 为声压值;c 为流体声速。

对于由钢构成的固体区域,计算其振动特性应使用弹性动力学方程[162]:

$$(\lambda + 2\mu)\nabla^2 \boldsymbol{u} + (\lambda + \mu)\nabla \times (\nabla + \boldsymbol{u}) = \rho \frac{\partial^2 \boldsymbol{u}}{\partial t^2} \tag{2-2}$$

式中:λ,μ 为拉梅常数;ρ 为固体密度;$\boldsymbol{u}$ 为位移矢量。

根据空气的材料参数,即密度 ρ_0 和声速 c_0,不难得出空气的特性阻抗 $Z_0 = \rho_0 c_0$ 为 $428\mathrm{N} \cdot \mathrm{s/m^3}$,而对于构成亥姆霍兹共振器结构的材料钢,通过其密度 ρ_{steel} 和弹性模量 E_{steel},也不难得出其特性阻抗为 $4.05 \times 10^7 \mathrm{N} \cdot \mathrm{s/m^3}$。通过对比两种材料的特性阻抗不难发现,钢的特性阻抗远远大于空气的特性阻抗。这意味着当声波由空气向结构内传播时,仅有很小部分的声能量会穿过两者的界面进入结构内部,即声强透射趋于 0;而大部分声能量会从两者的界面反射回空气中,即速度反射系数趋于 -1,从而其界面上质点的速度为 0,即刚性边界[162]。因此,在仿真计算中完全可以将该结构视为刚体,仅对空气域进行计算,从而简化仿真计算模型。

声子晶体结构的能带关系表示了声波在无限大结构中传播时频率与波矢的关系。而无限大周期结构是由原胞沿周期性方向无限重复排布而成。因此,在计算周期结构的能带关系时,考虑到其在水平方向与竖直方向呈周期排列,可在其单一原胞的上下边界和左右边界施加两对周期性边界条件,将无限周期结构简化为单一原胞结构。根据布洛赫理论,该结构中采用布洛赫 - 弗洛凯边界,其表达式为

$$\boldsymbol{p}(\boldsymbol{r} + \boldsymbol{a}) = \boldsymbol{p}(\boldsymbol{r})\mathrm{e}^{ika} \tag{2-3}$$

式中:$\boldsymbol{r}$ 为位置向量;a 为声子晶体晶格常数;参数 $\boldsymbol{k}$ 为波矢,它描述了相位和定义边界条件与原胞的关系。

在给定的波矢条件下,通过解谱方程可以得到一组特征值和特征向量,而在第一布里渊区边界上的波矢所对应的特征向量代表了特征模态的声压。

经过计算得到的带隙结构如图 2.2 所示。由图可以看出,在 1000Hz 以下的频段,呈现出了较长的平直带(第一、二、三能带),这说明在第一、二、三能带上出现了局域共振现象。3 条局域共振能带打开了 3 条完整局域共振带隙,在图 2.2 中由灰色部分表示。其中,在第一频带和第二频带之间为最低的带隙,其带隙宽度为 69 ~ 136Hz。第二、三完整带隙分别为 482 ~ 511Hz,931 ~ 968Hz。其中也可以注意到,该结构在 $X - M - Y$ 方向也具有两条较宽的方向带隙,其分别为 136 ~ 482Hz,511 ~ 931Hz。

2.1.2 低频带隙形成机理建模分析

从能带图中可以清晰地看出,3 条能带在大部分布里渊区呈现出了较长的平直状态,这说明该结构存在着局域共振模态。为了分析单腔亥姆霍兹结构低频带隙形成机理,选

取了第一局域低频全带隙中的上、下限点(图2.2中P、Q点)的声压场对低频带隙形成机理进行分析。

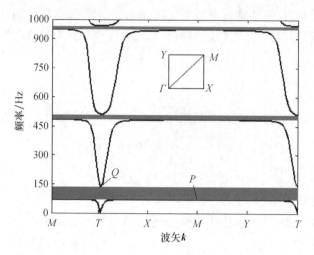

图2.2　单腔局域共振结构能带图

图2.3(a)所示为P模态的声压场,由图可知,声压几乎全部局限在环形腔内部,而在外部声压场压力很小,几近于0。而在折叠构成的环形通道内,声压场是变化的,在外部几乎近于0,而越靠近矩形内腔,其声压强度越大。因此可以认为P模态主要是声波在该结构形成了共振,声波能量局域于结构当中,在结构外部不能传播。模态P事实上也决定了低频带隙的起始频率。与P模态相比,Q模态表现出完全不同的声压分布,如图2.3(b)所示,声压全部集中于结构外部,而结构内部声压几乎为0,环形通道内,声压的变化也与P模态相反,外部高、内部低,这说明声波在结构外部传播,共振单元对声波传播无任何影响。因此,Q模态决定了带隙的截止点,是带隙的上限。事实上,该结构可以采用等效方法建立数学模型,以进一步分析两种模态对带隙的影响。

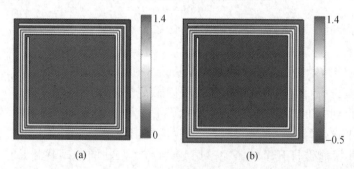

图2.3　带隙特殊点声压云图
(a)模态P声场压力图;(b)模态Q声场压力图。

图2.4将结构划分为三部分,其中A代表空气层,C为折叠而成的环形通道,B为矩形内腔。对于模态P,由于结构外部的声压场几乎为0,因此在模态P中忽略A区域的作用,只考虑B、C两个区域。根据声电类比原理,狭长环形通道C可以等效为电感L_C,而矩形内腔等效为电容C_B,其构成的电路如图2.5所示。

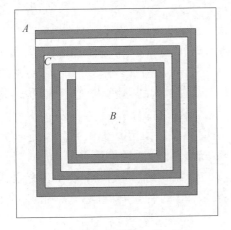

图 2.4　等效区域划分示意图

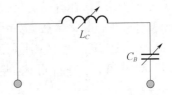

图 2.5　模态 P 等效电路图

图 2.5 中,L_C 为等效电感,其表达式为

$$L_C = \begin{cases} d_1 \quad (N = 1) \\ \dfrac{\{4(l_1 + d_0)(N - 1) - [8(N - 1)(N - 2) - 1](d_1 + d_0)\}\rho}{d_0 h} \\ \qquad \left(2 \leqslant N \leqslant \dfrac{l_1 + 2d_0}{2(d_0 + d_1)}\right) \end{cases} \qquad (2-4)$$

C_B 为等效电容,其表达式为

$$C_B = \frac{[l_1 - 2Nd_1 - 2(N - 1)d_0]^2 h}{\rho c^2} \qquad \left(1 \leqslant N \leqslant \frac{l_1 + 2d_0}{2(d_0 + d_1)}\right) \qquad (2-5)$$

在 LC 电路中,其谐振频率为

$$f_{起始} = \frac{1}{2\pi \sqrt{L_C C_B}} \qquad (2-6)$$

对于模态 Q,由于 A、B、C 三个区域都具有声压场,因此在对模态 Q 进行声电类比中,要完全考虑 3 个区域,其中,A 区域可以等效为电容,因此其构成的谐振电路如图 2.6 所示。

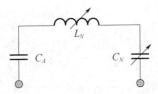

图 2.6　模态 Q 等效电路图

图中,C_A 为等效电容,其表达式为

$$C_A = \frac{(l_0^2 - l_1^2)h}{\rho c^2} \qquad (2-7)$$

则模态 Q 的谐振频率为

$$f_{截止} = \frac{\sqrt{C_A + C_B}}{2\pi \sqrt{L_C C_B C_A}} \qquad (2-8)$$

15

2.1.3 低频带隙影响因素分析

在讨论低频带隙影响因素时,利用在 2.1.2 节建立的单腔亥姆霍兹结构低频带隙起始频率和截止频率的数学模型与有限元仿真进行对比验证。由式(2-4)~式(2-8)可知,影响单腔亥姆霍兹结构低频带隙的因素主要有结构的厚度 d_1、通道间隔 d_0、环形通道层数 N 及晶格常数 l_0。下面分别对这 4 个影响因数进行分析。

为了便于比对分析,在分析管壁结构厚度 d_1 时,固定其他参数。设定单元结构折叠次数 $N=3$,空气域(晶格常数)边长 $l_0=55\mathrm{mm}$,环形通道间隔 $d_0=1\mathrm{mm}$,当管壁厚度 d_1 从 0.5mm 增加到 5mm 时,分别采用建立的带隙起始、截止数学模型和有限元软件进行带隙上、下限计算,并进行对比,验证结果,得到管壁厚度对低频带隙的影响,如图 2.7 所示。

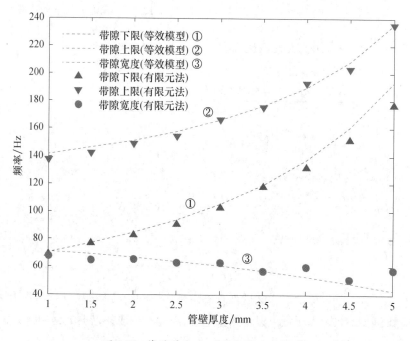

图 2.7 管壁厚度 d_1 对低频带隙的影响

图 2.7 中虚线①②③分别代表了采用声电类比数学模型计算的第一低频带隙的起始频率、截止频率和带隙宽度。而三角、倒三角以及圆形代表了采用有限元计算方法计算的第一低频带隙的起始频率、截止频率和带隙宽度。由图 2.7 不难看出,采用数学模型计算结果与采用有限元计算的结果误差较小,说明了建立模型的正确性。随着折叠环厚度从 1mm 增加到 5mm,第一低频带隙的上、下限均呈现上升趋势,且带隙下限上升更快,带隙宽度变窄,这说明随着折叠环厚度的增加,第一带隙将向上移动,宽度变窄,低频效果将变差。由式(2-4)和式(2-5)可知,管壁厚度的增加会导致最后形成的环形通道和内部空腔均变小,其等效电感和电容也相应减小,导致频率计算值增加。

分析环型通道之间的间隔 d_0 对带隙的影响时,固定结构其他参数。设定通道折叠次数 $N=3$,空气域(晶格常数)边长 $l_0=55\mathrm{mm}$,环形通道厚度 $d_1=1\mathrm{mm}$,当环型通道之间的

间隔 d_0 从 1mm 增加到 5mm 时,得到环间间隔对低频带隙的影响如图 2.8 所示。

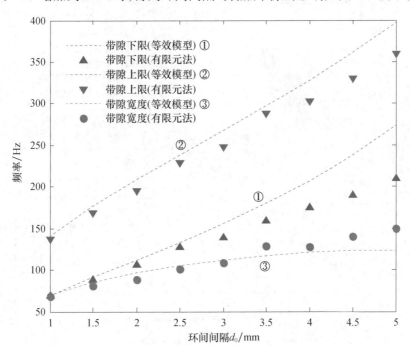

图 2.8　环型通道的间隔 d_0 对低频带隙的影响

从图 2.8 可以看出:在前半段,声电类比计算值与有限元计算值误差较小,但是环间通道间隔 d_0 从 3mm 增加到 5mm 时,模型计算与有限元仿真计算两者误差明显增大。分析原因,主要是由于环间间隔增大,在环间构成的环形通道已不再是细管道,失去了亥姆霍兹声电类比的前提条件,其数学模型失效,导致计算误差增加,但整体趋势与实际值保持了一致。不难看出,随着环间间隔的不断增加,第一低频带隙的上、下限均增加了,带隙明显向高频移动,带隙宽度有所增加但其低频特性已大大降低。

分析折叠次数对带隙结构影响时,固定其他参数。设定空气域(晶格常数)边长 l_0 = 55mm,管壁厚度 d_1 = 1mm,环型通道之间的间隔 d_0 = 1mm。环形通道折叠次数从 N = 2 增加到 N = 8 时,得到折叠次数对带隙结构影响如图 2.9 所示。

从图 2.9 中可以看出,随着折叠次数的增加,带隙上、下限均降低,带隙宽度也减小。注意到,当折叠次数大于 3 时,带隙下限不再下降,呈现比较平稳状态,主要原因是折叠次数的增加使环间通道长度增加,从而使等效电感变大,同时也减小了最后形成空腔的面积,使等效电容减小,等效电感变大和电容变小同时作用使低频带隙下限变化不大。图中第一带隙的上限随着折叠次数也呈现降低趋势,主要原因是带隙上限的频率是由结构外空气域与内部空腔共同作用的结果,在等效电路中可以清晰地看出这种结果的影响作用,结构外空气域与结构内部空腔均等效为电容,并在电路中串联,其串联的等效电容为 $C_B C_A / (C_A + C_B)$,随着折叠次数的增加,其电路等效电容减小,但由于空气域电容保持不变,同时空气域等效电容小于内部空腔电容,其电容等效结果减小幅度不大,小于由于折叠数增加使得环形通道长度增加所导致的等效电感增加的幅度,因此上限带隙也降低。

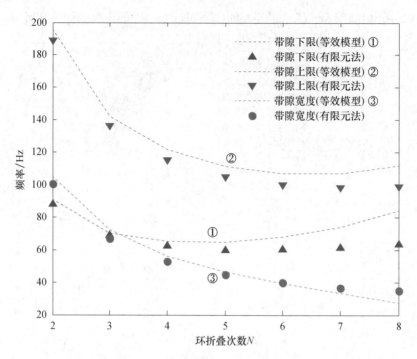

图 2.9   折叠次数 N 对带隙结构影响

分析带隙结构影响时,固定其他结构参数。设定环形通道折叠次数 $N=3$,管壁厚度 $d_1=1\,\mathrm{mm}$,环型通道之间的间隔 $d_0=1\,\mathrm{mm}$。晶格常数 l_0 由 52mm 增加到 70mm,单元间隔从 2mm 增加到 20mm 时带隙起始、截止频率的变化如图 2.10 所示。

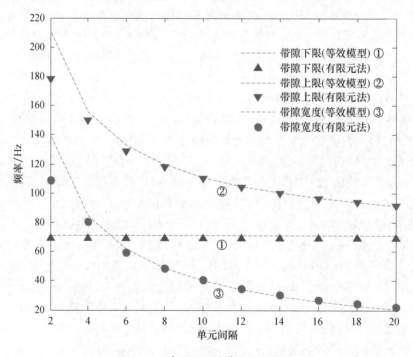

图 2.10   单元间隔对带隙结构影响

由图 2.10 可知,单元结构排列距离对带隙下限基本没有影响,但对带隙上限具有较大的影响,具体表现为:随着结构单元排列间隔增加,其带隙上限不断下降,带隙宽度也随之减小。从等效电路模型可知,随着空气域面积减小,其等效电容减小,则与空腔内等效电容串联后的电容变小,导致频率上升。当空气域长度为 52mm 时,即单元间隔为 2mm 时,其带隙上、下限分别为 69.2Hz 和 179Hz,其带隙范围大大增加。从另一方面来说,减小空气域长度,相当于减小了结构间的缝隙,即增大了填充率,其带隙宽度能较大地扩宽。

2.1.4　单腔局域共振周期结构隔声特性分析

为了分析该结构的隔声特性,定义了由有限个原胞组成的周期结构。有限周期结构在 y 方向上是无限周期,在 x 方向为 5 个原胞组成的有限周期结构。在结构上下边应用周期边界条件,而在两端应用完美匹配层(PML),如图 2.11 所示。

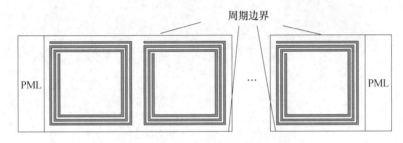

图 2.11　单腔亥姆霍兹结构有限周期排列

在计算模型左边施加入射波 p_i,最右边作为透射声波的提取面 p_t,声波在结构内部传播,入射声强为

$$I_i = \frac{|p_i^2|}{2\rho c} \tag{2-9}$$

反射声强为

$$I_t = \frac{|p_t^2|}{2\rho c} \tag{2-10}$$

由此可以得到结构的隔声量为

$$R = -10\lg\left(\frac{I_t}{I_i}\right) \tag{2-11}$$

另外,隔声量也可以直接采用声压模式计算,其计算公式为

$$R = -20\lg\frac{|P_o|}{|P_i|} \tag{2-12}$$

式中:P_o 为输出声压,P_i 为入射声压。

通过改变平面波传输频率,重复计算后得到隔声曲线,如图 2.12 所示。

在图 2.12 中,灰色阴影部分为结构的局域共振带隙范围。由图可知,在带隙内声波的传播将会受到抑制,其范围与带隙宽度吻合度较好,这说明了带隙计算的正确性。在当入射波在 69Hz 附近时,隔声曲线出现第一个隔声峰,为 32dB,这个隔声峰值对应的是第一带隙的起始频率,随后隔声量不断减小,结构对声波衰减作用减弱,直到进入第二带隙频段范围,隔声量迅速增加,对声波的抑制能力加强,达到 58dB 的隔声能力。同理,在第三带隙范围内,隔声能力也得到加强。从隔声曲线上,隔声峰值的频段与带隙范围吻合度较好,说明亥姆霍兹周期结构抑制声波主要的原因是带隙的产生。频率为带隙频段范围的声波由于在结构中没有相应的振动模态,将不能继续在结构中传播,从而传播受到抑制,表现在隔声曲线上就是隔声峰值。

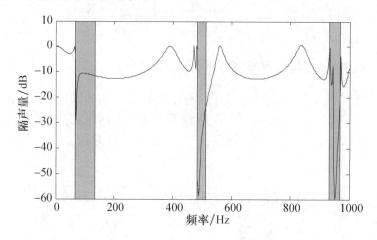

图 2.12　单腔局域共振结构隔声特性

2.2　多腔局域共振周期结构低频带隙机理及隔声特性研究

2.1 节讨论了单腔局域共振周期结构的低频能带结构以及形成机理和影响因素,由 2.1 节结论可知,腔体结构对低频带隙有较大影响。为了得到更多的局域共振模态,探索亥姆霍兹结构中更为丰富的带隙行为,本节讨论多个腔体联合作用下的亥姆霍兹结构的低频带隙特性。

2.2.1　多腔局域共振周期结构能带分析

多腔局域共振周期结构单元结构横截面如图 2.13 所示,该结构为六边形,外部为空气层,宽度为 w_0。结构分为内外两腔,外腔开口宽度为 d_0,腔壁厚为 w_1,内部为 3 个内腔体,内腔与外腔间隔为 w_2,内腔壁厚度为 w_1,内腔开口为 d_1,如表 2.2 所列。

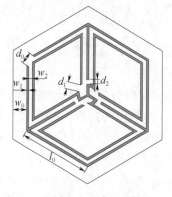

图 2.13　多腔局域共振结构横截面示意图

表 2.2　结构参数　　　　　　　（单位：mm）

l_0	w_0	w_1	w_2	d_0	d_1	d_2
50	2.5	0.5	0.5	2	2	2

对空气域来说，声压亥姆霍兹方程的频域表达式为

$$\nabla\left(\frac{1}{\rho}\nabla p\right)+\frac{\omega^2}{\rho c^2}p=0 \qquad (2-13)$$

式中：p 为声压；ω 为角频率；c 为声速；ρ 为空气密度。

对于固体域，考虑到声抗在固体和空气中具有很大差别，空气中传播的声波几乎都在固体间反射。因此在该结构中，声波传播被限制在了空气域中。进一步，鉴于这种情况，可以将固体作为硬边界，其振动也不再考虑。根据布洛赫理论，该结构中采用布洛赫 - 弗洛凯边界，其表达式为

$$\boldsymbol{p}(\boldsymbol{r}+\boldsymbol{a})=\boldsymbol{p}(\boldsymbol{r})\exp(\mathrm{i}\boldsymbol{k}\boldsymbol{a}) \qquad (2-14)$$

式中：$\boldsymbol{r}$ 为边界节点位置矢量；$\boldsymbol{a}$ 为声子晶体晶格常数；参数 $\boldsymbol{k}$ 为波矢。式（2-14）描述了相位和定义边界条件与原胞的关系。在给定的波矢条件下，通过解谱方程可以得到一组特征值和特征向量，而在第一布里渊区边界上的波矢所对应的特征向量代表了特征模态的声压。

从图 2.14 可以看出，第一、三能带呈现出了较长的平直带，而第二能带几乎为直带。这说明在第一、二、三能带上出现了局域共振现象。在 400Hz 以下的频段内，形成了两条完整带隙（灰色部分所示），其分别为 62.1 ~ 109.3Hz，125.8 ~ 219.1Hz，其低频效果明显。同时注意到，两条带隙频段很接近，第一带隙的上限为 109.3Hz，而第二带隙的下限为125.8Hz，两者相差仅为 16.5Hz。

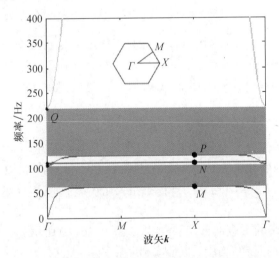

图 2.14　多腔局域共振结构低频能带结构图

2.2.2　多腔共振周期结构带隙形成机理分析

为了分析多腔局域共振周期结构带隙形成的机理，将结构空腔由外到内分为 B、C、D 三个空腔，其区域间的通道分别划分为 E、F、G，如图 2.15 所示。

选取能带图 4 个特征点 $M \sim Q$，分别提取了各点的声场压力图，如图 2.16 所示。

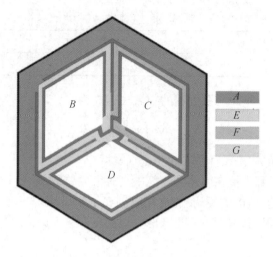

图 2.15　多腔局域共振结构横截面区域划分示意图

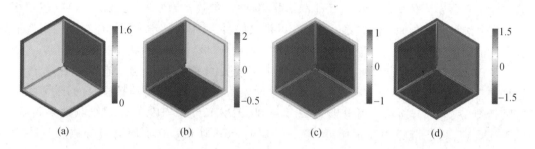

图 2.16　图 2.14 中各点的声场压力图

（a）M 点处声场压力分布；（b）N 点处声场压力分布；（c）P 点处声场压力分布；（d）Q 点处声场压力分布。

图 2.16（a）为 M 点声场压力图，可以看到，声场压力主要分布于结构内部，结构外部声场压力几乎为 0，说明声波被局域在结构内部，在结构内产生了局域共振，外部声压为 0 说明外部空气没有振动，声波失去传播的振动模态，将不能继续传播。同时注意到，B 和 C 的声压强度相同，且基本等于 C 区域的声压强度的 1/2，这说明对于模态 A，其局域共振模态主要是 B、C、D 三个区域共同作用的结果。

再看模态 N 点，N 点处于第二能带的平直部分，从其声场压力图（图 2.16（b））不难看出，A 和 C 区域声压强度几乎为 0，声场压力主要存在于结构 B 和 D 区域中，且两者的声压强度几乎相同但相位相反。这说明该模态主要是由 B 区域和 D 区域局域共振产生，与 A、C 区域无关。

P 点处于第三能带的平直部分，其声压图如图 2.16（c）所示，从其声场压力图可以看出，声场压力也主要存在于结构中，出现局域共振现象。同时，注意到 B 区域和 D 区域的声压强度相同且基本等于 C 区域的声压强度，但其相位刚好相反。

Q 点为第四能带的下限，其声场压力分布如图 2.16（d）所示，由图可以看出，声场压力分布于结构内部和外部，表明声波能够在结构间传播，且可以看出 B、D 区域声压几乎相同且与 C 区域声压强度相位相反。

从上面的分析可以看出，该结构的局域共振带隙主要是 3 个腔体共同作用的结果，而 3 个腔体不同的组合共振模式将会出现不同的共振频率。为进一步分析带隙形成机理，采用声电类比的方法建立带隙计算模型。

对于 M 点,由声场压力图可知,M 点为局域共振模态,且主要由 B、C、D 区域和区域间的环形通道 E、F、G 区域起主要作用,同时 B、D 区域声压强度基本相等,且为 C 区域声压强度的 $1/2$。按照声压强度类比电路电压,空腔类比为电容,内外腔间隔类比为电感。则 B、D 区域等效电容电压相等且为 C 区域电压的 $1/2$,表现在电路中,即 B、D 区域等效电容串联再与 C 区域电容并联。其等效电路如图 2.17 所示。

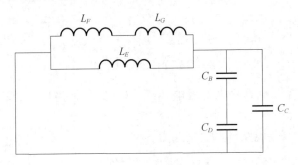

图 2.17　M 处等效电路

图中 C_B、C_C、C_D 分别为 B、C、D 区域等效电容,L_E、L_F、L_G 分别为内外腔间隔 E、F、G 区域对应的等效电感。

各腔连接通道长度为

$$l = \frac{8}{\sqrt{3}}\left(\frac{\sqrt{3}}{2}l_0 - w_2 - 2w_1\right) \tag{2-15}$$

内腔边长为

$$l_1 = \frac{2}{\sqrt{3}}\left(\frac{\sqrt{3}}{2}l_0 - \frac{1}{2}w_2 - w_1\right) \tag{2-16}$$

内外腔间隔等效电感为

$$L_E = L_F = L_G = \frac{(l - w_1)\rho}{w_1 h} \tag{2-17}$$

内腔等效电容为

$$C_B = C_C = C_D = \frac{\sqrt{3}\,l_1^2 h}{2\rho c^2} \tag{2-18}$$

由等效电路图,可知:
等效电感为

$$L_{eqA} = \frac{L_E(L_F + L_G)}{L_E + L_F + L_G} \tag{2-19}$$

等效电容为

$$C_{eqA} = C_C + \frac{C_B C_D}{C_B + C_D} \tag{2-20}$$

共振频率 f_A 为

$$f_A = \frac{1}{2\pi}\frac{1}{\sqrt{L_{eqA}C_{eqA}}} \tag{2-21}$$

对于模态 N，由于 A 区域和 C 区域不起作用，在建立能带计算模型时可以不考虑，因此模态只考虑 B、D、E、F、G 区域。由于 B、D 区域声压强度基本相等但相位相反，因此其在电路中表现为 B、D 等效电容串联组成回路，其等效电路如图 2.18 所示。

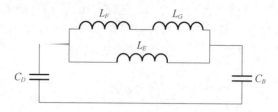

图 2.18　N 点处等效电路

图中，C_B、C_D 分别为 B、D 区域等效电容，L_E、L_F、L_G 分别为环形通道 E、F、G 区域对应的等效电感。

对于 C 区域，其等效电路计算表达式为

$$L_{eqB} = \frac{L_E(L_F + L_G)}{L_E + L_F + L_G} \qquad (2-22)$$

$$C_{eqB} = \frac{C_B C_D}{C_B + C_D} \qquad (2-23)$$

$$f_B = \frac{1}{2\pi \sqrt{L_{eqB} C_{eqB}}} \qquad (2-24)$$

对于 P 点，其 B 区域和 D 区域的声压强度相同且基本等于 C 区域的声压强度，但其相位相反。因此，其在电路表现为 B、D 区域等效电容并联并与 C 区域等效电容串联组成回路，其等效电路图如图 2.19 所示。

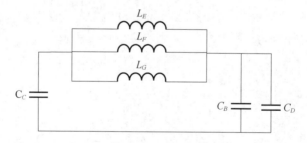

图 2.19　P 点处等效电路

图中 C_B、C_C、C_D 分别为 B、C、D 区域等效电容，L_E、L_F、L_G 分别为环形通道 E、F、G 区域对应的等效电感。

对于 P 点，其等效电路计算表达式为

$$L_{eqC} = \frac{L_E L_F L_G}{L_E L_F + L_F L_G + L_E L_G} \qquad (2-25)$$

$$C_{eqC} = \frac{C_C + C_B + C_D}{C_C(C_B + C_D)} \qquad (2-26)$$

$$f_C = \frac{1}{2\pi \sqrt{L_{eqC} C_{eqC}}} \qquad (2-27)$$

对于 Q 点,由声场压力图 2.16(d) 可知,声压强度分布于结构内外,区域 A 对模态也有影响,且可以看出 B、D 区域声压几乎相同且与 C 区域声压强度相位相反。因此,在等效电路中表现为 B、D 区域等效电容并联并与 A、C 区域电容串联,其等效电路如图 2.20 所示。

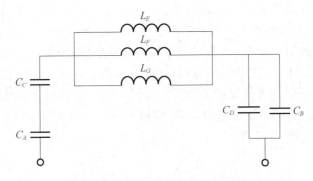

图 2.20　Q 点处等效电路

图中,C_A、C_B、C_C、C_D 分别为 B、C、D 区域等效电容,L_E、L_F、L_G 分别为环形通道 E、F、G 区域对应的等效电感。其中:

$$C_A = \frac{3\sqrt{3}\left\{\left[\frac{2}{\sqrt{3}}\left(\frac{\sqrt{3}}{2}l_0 + w_0\right)\right]^2 - l_0^2\right\}h}{2\rho c^2} \qquad (2-28)$$

$$L_{eqD} = \frac{L_E L_F L_G}{L_E L_F + L_F L_G + L_E L_G} \qquad (2-29)$$

$$C_{eqD} = \frac{C_A C_B C_C + C_A C_C C_D}{C_A C_B + C_A C_D + C_A C_C + C_B C_C + C_C C_D} \qquad (2-30)$$

$$f_D = \frac{1}{2\pi \sqrt{L_{eqD} C_{eqD}}} \qquad (2-31)$$

将结构参数代入式(2-28) ~ 式(2-31)中,得到各点计算共振频率并与有限元计算值进行比较,得到声电类比模型计算结果与有限元计算结果的对比,如表 2.3 所列。

表 2.3　各特征模态有限元计算与声电类比等效模型计算结果对比

结果对比	M 点	N 点	P 点	Q 点
有限元法(FEM)	62.1	109.3	125.9	219.1
声电类比法(ECA)	61.4	106.3	130.2	215.6
相对误差	−1.13%	−2.74%	3.42%	−1.60%

表中,FEM 表示采用有限元计算方法计算各能带谐振频率,ECA 为采用等效电路计算的各能带谐振频率。由表可以看出,采用声电类比建立的数学模型计算值与采用有限元方法计算值间的误差较小,证明了模型建立的正确性。采用声电类比建立的数学模型可以大大减小计算量,同时可以在结构设计之前进行预先计算,将大大减少工作量。

2.2.3　低频带隙与带隙宽度影响因素分析

1. 低频带隙影响因素分析

"低频宽带"是人工周期结构所追求的目标,下面首先对该结构低频形成机理进行分析。从能带图可以看出,结构的低频特性是由第一能带中局域共振段决定的。从提取的特征点声场压力强度分布图(图2.16(a))以及对其进行声电类比的电路图(图2.17)可以看出,低频能带主要是由于B、D空腔联合与C腔产生共振的效果,表现在电路中即为B、D区域等效电容串联再与C区域电容并联。由式(2-17)~式(2-21)可知,在保持结构基本构型的前提下,要想增大等效共振频率,可以通过增大C区域的等效电容,即增大C区域空腔的横截面积来实现。在保持基本构型的情况下,为增大C区域,依次减小B区域横截面积(图2.21(b)),减小D区域横截面积(图2.21(c)),同时采取减小B、D区域横截面积(图2.21(d))的方式设计了如图2.21(b)、(c)、(d)所示的结构,(a)结构是原始结构。然后分别对其能带结构进行计算,得到4个结构在400Hz以下的带隙分布和带隙上、下限比较图,如图2.22所示。

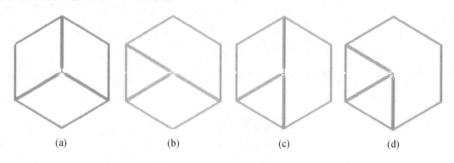

图2.21 增大C区域的途径

(a)原始结构横截面示意图;(b)减小B区域增大C区域结构横截面示意图;
(c)减小D区域增大C区域结构横截面示意图;(d)同时减小B、D区域增大C区域结构横截面示意图。

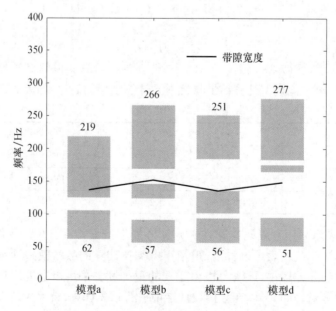

图2.22 4种结构能带分布和带隙宽度比较

从图2.22可以看出,当增大区域C的横截面积时,其带隙下限明显减小,在横截面积增大一倍的情况下,其带隙下限由62Hz减少到了51Hz,说明了增加C区域横截面积确实可以降低带隙下限。但同时注意到,在增大 C 区域横截面积的同时,其带隙结构发生了变化。与原始结构只有两条全带隙相比,增加区域 C 横截面积额外打开了一条带隙,使全带隙增加到 3 条,同时带隙上限升高。

利用等效模型不难分析原因:模型 a 只打开两条全带隙是由于第二能带和第三能带共振频率接近。由第二能带等效电路(图 2.18)和等效频率计算公式可知,第二能带局域共振模态只与 B 区域和 D 区域有关。在减小区域 B、D 以扩大区域 C 的过程中,其区域 B、D 横截面积和环形通道长度都减小了,从而使其等效电容 C_B、C_D 减小为原来的 $1/2$,等效电感 L_E 减小,L_F 增大,L_G 减小。由式(2 – 22)和式(2 – 23)可知,其 L_{eqB} 与 C_{eqB} 将会减小,从而导致第二带隙共振频率增大,能带上移。同理,由第三能带等效电路(图 2.19)和等效频率计算公式可知,在减小区域 B、D 以扩大区域 C 的过程中,其区域 B、D 横截面积和环形通道长度都减小了。从而使其等效电容 C_B、C_D 减小,C_C 增大和等效电感 L_E 减小,L_F 增大,L_G 减小,由式(2 – 25)和式(2 – 26),根据等效电路组成形式,C_{eqC} 基本保持不变,但 L_{eqC} 将急剧减小,导致其共振频率进一步增加,能带上移。由于第二能带和第三能带上移,从而导致第二、三能带间的带隙打开,而带隙上限增加。

从形成的带隙宽度看,模型 c 的带隙宽度与原结构相比基本相等,为 136Hz,而模型 b 和模型 d 有所拓宽,分别为 152Hz 和 148Hz,增大区域 C 一定程度上能扩宽带隙。在保持基本结构的前提下,增大区域 C 横截面积可以得到低频能带,但 200Hz 以下的低频段,模型 a、b、c、d 的带隙宽度占比分别为 58.8%、43.4%、42.6%、35.7%。由于额外带隙打开,其有效带隙宽度是降低的,其低频隔声效果将受到影响。为此认为,为了得到较好低频隔声效果,采用等横截面积区域结构是比较合理的。

2. 带隙宽度影响因素分析

为了保证第二、三能带不打开带隙,保持在低频段较好的隔声效果,采用了三区域等分的结构,因此考虑拓宽第二带隙来扩宽整体的带隙范围。由能带结构图(图 2.13)可知第二带隙的上限由区域 D 决定,拓宽带隙即为增大其等效频率。由区域 D 的等效电路和频率计算公式可知,要想增大区域 D 的等效频率,必须使 C_{eqD}、L_{eqD} 减小。注意到 C_{eqD} 是结构外声场区域 A 的等效电容与区域 B、C、D 电容的并联,意味着当减小结构外声场区域 A 的横截面积将会大大减小 C_{eqD},从而提高区域 D 的等效频率。为了进一步分析区域 A 对第二带隙的影响,分别利用有限元软件和前面建立的区域 D 等效频率计算公式对其带隙上、下限进行计算,第二带隙上、下限以及带隙宽度随区域 A 宽度 w_0 从 2.5mm 的减小到 0.5mm 变化曲线如图 2.23 所示。

由图 2.23 可以看出,采用声电类比计算结果与采用有限元计算的结果基本一致,误差较小,进一步说明了模型建立的正确性。由图 2.23 可知,空气域对带隙下限基本没有影响,但对带隙上限具有较大的影响。具体表现为:随着空气域宽度的增加,其带隙上限不断下降,带隙宽度也随之减小。当区域 A 宽度为 2.5mm 时,其第二带隙上、下限分别为 125.1Hz 和 410Hz,与原结构相比带隙扩宽了 191Hz,其带隙范围大大增加。

当区域 A 宽度为 0.5mm 时,其能带结构图如图 2.24 所示,从图中可以看出,形成两条分别为 62 ~ 109Hz,123 ~ 410Hz 的宽带隙,在带隙范围内隔声效果十分明显。由于两条全带隙相距只有 14Hz,从工程角度看,该结构在 500Hz 以下的中低频段具有良好的隔声效果。

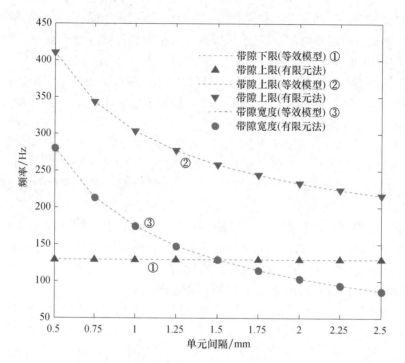

图 2.23　单元间隔对第二带隙上、下限和宽度的影响

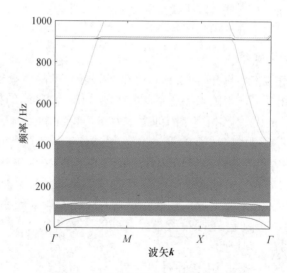

图 2.24　排列间隔 0.5mm 时能带结构图

2.2.4　多腔局域共振周期结构隔声特性分析

为了计算所提出结构的声波传输频谱,定义了由有限个原胞组成的周期结构。有限周期结构在 y 方向上是无限周期,在 x 方向为 6 个原胞组成的有限周期结构,如图 2.25 所示,在结构上下边应用周期边界条件,而在两端应用完美匹配层(PML)。在六角晶格排列中,考虑到布里渊区遍历求解时,其周期排列不一致,因此,分别构建 ΓM 方向与 ΓX 方向的六原胞周期结构。

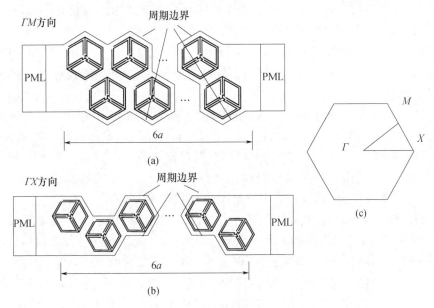

图 2.25　不同方向排列结构

(a)ΓM 方向排列结构;(b)ΓX 方向排列结构;(c)第一布里渊区示意图。

对于有限声子晶体结构,隔声量(或称传声损失)为

$$T = -20\lg\frac{|P_{\mathrm{o}}|}{|P_{\mathrm{i}}|} \tag{2-32}$$

式中:P_{o} 为输出声压,P_{i} 为入射声压。

通过改变平面波传输频率,重复计算后得到隔声曲线。采用有限元仿真软件,对 2500Hz 以下的频段传输频谱进行计算,如图 2.26 所示。

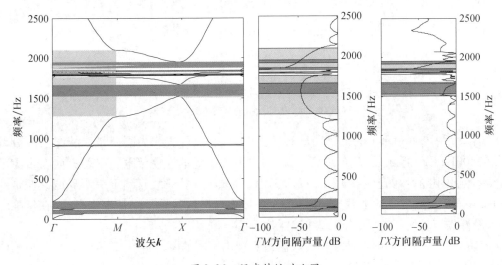

图 2.26　隔声特性对比图

图 2.26 中,深色区域为全带隙频段,浅色区域为方向带隙区域。从图中可以看出,在 2500Hz 以下的频段,多腔局域共振周期结构具有 4 条全带隙以及 7 条方向带隙。全带隙

中,62.1~109.3Hz,125.8~219.1Hz 频段为局域共振带隙,1530~1665Hz,1916~1948Hz 为布拉格散射带隙。方向带隙均属于布拉格散射带隙。在带隙内波的传播将会受到抑制,通过能带结构图和隔声特性图对比可以看出,在全带隙以及 ΓX 方向带隙频段和 ΓM 方向带隙频段声波受均到了极大的抑制,且抑制范围与带隙宽度吻合度较好,这说明了带隙计算的正确性。

进一步,从图中可以明显看出,ΓM 与 ΓX 方向在布拉格带隙上存在较大差异,使其在隔声曲线上表现出隔声频段的不同,这主要是因为布拉格散射带隙与单元排列的方式有关,单原胞按照 ΓM 与 ΓX 方向不同方式排列,其晶格常数是不同的。在 ΓM 方向上,晶格常数小,相当于周期结构填充率大,波在相邻单元间的耦合作用加强,使带隙下边界频率下降,上边界频率上升,其打开的布拉格带隙范围更宽。表现在隔声量曲线上,便是在 ΓM 方向布拉格带隙频段内,其隔声范围更广,覆盖了 1280~2088Hz 这一频段,其隔声能力均超过了 40dB。ΓX 方向受其方向带隙范围窄的原因,其隔声范围为 1514~1670Hz 及 1882~1948Hz,但其隔声量也超过了 30dB,隔声效果还是显著的。

在讨论了布拉格带隙频段内的隔声特性后,现在分析局域共振带隙频段内隔声特性。经过计算,得到400Hz 以下低频段多腔局域共振周期结构 ΓM 与 ΓX 方向的隔声特性,如图2.27 所示。

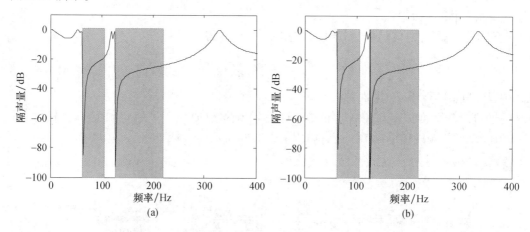

图 2.27　多腔局域共振周期结构低频段隔声特性
(a)ΓM 方向隔声量;(b)ΓX 方向隔声量。

图 2.27 中,深色部分为低频局域共振带隙范围,黑色实线为隔声量。从图中不难看出,在 400Hz 以下低频段,ΓM 与 ΓX 方向的隔声曲线基本一致,ΓM 与 ΓX 方向在带隙起始频率点出现隔声峰值,随着频率升高,其隔声量也迅速下降,直到下一个局域共振带隙打开,其隔声量在此迅速上升达到峰值,这一过程与局域共振带隙基本吻合,其在带隙频段内最低隔声量均超过了 25dB,表现出良好的隔声能力。

ΓM 与 ΓX 方向的隔声曲线在高频阶段表现出不同的隔声特性,但在低频段表现出两个方向隔声特性一致的现象,主要原因是因为两者的隔声机制不同。高频段隔声主要是布拉格散射作用,布拉格散射带隙宽度受晶格常数影响,ΓM 与 ΓX 方向排列方式不同使其晶格常数即单元间隔不同,导致带隙结构不同,表现在隔声曲线也有较大区别。低频隔声主要依靠的是局域共振机理,局域共振带隙受共振单元影响,周期排列方式对其影响不大,ΓM 与 ΓX 方向局域共振结构未发生变化,因此其带隙结构基本相同,隔声曲线也就相同了。

2.3　多腔双局域共振周期结构低频带隙机理及隔声特性研究

基于亥姆霍兹共鸣腔的声子晶体,由于带隙上、下限与腔体体积有关,造成带隙向低频方向移动的同时,其上限也在不断降低,形成了低频与宽带之间的矛盾。本章构建了一种新型的亥姆霍兹型声子晶体,通过将结构设计为内外腔的形式,摆脱了内腔体积对带隙上限的影响,使得带隙上限得以大大提高。运用理论等效模型和有限元计算两种方法对该结构的带隙机理、影响因素等进行了分析,得到了兼顾低频与宽带的结果。与此同时,将弹性杆 – 弹簧模型引入晶体设计中,使得简化模型理论计算精度得以提高。

2.3.1　结构带隙与隔声性能

该声子晶体晶格结构如图 2.28 所示,其晶格常数为 a,由 4 个 U 形结构嵌套组成,各边壁厚统一为 b,各边之间留有宽度为 s 的空隙作为空气通道,为使四角构成边长 $l=s+b$ 的正方形,控制最外层边长 $l_1=a-2s-2b$,中间边长 $l_2=a-2s-2b$,最内层边长 l_3 可进行调节。在此结构中,形成了中间和四角两种大小的亥姆霍兹共鸣腔,由此形成腔体 – 细长管 – 腔体形式的亥姆霍兹局域共振型声子晶体。

图 2.28　结构横截面示意图

将结构参数设置为 $a=100\mathrm{mm}$,$b=1\mathrm{mm}$,$s=1\mathrm{mm}$,$l_3=90\mathrm{mm}$,利用 COMSOL Multiphysics 软件,运用有限元法对结构的特征频率进行求解,得出其能带结构如图 2.29(a)所示。从图中可以看出,该结构在 1400Hz 以下共出现了 4 条带隙,各带隙范围分别为 86.9 ~ 445.9Hz、464.07 ~ 902.52Hz、905.71 ~ 905.73Hz、916.9 ~ 1332.2Hz,各带隙的起止点已在图中标出。

为研究该结构的隔声性能,将 5 个原胞沿纵向串联,计算所得隔声量曲线如图 2.29(b)所示。从图中可以看出,隔声峰与带隙计算结果吻合良好,其中第三带隙由于过窄在隔声曲线中并没有体现。该结构隔声量在 1140Hz 左右达到最大值 178dB,对于第一带隙,在 316Hz 左右达到最大值 148dB,而 150Hz 左右的低频域也可达到 102dB。

2.3.2　带隙形成机理及其等效模型构建

对于声子晶体隔声材料,我们最关心的是其低频隔声性能,所以这里只就其第一带隙的振动模态进行讨论。

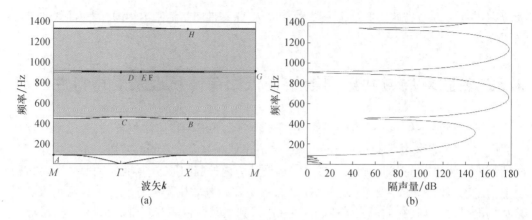

(a)　　　　　　　　　　(b)

图 2.29　能带结构图和隔声曲线
(a)能带结构图;(b)隔声曲线。

A、B 两点的声压如图 2.30 所示,在 A 点,中间的腔体(内腔)声压最大,而四角的小腔体(外腔)声压基本为 0,表明在此处由于声波的激励,细管中的空气与内腔中的空气产生了局域共振,声波被局域在内腔内,无法继续向前传播,由此对应于带隙的下限。

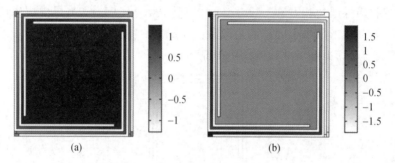

(a)　　　　　　　　　　(b)

图 2.30　模态 A、B 声压图
(a)模态 A 声压图;(b)模态 B 声压图。

在 B 点处,内腔声压基本为 0,而外腔中,声压基本相同但相位相反,表明在此处细管中空气与四角外腔内空气产生共振,与内腔无关。而随着频率的继续升高,声波开始向临近结构的内腔传播,由此对应于带隙的上限。

对于局域共振型声子晶体,比较常用的等效模型为弹簧振子模型,下面以此模型为基础,对其带隙形成机理进行分析。

对于模态 A,由于细管内空气体积相比内腔小得多,且细管宽度较小,假设细管内空气做同步运动且不计其受到的压缩,即可以视为振子;而内腔内空气忽略其振动造成的惯性力,即视为弹簧。与此同时,由于结构的严格对称性,可以只取结构的 1/4 进行计算,由此该模态振动可等效为图 2.31(a)所示的弹簧 – 振子模型。

其等效质量和等效刚度的表达式分别为

$$M_A = s\rho(l_1 + l_3 - b)h \qquad (2-33)$$

$$K_A = \frac{\rho c^2 s^2 h}{S_A/4} \qquad (2-34)$$

式中:ρ 为空气密度;c 为空气中声速;S_A 为内腔横截面积。

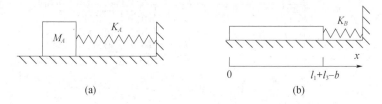

图 2.31　模态 A、B 等效模型

(a)模态 A 等效模型；(b)模态 B 等效模型。

则其共振频率计算公式为

$$f_A = \frac{1}{2\pi}\sqrt{\frac{K_A}{M_A}} = \frac{1}{\pi}c\sqrt{\frac{s}{(l_1 + l_3 - b)S_A}} \qquad (2-35)$$

对于模态 B，细管内空气体积与外腔体积相差不大，再将其视为集中质量的振子会产生较大的误差。在此，将细管内空气视为一根做纵向振动的等截面杆，其一端为自由端，另一端连接着弹簧系统，并同样只取一个外腔及其连接的细管进行计算，其等效模型如图 2.31(b)所示。

设杆上距自由端 x 处截面的纵向振幅为

$$U(x) = A_1\sin\frac{\omega}{c}x + A_2\cos\frac{\omega}{c}x \qquad (2-36)$$

式中：ω 为角频率；A_1、A_2 为待定系数。则其边界条件为[26]

$$\begin{cases} U'(0) = 0 \\ E_B sh U'(l_1 + l_3 - b) = -K_B(l_1 + l_3 - b) \end{cases} \qquad (2-37)$$

其中：$E_B = c^2\rho$ 为空气的体积模量，$K_B = \rho c^2 s^2/(s+b)^2$ 为四角小腔体的等效刚度。

将式(2-36)代入式(2-37)，整理，得

$$\omega\tan\left[\frac{\omega}{c}(l_1 + l_3 - b)\right] = \frac{cs}{(s+b)^2} \qquad (2-38)$$

这是一个超越方程，借助数值解法可以求出其第一阶固有频率，即为 B 模态的共振频率。

2.3.3　带隙影响因素研究

为研究各结构参数对带隙的影响，运用有限元法和等效模型理论两种方法分析计算了第一带隙随参数改变的变化情况，得出的结果如图 2.32～图 2.35 所示。

1. 晶格常数对带隙的影响

图 2.32 所示为第一带隙与晶格常数 a 的关系，计算中保持 $l_3 = 10\text{mm}$。从图中可以看出，随着 a 的增大，带隙上限和下限均朝低频方向移动，同时带隙宽度有变窄的趋势，这是因为晶格常数增大会导致内腔体积变大，根据式(2-34)，其等效弹性模量相应减小，使得带隙下限向低频方向移动。与此同时，因为仅保持 l_3 不变，但 l_1 会随 a 增大而增大，由式(2-35)和式(2-38)可知，这会导致带隙上、下限均向低频方向移动。另外，在 $a = 0.02\text{m}$ 处，理论计算值发生了较大的偏差，这是因为此时内外腔体积与吸管内空气体积比值较小，已不能忽略腔内空气质量和细管内空气体积模量的影响。

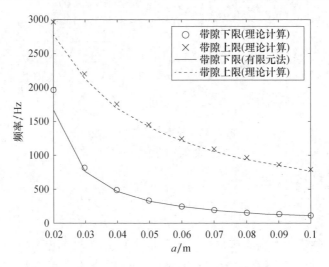

图 2.32　晶格常数 a 对第一带隙的影响

2. 壁厚对带隙的影响

图 2.33 所示为第一带隙与管壁厚度 b 之间的关系,在此将晶格常数 a 固定为 50mm。随着管壁增厚,带隙上限下降,下限提高,带隙宽度变小。分析其原因,是由于管壁的变厚会增大外腔体积而减小内腔体积,并分别使其等效弹性模量减小和增大。这说明对于该结构,在保证一定强度的基础上,使用轻薄的材质有利于获得更好的隔声效果,有利于隔声材料向"轻质"的方向发展。经计算,带隙上限的理论计算误差稳定在 3% 左右,而带隙下限的误差从 3% 逐渐增加到 7% 左右,这是因为随着 b 的增加,内腔体积变小,要取得更为精确的带隙下限结果,也应采用弹性杆 - 弹簧模型。

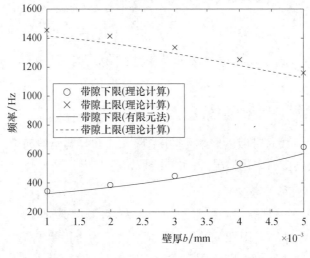

图 2.33　壁厚 b 对第一带隙的影响

3. 空气通道宽度对带隙的影响

如图 2.34 所示,随着细管宽度 s 的增大,带隙上、下限均向高频方向移动,但带隙上限的变化幅度低于带隙下限。这是由于在保持晶格常数不变的情况下,对于带隙下限,由式(2-35)可以看出,s 的增大会直接导致共振频率的上升,且会使得内腔面积 S_A 相应减小,进一步导致共振频率提高。而对于带隙上限,由于在式(2-38)中 s 的增大会导致方程等号左右两侧均减小,削弱了参数 s 的作用。另外,需要指出的是,随 s 增大理论计算误差也在增大,说明此时在进行定量计算时,同晶格常数 a 较小时的情况类似,需要综合考虑腔内空气质量和细管内空气体积模量。

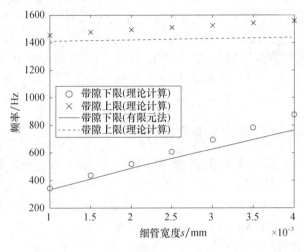

图 2.34　细管宽度 s 对第一带隙的影响

4. 空气通道长度对带隙的影响

图 2.35 所示为随 l_3 增大带隙的变化情况,从图中可以看出,随 l_3 增大,带隙上、下限均向着低频方向移动,但带隙下限变化程度明显低于带隙上限的变化程度。这是因为由式(2-33)和式(2-34)可得,l_3 的增大会使等效振子质量增大,但与此同时,S_A 相应减小,从而导致等效弹簧模量增大,阻碍了带隙下限的进一步降低;而对于带隙上限,l_3 并不影响其等效弹簧模量。这说明对于该结构,在保证一定低频效果的同时,适当减小 l_3 的长度,就可以出现较宽的带隙。

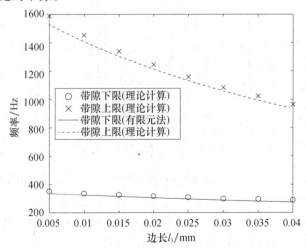

图 2.35　边长 l_3 对第一带隙的影响

2.4 耦合亥姆霍兹腔带隙机理及隔振特性研究

上面构建的声子晶体虽然对提高带隙上限有有效作用,但若要降低带隙下限,需要较大的体积,不利于结构的小型化。为研究在不扩大结构体积和增加开口空气通道长度的情况下降低带隙下限的方法,本章将固-固型声子晶体引入结构中,设计了一种带弹性振子的亥姆霍兹型声子晶体,对其带隙机理进行了详细分析,建立了等效模型,在6cm 的腔体尺寸下,将带隙下限降至 24.5Hz,相比于传统单腔单开口亥姆霍兹型声子晶体,带隙下限降低了 40%,实现了小尺寸控制大波长,扩大了其在工程上的应用范围。

2.4.1 带弹簧结构设计及其带隙特性

亥姆霍兹腔与弹性振子耦合结构横截面如图 2.36 所示,其晶格常数为 a,腔体框架材料为钢,外边长为 l_1,腔壁厚度为 b,在腔体右侧有"弓"字形的开口,其空气通道总长度为 l_2,宽度为 s,腔体内部与左框体距离 l_3 处设置一宽度为 b_s 的弹性长杆,并在上下两端用长 h_r、宽 b_r 的硅橡胶连接至腔体框架上,因这里选取橡胶厚度与一般薄膜相比较厚,且预应力的施加一般会导致共振频率升高,故不施加预应力。在实际应用中,可用外部框架夹住橡胶板(橡胶板长为 l_1),并在板上粘附金属质量片。这样,亥姆霍兹腔就被弹性振子分为左右两个腔体。另外,为防止框架的振动模态对带隙形成机理研究造成干扰,将其设定为固定约束状态。

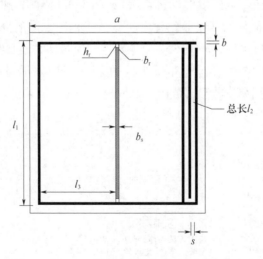

图 2.36 亥姆霍兹腔与弹性振子耦合结构横截面

将腔体外边长固定为 $l_1 = 60$mm,腔壁厚度固定为 $b = 1$mm,先利用理论计算方法对所选参数取值范围内所有可能组合进行遍历扫描(均以 1mm 为间隔),再利用有限元法进行验证和调整,分别对亥姆霍兹腔与弹性振子耦合结构和其对应的传统亥姆霍兹腔结构进行求解,其第一带隙下限最低时的参数组合及各参数取值范围如表 2.4 所列,采用材料参数如表 2.5 所列,得出其带隙结构如图 2.37(a)所示。

表 2.4　各结构参数组合

名称	a/mm	l_2/mm	l_3/mm	b_r/mm	h_r/mm	b_s/mm	振子材料
亥姆霍兹腔与弹性振子耦合结构带隙下限最低参数	61 [61,65]	50 [1,1680]	40 [1,56]	4 [1,5]	9 [1,9]	25 [1,25]	钢
传统亥姆霍兹腔结构带隙下限最低参数	61 [61,65]	848 [1,1680]	—	—	—	—	—
初始结构参数	65	50	28.5	1	1	1	铝

表 2.5　各材料参数

材料名称	硅橡胶	环氧树脂	碳	铝	钛	钢
密度/(kg/m³)	1300	1180	1750	2730	4540	7780
弹性模量/(10^{10}Pa)	1.175×10^{-5}	0.435	23.01	7.76	11.70	21.06
剪切模量/(10^{10}Pa)	4×10^{-6}	0.159	8.85	2.87	4.43	8.10

　　对于传统亥姆霍兹腔结构,主要通过增大开口长度降低其第一带隙下限,这样会使得腔体体积减小,导致其第一带隙下限最低低至 42.1Hz(图 2.37(b))。而对于亥姆霍兹腔与弹性振子耦合结构,其第一、二带隙分别为 24.5~47.7Hz,237.6~308.6Hz(图 2.37(a))。

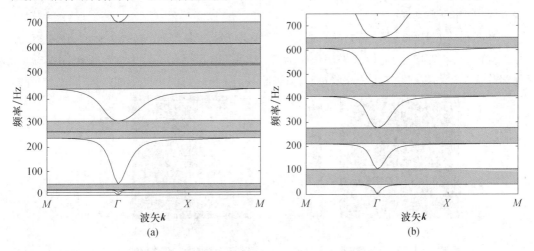

图 2.37　带隙图

(a)亥姆霍兹腔与弹性振子耦合结构带隙图;(b)亥姆霍兹腔结构带隙图。

　　为探究亥姆霍兹腔与弹性振子耦合情况下的带隙机理,设置初始结构参数如表 2.4 所列。利用有限元法得出其带隙结构如图 2.38(a)所示,从图中可以看出,该结构在 700Hz 以下存在两个带隙,其中第一带隙为 125.34~267.30Hz,第二带隙为 355.13~397.22Hz,各带隙的起止点已在图中标出。另外,在 179.17Hz 和 254.69Hz 处出现了两条平直带。

　　为研究该结构的隔声性能,沿纵向串联 3 个原胞结构,在结构的一端设置背景压力场,并配置完美匹配层(PML),利用声压模式的隔声量计算公式针对 0~700Hz 范围内的声波进行隔声量计算,其结果如图 2.38(b)所示。从图中可以看出,两个隔声峰均出现在带隙下限附近,大小分别为 43.2dB 和 43.3dB,而两个平直带对隔声曲线无明显影响。

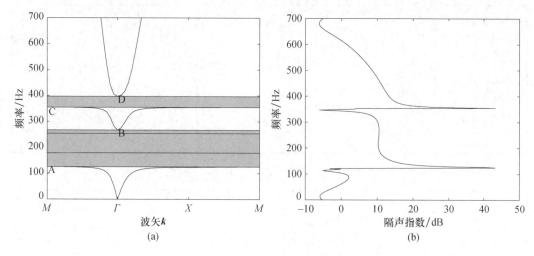

图 2.38　带隙图和隔声曲线

(a)亥姆霍兹腔与弹性振子耦合结构带隙图;(b)亥姆霍兹腔与弹性振子耦合结构隔声曲线。

2.4.2　带隙机理及等效模型

1. 带隙机理分析

亥姆霍兹腔与弹性振子耦合结构带隙上、下限处的声压场如图 2.39 所示,在 A 点,左腔声压最大,右腔次之,而腔体外部声压为零,表明此时振子与开口中空气做同向振动,而外部空气未参与振动,声波被局域在腔体内部,无法向外传播,由此形成带隙下限。

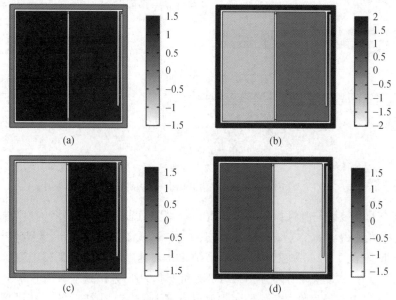

图 2.39　模态 A、B、C、D 声场压力图

(a)模态 A 声场压力图;(b)模态 B 声场压力图;(c)模态 C 声场压力图;(d)模态 D 声场压力图。

在 B 点,左腔声压为负值,右腔及腔体外部声压为正值且外部声压最大,表明此时振子与开口中空气做同向振动,且声波可以在腔体外部传播,由此对应带隙上限。

C、D 两点处腔体外部声压分别与 A、B 两点处基本相同,表明其带隙形成机理是一致的。但 C 点处左腔声压为负值而右腔声压最大,表明此处对应振动模态为振子与开口中空气做相向振动。D 点处左右腔声压与 B 点处相比声压颠倒,表明此处对应振动模态同样为振子与开口中空气做相向振动。

对于平直带处的振动模态,通过声压场和弹性振子的振动模态相结合进行分析,如图 2.40 所示,为便于分析,在声压场图中添加了等值线。

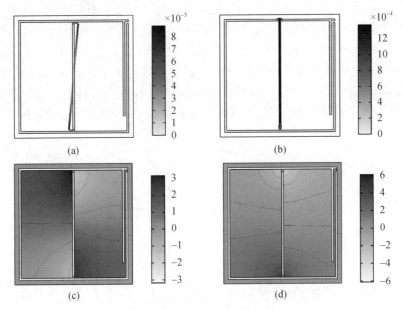

图 2.40　平直带弹性振子振型图和声场压力图

(a)第一平直带弹性振子振型图;(b)第二平直带弹性振子振型图;
(c)第一平直带声场压力图;(d)第二平直带声场压力图。

在两平直带处,弹性振子的振动分别为绕中心转动和沿轴向振动,虽然这种振动因流固耦合作用会使得各腔内声场发生变化,但因振动过程中左右腔体积均不变,故各腔声场的变化分别是上下反对称的(图(c)、(d)),其总的等效声压为零。此时,弹性振子的振动并不能激发开口处空气的振动,从而无法将声压传导至腔外,声波仍然被局域在腔内,故对该结构的隔声性能没有影响。这一点也从图 2.38(b)所示的隔声曲线上有所体现,平直带对应的频率处,隔声曲线没有特别的变化特征。

2. 等效模型构建

对于局域共振型声子晶体,由于带隙上、下限共振机理不同,其等效模型一般通过弹簧-振子模型或声电类比模型对带隙上、下限分别进行构建,这里选用弹簧-振子模型。

首先做如下假设:

(1)对于开口处,由于其体积相比内腔小得多,且开口宽度较小,假设开口内空气做同步运动且不计其受到的压缩,即视为振子,其等效质量用 m_2 表示。

(2)对于左右腔及外部空气,忽略其振动造成的惯性力,即视为无质量弹簧,其等效

刚度分别用 k_4、k_2、k_1 表示。

（3）对于弹性振子，忽略其振动时的挠度变形，将其视为刚性振子（在仿真时仍设定为弹性体），并将两端橡胶质量通过集中参数法等效分布于振子和腔壁上，其等效质量用 m_1 表示。

（4）对于弹性振子两边的橡胶，将其考虑为受剪切变形影响的横向振动无质量伯努利－欧拉梁，忽略自身振型的影响，在模型中用等效刚度为 k_3 的弹簧拟合其特性。

综上所述，对该结构各带隙起止点建立等效模型如图 2.41 所示，其中图（a）对应带隙上限，图（b）对应带隙下限，这两种等效模型的区别在于是否存在外部空气等效所得的弹簧 k_1，这种不同来源于对开口处空气的简化。开口空气实际上相当于一纵向振动弹性杆，这与图 2.40 中其声压场是逐渐变化的情况相对应。该结构更为精确的模型为"弹簧－质量块－弹簧－弹性杆－弹簧"。但在 k_1、k_2 较小且开口长度适中的情况下，可通过假设（1）的处理，仅考虑开口空气质心的振动位移，此时在带隙上限处将弹性杆视为质量块即可。但在带隙下限处，外部空气声压始终为零，即系统在振动过程中，开口空气杆的外端始终静止，无法体现弹簧 k_1 的作用，但杆的质心仍在振动，故可简化为图（b）所示的等效模型。

图 2.41　等效模型

（a）区域 B、D 等效模型；（b）区域 A、C 等效模型。

设该结构高度为 1，其等效质量和等效刚度的表达式分别为

$$\begin{cases} m_1 = \rho_s b_s (l_1 - 2b - 2h_r) + \rho_r h_r b_r \\ m_2 = \rho_{air} (l_2 + b) s \end{cases} \quad (2-39)$$

$$\begin{cases} k_1 = \dfrac{\rho_{air} c^2 s^2}{V_1} \\[2mm] k_{2left} = \dfrac{\rho_{air} c^2 s l_1}{V_2}, k_{2right} = \dfrac{\rho_{air} c^2 s^2}{V_2} \\[2mm] k'_{2left} = \dfrac{\rho_{air} c^2 (l_1 - h_r) l_1}{V_2}, k'_{2right} = \dfrac{\rho_{air} c^2 (l_1 - h_r) s}{V_2} \\[2mm] k_4 = \dfrac{\rho_{air} c^2 (l_1 - h_r) l_1}{V_4} \end{cases} \quad (2-40)$$

式中：ρ_s，ρ_r，ρ_{air} 分别为弹性振子、橡胶及空气的密度；c 为空气中声速；V_1，V_2，V_4 分别为外部空气、右腔及左腔的体积。

需要说明的是，在多自由度振动理论中，将总的等效刚度定义为"k_{ij} 是使系统仅在第 j 个坐标上产生单位位移而相当于第 i 个坐标上所需施加的力[163]"，而忽略自身质量的空气弹簧遵循帕斯卡定律，则"所需施加的力"为第 j 个坐标上产生单位位移引起的压差对第 i 个坐标上空气与构件接触面积的积分。对于右腔空气，由于其分别与开口处空气及

梁状振子接触,会表现出 4 种不同的等效刚度,分别如下:

$k_{2\text{left}}$——仅开口处空气产生单位位移时在弹性振子与右腔空气接触面上产生的力;

$k_{2\text{right}}$——仅开口处空气产生单位位移时在开口处空气与右腔空气接触面上产生的力;

$k'_{2\text{left}}$——仅弹性振子产生单位位移时在弹性振子与右腔空气接触面上产生的力;

$k'_{2\text{right}}$——仅弹性振子产生单位位移时在开口处空气与右腔空气接触面上产生的力。

k_3 可由传递矩阵法求得,设弹性振子有一位移 u,根据橡胶短梁的传递矩阵和边界条件:

$$U = \begin{bmatrix} 1 & h_{\text{r}} & \dfrac{h_{\text{r}}^2}{2EI} & \dfrac{h_{\text{r}}^3}{6EI} - \dfrac{h_{\text{r}}}{Gb_{\text{r}}\kappa} \\ 0 & 1 & \dfrac{h_{\text{r}}}{EI} & \dfrac{h_{\text{r}}^2}{2EI} \\ 0 & 0 & 1 & h_{\text{r}} \\ 0 & 0 & 0 & 1 \end{bmatrix} \tag{2-41}$$

$$Z_1 = \begin{bmatrix} 0 & 0 & M_1 & Q_1 \end{bmatrix}^{\text{T}}$$
$$Z_2 = \begin{bmatrix} u & 0 & M_2 & Q_2 \end{bmatrix}^{\text{T}} \tag{2-42}$$

可求得对于上下两橡胶短梁均有

$$\left(-\dfrac{h_{\text{r}}^3}{12EI} - \dfrac{h_{\text{r}}}{Gb_{\text{r}}\kappa} \right) Q_2 = u \tag{2-43}$$

式中:E,G 分别为橡胶的弹性模量和剪切模量;I 为截面惯性矩;κ 为截面系数,取为 0.833;M_1,Q_1,M_2,Q_2 分别为与腔壁相连端及与振子相连端的弯矩和剪力。由此可得

$$k_3 = 2 \left(\dfrac{h_{\text{r}}^3}{12EI} + \dfrac{h_{\text{r}}}{Gb_{\text{r}}\kappa} \right)^{-1} \tag{2-44}$$

根据上述两种等效模型,构建其刚度矩阵分别为

$$K_{A,C} = \begin{bmatrix} k'_{2\text{left}} + k_3 + k_4 & -k_{2\text{left}} \\ -k'_{2\text{right}} & k_{2\text{right}} \end{bmatrix} \tag{2-45}$$

$$K_{B,D} = \begin{bmatrix} k'_{2\text{left}} + k_3 + k_4 & -k_{2\text{left}} \\ -k'_{2\text{right}} & k_{2\text{right}} + k_1 \end{bmatrix} \tag{2-46}$$

其质量矩阵为

$$M = \begin{bmatrix} m_1 & 0 \\ 0 & m_2 \end{bmatrix} \tag{2-47}$$

根据多自由度振动理论,由式(2-45)即可分别计算出两阶固有频率,对应于第一、二带隙的起止频率:

$$(2\pi f)^2 = \dfrac{(K_{11}m_2 + K_{22}m_1) \pm \sqrt{(K_{11}m_2 + K_{22}m_1)^2 - 4m_1m_2(K_{11}K_{22} - K_{12}K_{21})}}{2m_1m_2}$$
$$\tag{2-48}$$

式中:K_{ij} 代表刚度矩阵中各元素。

通过以上分析可以看出,在亥姆霍兹腔中加入弹性振子之后,系统由单自由度变为双

自由度,且其耦合效应改变了原有腔体的等效刚度。另外,该结构左腔中的空气和弹性振子局域共振单元一起,形成了一个弹性壁,但其对于外部空气来说仍为刚性壁,故不能直接对外部空气起作用,必须通过引起腔口空气振动而影响外部声压。若去除左侧框架,则等效模型中 m_1、m_2 应与双开口亥姆霍兹腔[164]中类似,用并联设置替代这里的串联设置。

2.4.3　带弹簧带隙影响因素研究

为分析各参数对带隙的影响,进一步揭示其带隙形成实质,采用有限单元法和等效模型两种方法计算了其带隙上、下限频率随参数改变的变化情况,得出的结果如图 2.42 ~ 图 2.47 所示。

1. 晶格常数对带隙的影响

图 2.42 所示为晶格常数 a 与第一、二带隙的关系。从图中可以发现,晶格常数的改变对于带隙下限的影响可以忽略不计,这与式(2 – 45)中不含外部空气的等效刚度一致。而对于带隙上限,单纯增大晶格常数而保持框体大小不变,会直接导致 k_1 的减小,从而使带隙上限向低频方向移动。这说明对于该结构,周期性排列间距越小越容易产生较宽的带隙。

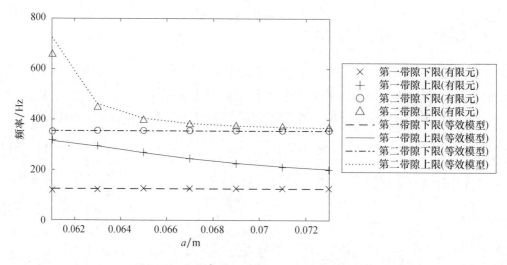

图 2.42　晶格常数 a 对第一、二低频带隙的影响

2. 开口长度对带隙的影响

图 2.43 所示为开口处空气通道长度 l_2 与第一、二带隙之间的关系,从图中可以看出,随着空气通道长度的增加,其带隙上、下限都在下降,其中第一带隙宽度略有增大,而第二带隙宽度有较明显的减小。另外需要指出的是,当空气通道长度 l_2 较小时,第二带隙等效模型与有限元分析结果差距较大,这是因为在模态 C、D 处,开口左右声压差值大,导致开口附近空气受到的压缩程度更大,更多的空气充当了振子的作用,使得等效质量 m_2 增大,而这种效应在开口长度较小时尤为明显。此时,应通过修正公式对 m_2 进行修正,这里选取的初始开口长度较长,不影响其他讨论及最终结论,故不再进行修正。

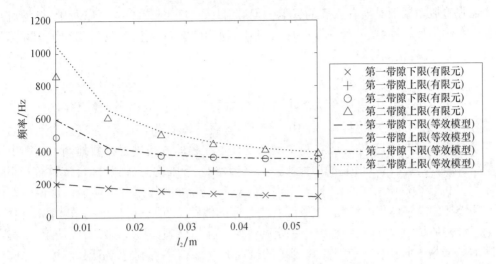

图 2.43　开口长度 l_2 对第一、二低频带隙的影响

3. 橡胶长度对带隙的影响

图 2.44 所示为橡胶长度 h_r 与带隙宽度的关系,在此图中绘制了等效模型计算的 2 个带隙和有限元仿真的前 6 个带隙(若存在)。从图中可以看出,由等效模型计算的带隙上、下限变化较小,这是因为铝密度与硅橡胶相差不大,h_r 的增大只使 m_2 小幅变化,而 k_3 由于与 $k'_{2\text{left}}$ 相差一个量级,其变化对结果影响较小。而有限元计算结果显示,随着 h_r 的增大,部分特征频率曲线或在原有带隙附近产生了宽度较小的新带隙,或将原有带隙“分割”为两个带隙,并影响了原带隙上、下限。此时,视新带隙相对原带隙的位置,有限元计算结果开始在理论计算结果上下波动。这是由于随着 h_r 的增大,弹性振子系统振动模态增多,原有各阶固有频率下降,在带隙上、下限处,对应的不再是原有的低阶振型,如当 h_r 为 1mm、3mm、7mm、11mm 时,第一带隙下限分别对应于弹性振子系统的第 1、2、3、5 阶振型。此时,将质量和等效弹簧均集中于振子处的处理方法导致了误差的产生。若要精确计算带隙上、下限,需要采用腔口覆薄膜耦合振动计算方法[165-166]并推广至含集中质量结构,充

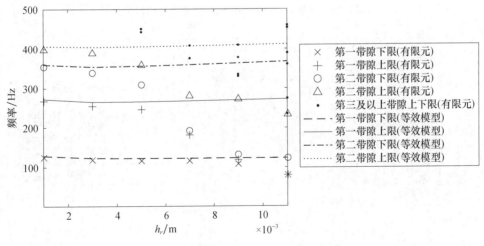

图 2.44　橡胶长度 h_r 对各低频带隙的影响

分考虑强迫振动振型对固有频率的影响。但综合图 2.43 和图 2.44 可以看出，振型对于带隙的影响不如弹性振子等效质量的影响大，且振型的影响规律性不强，不利于带隙的优化，这里不再进行精确计算。

4. 腔体体积对带隙的影响

图 2.45、图 2.46 所示为随 V_2、V_4 增大时带隙的变化情况，由于腔体被弹性振子分为两部分，为使结构改变时保持 k_2、k_4 中的一项不变而另一项增大或减小，在此没有对 l_3 进行变量分析，而是采用在左腔或右腔中增加刚性填充物的方式进行参数控制。从图中可以看出，随着左侧腔体体积 V_4 的增大，第一、二带隙上、下限均向低频方向移动，而右侧腔体体积 V_2 的增大仅使第二带隙上、下限下降，对第一带隙的作用并不明显。这说明在保证左侧腔体的一定体积的情况下，降低右侧腔体的体积，仍能获得良好的低频隔声性能，有利于结构的小型化；而在结构大小一定的情况下，则应尽量增大参数 l_3，以使第一、第二带隙均向低频方向移动。就产生该现象的机理来看，在第一带隙上、下限处，振子与腔口空气均做同向振动，故削弱了右腔空气的作用；而第二带隙上、下限处振子与腔口空气做相向运动，故与左右腔空气体积均有关。

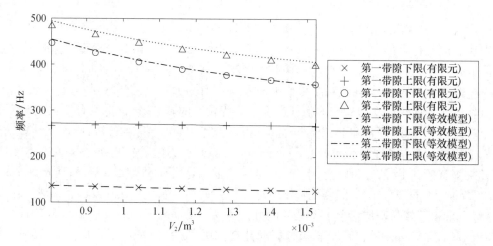

图 2.45 左腔体积 V_2 对第一、二低频带隙的影响

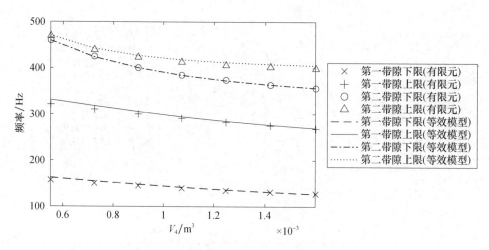

图 2.46 右腔体积 V_4 对第一、二低频带隙的影响

5. 弹性振子材料对带隙的影响

图 2.47 所示为随着弹性振子密度 ρ_s 的提高,第一、二带隙上、下限都向低频方向移动,但第一带隙宽度降低,而第二带隙宽度增大。在这里,为改变其密度,分别选用了环氧树脂、碳、铝、钛、钢等材料进行研究,因其弹性模量基本处于同一量级,故弹性模量的变化影响可以忽略。综合图 2.43、图 2.47 的结果,可以看出,振子质量与开口处空气质量对于带隙宽度的作用效果是相反的,开口处空气质量对应于第一带隙,而振子质量对应于第二带隙,增大其中某质量会使其对应带隙宽度增大而另一带隙宽度减小。

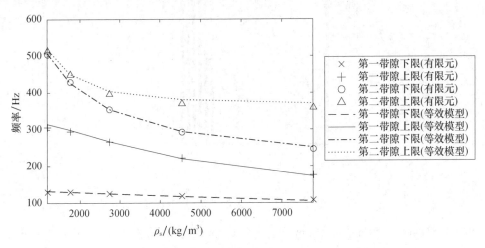

图 2.47　弹性振子密度 ρ_s 对第一、二低频带隙的影响

总之,这种亥姆霍兹腔与弹性振子耦合结构,利用多自由度振动理论建立了等效模型,通过研究发现:①该结构可以突破传统亥姆霍兹腔结构带隙下限的极限值,在 6cm 的结构尺寸下达到 24.5Hz;②弹性振子的加入将原结构单自由度系统振动变为双自由度系统的振动,其前两个带隙可由等效模型计算得出,且理论计算结果与有限元计算结果基本相符;③该结构可调参数大大增加,通过降低结构间距、增大开口空气通道长度及振子质量、增大左侧腔体体积等方式,可获得低频区域内较宽的带隙。这些结论有利于亥姆霍兹腔结构与薄膜类结构耦合隔声理论的发展,对于该类结构在低频隔声领域的应用具有指导意义。

2.4.4　薄膜与亥姆霍兹腔耦合结构低频带隙

上面进行的亥姆霍兹腔与固/固型声子晶体的耦合研究,虽然可以突破亥姆霍兹腔的低频极限,但所需附加的质量较大,不利于结构的轻质化。下面设计一种含薄膜壁的亥姆霍兹声子晶体,并对其带隙机理进行详细分析,用传递矩阵法和有限元法两种方法计算其低频带隙上、下限。该结构第一带隙下限低于同参数下的普通亥姆霍兹声子晶体和薄膜,且质量小于同尺寸传统亥姆霍兹声子晶体,进一步提高了亥姆霍兹腔在小尺寸、轻结构下控制大波长的能力,提高了其在工程上的应用价值。

1. 结构设计及其带隙特性

带薄膜壁的亥姆霍兹结构横截面如图 2.48 所示,其晶格常数为 a,腔体框架边长 l,腔

壁厚度为 b，在腔右侧由悬臂梁形成 W 形开口，其空气通道总长度为 $l_1 = n \times (l-b) + b$，宽度为 s，其中 n 为悬臂梁的个数。将腔体左侧壁更换为厚度为 b_r 的硅橡胶薄膜，并在其上粘附有长 h_s、厚 b_s 的铝制质量块，薄膜受到 y 方向张力 T 的作用。因框架材料一般为金属，其声阻抗一般在空气的 10^5 倍以上，薄膜材料的 10^3 倍以上，对带隙的影响较小，故将其设定为固定约束状态。

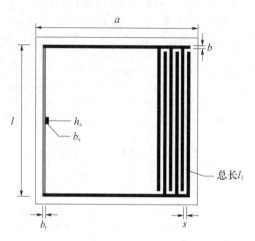

图 2.48　带薄膜壁的亥姆霍兹结构横截面

取 $a = 53\text{mm}$，$l = 50\text{mm}$，$b = 1\text{mm}$，$n = 2(l_1 = 99\text{mm})$，$s = 1\text{mm}$，$b_r = 1\text{mm}$，$h_s = 5\text{mm}$，$b_s = 1\text{mm}$，$T = 1 \times 10^6 \text{N/m}^2$，先将其按照第一布里渊区进行扫描，再将其沿纵向对 3 个原胞结构进行串联，分别计算得出其在 1700Hz 以下的结构能带图和隔声量曲线，如图 2.49 所示。从图中可以看出，其在 1700Hz 以下存在 3 个完全带隙（灰色区域），分别为 88.40 ～

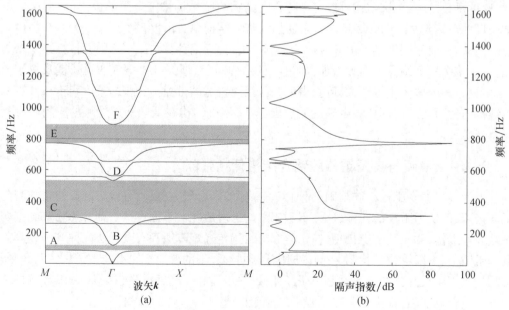

图 2.49　带薄膜壁的亥姆霍兹结构

(a)带隙图；(b)隔声曲线。

119.06Hz、302.09 ~ 533.03Hz 和 772.31 ~ 891.44Hz（各带隙起止点已在图中标出），与此同时出现了多个平直带；其对应隔声量曲线分别在各带隙下限处出现了 40dB 以上的隔声峰。若将薄膜也设定为固定约束状态，则该结构变为普通二维亥姆霍兹结构，用同样的方法计算得出的结构能带图和隔声量曲线如图 2.50 所示，其在 1700Hz 以下范围只存在 1个完全带隙（116.60 ~ 318.34Hz），其最大隔声峰为 36dB。同时，通过有限元法计算得出其在相同条件下的薄膜基频为 240.59Hz。

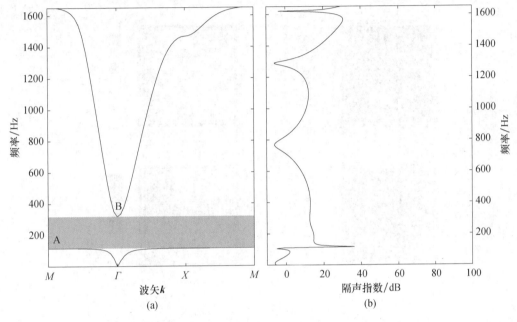

图 2.50 普通亥姆霍兹结构
(a)带隙图;(b)隔声曲线。

通过以上分析可以发现，将亥姆霍兹声子晶体的一个刚性壁换为带分布质量的张紧膜后，其低频隔声性能得到了提升，具体表现为：第一带隙下限得到进一步降低，且同时低于同条件下的普通亥姆霍兹结构和薄膜结构；出现了新的隔声峰，且高度高于原有结构；虽然第一带隙的宽度减小，但在低频范围内出现了新的带隙，使得总带隙宽度得到提升。

2. 带隙机理及等效模型

1）带隙机理分析

为研究薄膜与亥姆霍兹腔的耦合作用，取该结构前 3 个带隙起止点处声压场和薄膜振型进行分析，如图 2.51 所示，其中纯灰色部分为薄膜振型（位移经放大），右侧图例为声压场数值，单位为 Pa。

从图中可以看出，在模态 A、C、E 处，结构声压场变化规律完全相同，均为内腔声压最大，并通过腔口空气通道逐渐过渡到外腔。外腔左右两部分声压呈反对称分布，其中薄膜侧为正，腔口侧为负，且这种差异随着带隙阶数的增大而增强，但外腔声压和均为零。此时声波被完全局域在内腔中，振动与外腔无关，与其对应于带隙下限相匹配。而在模态 B、D、F处，结构声压场分布与前述相反，内腔声压最小，且为负值，通过腔口空气通道过渡至外腔，外腔声压最大。此时振动与内腔外腔都有关，声波可以在腔外传播，对应于带隙上限。

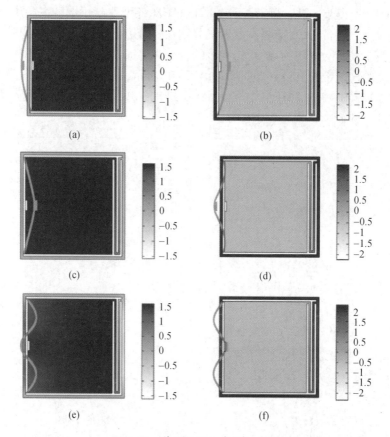

图 2.51　薄膜振型和声场压力图

(a)模态 A(88.40Hz)；(b)模态 B(119.06Hz)；(c)模态 C(302.09Hz)；

(d)模态 D(533.03Hz)；(e)模态 E(772.31Hz)；(f)模态 F(891.44Hz)。

由于膜的振动是各阶主振型叠加的结果，通过振型图仅能推断某阶主振型占主要地位，在后续分析中，将占主要地位的某阶主振型称为其某阶振动。从振型图上可以看出，随着频率的升高，薄膜振动逐渐由低阶转向高阶，但在带隙上、下限处均没有发现反对称振型(该种振动模态下薄膜上、下位移呈反对称分布，平均位移为零)的参与。

对于出现多个平直带的原因，与之前研究得出的结论相同[167]，是由薄膜的反对称振型造成的，这里不再进行讨论。

另外，对于模态 A，可以看出膜与腔口空气做同向振动，这样实际上减小了内腔空气弹簧刚度，导致第一带隙下限下降；与此类似，模态 B 中内腔空气弹簧刚度增大，外腔减小，但由于两者体积变化比例不同，其总体刚度是减小的，导致其第一带隙上限也会下降。

2）等效模型构建

经过以上分析可以看出，对于该结构在 1700Hz 以下产生的多个带隙，其不同带隙上限或下限处声压场分布规律是相同的，只是薄膜振动模态不同。在此对其上、下限分别构建等效系统，如图 2.52 所示，其中 X_1 表示薄膜平均位移，X_2 表示腔口通道内空气质心位移，N_1、N_2 分别为内腔、外腔对薄膜的总压力，采用传递矩阵法与连续体振动相结合的方法进行计算。

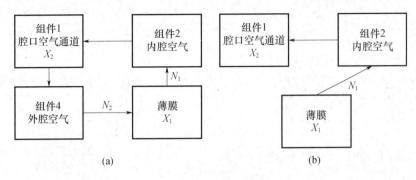

图 2.52 带隙上、下限系统示意图

(a)带隙上限系统示意图;(b)带隙下限系统示意图。

将腔口通道内空气视为均质弹性杆,其传递矩阵[168]为

$$U_1 = \begin{bmatrix} \cos\dfrac{\omega}{c}l_1 & \dfrac{-\sin\dfrac{\omega}{c}l_1}{\omega c\rho_a s} \\ \omega c\rho_a s\sin\dfrac{\omega}{c}l_1 & \cos\dfrac{\omega}{c}l_1 \end{bmatrix} \quad (2-49)$$

式中:ρ_a 为空气密度;c 为在空气中的声速;ω 为角频率。

设内外腔内空气在振动过程中压强均匀,则内腔空气传递矩阵为

$$U_2 = \begin{bmatrix} \dfrac{l_r}{s} & -\dfrac{V_2}{\rho_a c^2 s l_r} \\ 0 & \dfrac{s}{l_r} \end{bmatrix} \quad (2-50)$$

外腔空气的传递矩阵为

$$U_4 = \begin{bmatrix} \dfrac{s}{l_r} & -\dfrac{V_4}{\rho_a c^2 s l_r} \\ 0 & \dfrac{l_r}{s} \end{bmatrix} \quad (2-51)$$

式中:V_2,V_4 分别为内腔和外腔体积;$l_r = l - 2b$ 为薄膜的长度。

对于薄膜的纵向振动,采用瑞利 – 里兹法[169]求解,同时考虑张力和弹性模量的影响,其强迫振动方程为

$$E_r J_r \frac{\partial^4 y}{\partial x^4} + T\frac{\partial^2 y}{\partial x^2} + \rho_r b_r \frac{\partial^2 y}{\partial t^2} = p(x,t) \quad (2-52)$$

式中:E_r,ρ_r 分别为硅橡胶弹性模量和密度;J_r 为截面对中性轴的惯性矩;p 为薄膜收到的外力。

取基础函数为 $\varphi_i = 1 - \cos(2\pi nx/l_r)$,这种取法计算简便,但舍弃了反共振振型,故不能计算出平直带的振动频率。考虑薄膜上质量块的分布作用,此时其等效刚度矩阵和等效质量矩阵中各元素为

$$K_{ij} = E_r J_r \int_0^{l_r} \varphi''_i \varphi''_j \mathrm{d}x + Tb_r \int_0^{l_r} \varphi'_i \varphi'_j \mathrm{d}x = \begin{cases} \dfrac{8E_r J_r i^4 \pi^4}{l_r^3} + \dfrac{2Tb_r i^2 \pi^2}{l_r} & (i = j) \\ 0 & (i \neq j) \end{cases} \quad (2-53)$$

$$M_{ij} = \rho_r b_r \int_0^{l_r} \varphi_i \varphi_j \mathrm{d}x + \rho_s b_s \int_{\frac{l_r-h_s}{2}}^{\frac{l_r+h_s}{2}} \varphi_i \varphi_j \mathrm{d}x \qquad (2-54)$$

由此可解出特征值矩阵 $\boldsymbol{\Lambda}$ 和其对应的特征向量矩阵 $\boldsymbol{A}$。

振动时，薄膜在空气的作用下，相当于受到周期性均布激振力的作用，设均布力为 $p\sin\omega t$，则正则广义力为

$$Q_i(t) = p\sin\omega t \int_0^{l_r} \varphi_i \mathrm{d}x = l_r p\sin\omega t \qquad (2-55)$$

此时方程可写为

$$\ddot{\boldsymbol{\xi}} + \boldsymbol{\Lambda}\boldsymbol{\xi} = \boldsymbol{A}^{\mathrm{T}} Q(t) \qquad (2-56)$$

其解为

$$\xi_i = \frac{1}{\Lambda_{ii} - \omega^2} B_i p\sin\omega t \qquad (2-57)$$

式中：B_i 为 $\boldsymbol{A}^{\mathrm{T}} Q(t)$ 的第 i 个元素除以 $p\sin\omega t$ 后的结果，令 $\boldsymbol{\eta} = \boldsymbol{A}\boldsymbol{\xi}$，则薄膜在空气作用下的稳态响应为

$$y(x,t) = p\sin\omega t \sum_{i=1}^{n} \varphi_i \eta_i \qquad (2-58)$$

则其在振动过程中对空气造成的最大体积改变量为

$$pV(\omega) = p \int_0^{l_r} \sum_{i=1}^{n} \varphi_i \eta_i \mathrm{d}x = p \sum_{i=1}^{n} \left[\frac{1}{\Omega_i^2 - \omega^2} \sum_{j=1}^{n} \alpha_{ij} l_r^2 \right] \qquad (2-59)$$

式中：α_{ij} 为 $\boldsymbol{A}$ 中各元素；Ω_i 为矩阵 $\boldsymbol{\Lambda}$ 中对角线元素

通过各传递矩阵及式(2-59)，可分别对带隙上、下限对应的系统进行求解：

对带隙下限，设传递顺序为→内腔→腔口，则

$$\boldsymbol{U}_{\mathrm{down}} = \boldsymbol{U}_1 \boldsymbol{U}_2 \qquad (2-60)$$

$$\begin{bmatrix} X_2 \\ 0 \end{bmatrix} = \boldsymbol{U}_{\mathrm{down}} \begin{bmatrix} X_1 \\ N_1 \end{bmatrix} \qquad (2-61)$$

并且，根据薄膜平均位移在传递矩阵法和瑞利-里兹法下计算结果应相同，得

$$X_1 l_r = \frac{N_1}{l_r} V(\omega) \qquad (2-62)$$

联立式(2-61)、式(2-62)，得

$$\begin{vmatrix} U_{\mathrm{down}}^{1,1} & U_{\mathrm{down}}^{1,2} & -1 \\ U_{\mathrm{down}}^{2,1} & U_{\mathrm{down}}^{2,2} & 0 \\ -l_r & -V(\omega)/l_r & 0 \end{vmatrix} = \frac{V_2 \omega\sin\frac{l_1\omega}{c} + V(\omega)c^2\rho_a\omega\sin\frac{l_1\omega}{c} - cs c\cos\frac{l_1\omega}{c}}{c} = 0$$

$$(2-63)$$

式中：$U_{\mathrm{down}}^{i,j}$ 表示 $\boldsymbol{U}_{\mathrm{down}}$ 中各元素。

同样，对带隙上限，设传递顺序为内腔→腔口→外腔，则

$$\boldsymbol{U}_{\mathrm{up}} = \boldsymbol{U}_4 \boldsymbol{U}_1 \boldsymbol{U}_2 \qquad (2-64)$$

$$\begin{bmatrix} X_1 \\ N_2 \end{bmatrix} = \boldsymbol{U}_{\mathrm{up}} \begin{bmatrix} X_1 \\ N_1 \end{bmatrix} \qquad (2-65)$$

$$X_1 l_r = \frac{N_2 - N_1}{l_r} V(\omega) \qquad (2-66)$$

联立式(2-65)、式(2-66),得

$$\begin{vmatrix} U_{up}^{1,1} - 1 & U_{up}^{1,2} & 0 \\ U_{up}^{2,1} & U_{up}^{2,2} & -1 \\ -l_r & -V(\omega)/l_r & V(\omega)/l_r \end{vmatrix} = 0$$

$$V_2 V_4 \omega^2 + \left[(V_2 + V_4) V(\omega) c^2 \rho_a \omega^2 - c^2 s^2 \right] \sin \frac{l_1 \omega}{c}$$

$$- \left[(V_2 + V_4) cs\omega + 2V(\omega) c^3 \rho_a s\omega \right] \cos \frac{l_1 \omega}{c}$$

$$+ V(\omega) c^3 \rho_a s\omega \left(\sin^2 \frac{l_1 \omega}{c} + \cos^2 \frac{l_1 \omega}{c} \right) + V(\omega) c^3 \rho_a s\omega = 0 \qquad (2-67)$$

式中:$U_{up}^{i,j}$ 表示 $\boldsymbol{U}_{up}$ 中各元素。

根据式(2-63)与式(2-67)可分别计算出带隙下限与带隙上限的频率,从这两式可以看出,在低频范围内,式子左端取得零值的主要因素有式中的 $V(\omega)$ 和其他含 ω 项,其中 $V(\omega)$ 与薄膜的振动模态有关,其他含 ω 项均来自弹性杆传递矩阵。这说明随着频率的增大,每当薄膜或腔口空气的振动模态发生改变时,都将出现一个新的带隙,即产生了一种新的局域共振模态。另外,由于两者的耦合性及内外腔空气的作用,带隙的上、下限将不会出现在原固有频率处,而是发生一定的偏移。

2.4.5　薄膜与亥姆霍兹腔耦合低频带隙影响因素

为验证理论计算方法的适用性,并进一步研究带隙形成规律,用有限单元法(Finite Element Method,FEM)和传递矩阵法(Transfer Matrix Method,TMM)两种方法计算其带隙上、下限频率随参数改变的变化情况,并取其前 3 个带隙进行分析。在此,除研究的参数外,其余参数与上面相同。从式(2-63)、式(2-67)中可以看出,影响该结构带隙的主要参数有 V_2、V_4、l_1、s 以及与薄膜相关的函数 $V(\omega)$,在此仅有针对性地选取个别参数进行分析,如表2.6~表2.10所列,表中误差项是以有限单元法所得结果作为真实值计算得出。

1. 薄膜附加金属片长度对带隙的影响

从上面理论计算可以发现,薄膜受到的张力 T、重物质量及分布、薄膜长度 l_r 等因素只会影响薄膜相关的函数 $V(\omega)$,在此首先选取重物长度 l_s 作为变量进行分析,如表2.6所示,同时,作为比较,采用有限元法计算了同条件下附加金属片薄膜的纵向振动固有频率(不含反共振频率),如表2.7所列。从表中可以看出,增大 l_s,薄膜一阶固有频率下降,二阶固有频率增大,而结构第二、第三带隙变化趋势与之完全相同,变化幅度也很接近,而结构第一带隙向低频方向移动,但变化幅度较小。该现象说明此结构在 1700Hz 以下新出现的第二、三带隙分别是由于薄膜出现了前两阶振动模态引起的。而第一带隙由于仍然对应于腔口空气的振动,通过增大 l_s 的方式增加等效质量是一种间接的调控方式,对于该带隙的优化效果并不理想。

表 2.6 薄膜附加金属片长度 l_s 对低频带隙的影响

$l_s/10^{-3}$ m	第一带隙下限 FEM TMM	误差/%	第一带隙上限 FEM TMM	误差/%	第二带隙下限 FEM TMM	误差/%	第二带隙上限 FEM TMM	误差/%	第三带隙下限 FEM TMM	误差/%	第三带隙上限 FEM TMM	误差/%
4	89.2 92.5	3.7	121.4 126.7	4.4	314.2 323.0	2.8	557.7 561.2	0.6	790.7 808.3	2.2	900.3 914.7	1.6
6	88.9 92.2	3.6	120.1 125.1	4.2	297.7 303.1	1.8	526.8 522.8	-0.8	789.1 792.4	0.4	905.2 912.2	0.8
8	88.7 91.9	3.5	118.9 123.5	3.9	285.1 287.6	0.9	508.3 497.5	-2.1	795.6 786.8	-1.1	916.1 912.0	-0.5
10	88.6 91.6	3.4	117.9 122.0	3.5	275.6 275.4	-0.1	497.9 480.5	-3.5	815.9 786.0	-3.7	932.5 910.8	-2.3
12	88.5 91.3	3.1	117.2 120.7	3.0	268.4 265.4	-1.0	492.6 469.1	-4.8	843.8 785.3	-6.9	953.9 904.4	-5.2
14	88.5 91.0	2.8	116.7 119.4	2.3	262.9 257.6	-2.0	490.5 461.1	-5.9	878.5 779.9	-11	966.3 887.3	-8.2

表 2.7 薄膜附加金属片长度 l_s 对薄膜固有频率的影响

$l_s/10^{-3}$ m	4	6	8	10	12	14
一阶固有频率	252.4	237.9	226.8	218.2	211.6	206.6
二阶固有频率	751.3	782.8	794.0	814.8	843.4	879.1

另外,当 l_s 较小时,两种计算结果接近,但当 l_s 大于 $10×10^{-3}$ m 后,误差开始显著增大,这是由于在用瑞利-里兹法对薄膜进行处理时,仅通过式(2-54)对分布质量进行了处理,而忽略了附加金属片对薄膜等效刚度的影响。随着 l_s 增大,这种影响逐渐增大,导致了误差不断增大。

2. 薄膜张力对带隙的影响

表 2.8 所示为薄膜张力对带隙的影响,从中可以看出,随着薄膜张力的增大,其各带隙上、下限均有增大的趋势,但第二、三带隙的增长幅度大于第一带隙,这与上面所得出第二、三带隙对应于薄膜的振动模态产生和改变相一致。对于第一带隙,由于其对应的是腔口空气的振动模态,可在分析时忽略薄膜质量的影响,此时随着张力增大,结构趋向于刚性壁,其带隙上、下限逐渐与无薄膜结构接近。当张力增大到 10^8 N/m² 后,其第一带隙上、下限已基本与无薄膜结构一致,且 1700Hz 以下已无其他完整带隙。

3. 开口长度对带隙的影响

腔口空气通道长度 l_1 对低频带隙的影响如表 2.9 所列,从表中可以看出,随着 l_1 的增大,第一带隙上、下限均向低频方向移动,而第二带隙下限变化不大,这与上面提出的对应关系相符合。

表 2.8　薄膜张力 T 对低频带隙的影响

$T/$ (10^6N/m^2)	第一带隙下限 FEM TMM	误差/%	第一带隙上限 FEM TMM	误差/%	第二带隙下限 FEM TMM	误差/%	第二带隙上限 FEM TMM	误差/%	第三带隙下限 FEM TMM	误差/%	第三带隙上限 FEM TMM	误差/%
0.5	74.3 76.8	3.4	89.3 91.8	2.8	259.2 261.0	0.7	440.3 434.9	−1.2	574.1 574.4	0.1	770.1 774.3	0.5
1.5	96.3 99.6	3.4	143.1 149.7	4.6	345.5 356.7	3.2	589.6 591.0	0.2	952.1 973.0	2.2	1035.1 1053.1	1.7
2.5	103.3 106.4	2.9	174.6 182.7	4.6	415.0 432.6	4.2	648.0 652.4	0.7	1217.4 1251.0	2.8	1274.1 1303.2	2.3
3.5	106.8 109.6	2.7	196.4 205.0	4.4	474.9 497.6	4.8	691.4 698.8	1.1	1434.1 1477.6	3.0	1478.6 1516.1	2.5
4.5	108.8 111.5	2.5	212.5 221.3	4.1	528.2 555.2	5.1	729.6 740.1	1.4	1621.6 1673.4	3.2	1642.5 1696.5	3.3
10	113.0 115.3	2.1	257.8 265.2	3.0	757.3 801.7	5.9	907.9 932.8	2.7	1645.9 1740.6	5.8	1741.8 1796.2	3.1
100	116.2 118.3	1.8	311.0 314.9	1.2	1654.1 1740.4	5.2	1737.3 1791.6	3.1	2270.8 2475.7	9.0	2375.3 2520.3	6.1

表 2.9　腔口空气通道长度 l_1 对低频带隙的影响

$l_1/$mm	第一带隙下限 FEM TMM	误差/%	第一带隙上限 FEM TMM	误差/%	第二带隙下限 FEM TMM	误差/%	第二带隙上限 FEM TMM	误差/%	第三带隙下限 FEM TMM	误差/%	第三带隙上限 FEM TMM	误差/%
99	88.4 92.3	4.4	119.1 125.9	5.7	302.1 312.5	3.4	533.0 540.0	1.3	772.3 798.6	3.4	891.4 912.9	2.4
148	74.5 77.1	3.4	101.5 106.7	5.1	301.2 311.7	3.5	513.3 519.1	1.1	772.6 798.9	3.4	873.7 894.4	2.4
197	66.0 67.9	2.9	89.9 94.1	4.7	301.9 312.5	3.5	500.0 505.3	1.1	772.4 798.2	3.3	836.0 851.8	1.9
246	60.1 61.7	2.6	81.4 85.1	4.5	303.2 313.7	3.5	488.5 493.3	1.0	697.6 705.9	1.2	734.1 740.6	0.9
295	55.8 57.2	2.5	75.0 78.2	4.3	304.7 315.2	3.4	475.7 479.9	0.9	587.8 591.9	0.7	637.5 642.3	0.7
344	52.5 53.7	2.4	69.8 72.7	4.2	306.3 316.6	3.4	458.4 461.5	0.7	507.5 510.8	0.6	558.9 576.4	3.1

但第二带隙上限也在不断下降,特别是当 l_1 大于 246mm 后,第三带隙上、下限急剧下降。从带隙图分析发现,腔口空气二阶振动对应的带隙(第四带隙)随着 l_1 的增大不断向低频方向移动,压缩了第三带隙及第二带隙上限。直至 $l_1 = 295$mm 后,腔口空气二阶振动

对应的带隙下降到薄膜二阶振动对应带隙以下,成为第三带隙,如图 2.53 所示。腔口空气表现为中间压强最大,两端最小。该现象说明随着 l_1 的增大,腔口空气在 1700Hz 以下范围内的振动模态增多,固有频率下降。实际上,当 $l_1 = 344$mm 时,该结构在 1700Hz 以下已有 6 条带隙,其分别对应于腔口空气一阶振动、薄膜一阶振动、腔口空气二阶振动、薄膜二阶振动、腔口空气三阶振动和腔口空气四阶振动。

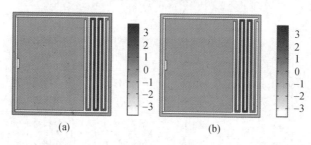

图 2.53 $l_1 = 295$mm 时的第三带隙声场压力图
(a)第三带隙下限;(b)第三带隙上限。

4. 腔体体积对带隙的影响

由式(2 - 63)可以看出,外腔体积 V_4 不影响带隙下限,而由式(2 - 67)可以看出,对带隙上限,内腔体积 V_2 与外腔体积 V_4 的作用完全相同,故只对内腔体积 V_2 进行分析,如表 2.10 所列。从表中可以看出,随着 V_2 的增大,各带隙上、下限均向低频方向移动,这是由于腔体积增加会减小其等效刚度。另外,在此减小 V_2 的方式是在内腔中增加刚性填充物,这种方法会使得内腔形状不规则,腔内声压不均匀,导致误差上升。但即便刚性填充物占内腔比例达到 66%(此时内腔体积为 7.07×10^{-4}m³),最大误差仍较小,说明这里采用的理论计算方法也适用于其他较为复杂结构。

表 2.10 内腔体积 V_2 对低频带隙的影响

$V_2/$ $(10^{-4}$ m³$)$	第一带隙下限 FEM TMM	误差/%	第一带隙上限 FEM TMM	误差/%	第二带隙下限 FEM TMM	误差/%	第二带隙上限 FEM TMM	误差/%	第三带隙下限 FEM TMM	误差/%	第三带隙上限 FEM TMM	误差/%
7.07	108.5 115.3	6.3	120.5 127.6	5.8	406.9 411.0	1.0	566.2 571.8	1.0	809.9 825.3	1.9	953.1 964.2	1.2
10.57	103.3 108.3	4.8	121.1 126.8	4.8	361.4 367.2	1.6	558.3 557.8	-0.1	796.5 811.4	1.9	925.4 938.7	1.4
14.07	98.0 102.2	4.2	121.0 126.4	4.4	335.0 341.3	1.9	550.0 549.4	-0.1	790.9 804.9	1.8	913.1 925.8	1.4
17.57	93.3 96.9	3.9	120.9 126.1	4.3	317.7 324.4	2.1	544.4 543.9	-0.1	788.3 801.1	1.6	906.5 918.1	1.3
19.32	91.1 94.5	3.8	120.8 126.0	4.3	311.1 317.9	2.2	542.3 541.8	-0.1	787.4 799.7	1.6	904.1 915.3	1.2

从整体上看,该种带薄膜壁的亥姆霍兹结构可变参数很多,且各参数对不同带隙的影

响程度不尽相同。因此,在低频范围内,既可以通过改变与腔口空气通道或薄膜相关的参数,在保证其中某些带隙变化不大的情况下,单独调整其他带隙;也可以通过调整内外腔体积,对所有带隙进行调控。

总之,这种含薄膜壁的亥姆霍兹声子晶体,建立了系统等效模型,通过研究发现:①该结构第一带隙下限分别低于同参数下的普通亥姆霍兹声子晶体和薄膜,且在 1700Hz 以下范围内将原有一个带隙扩展为多个带隙。②利用传递矩阵与瑞利 - 里兹法相结合的方式可以较为精确地计算出其带隙上、下限。③该结构的各带隙分别对应于腔口空气和薄膜的各阶振型,因此可以通过改变与腔口空气通道或薄膜相关的参数,在保证其中某些带隙变化不大的情况下,单独调整其他带隙;与此同时,内外腔体积对所有带隙均有影响,故可通过调整其体积对所有带隙进行调控。这些结论对构建亥姆霍兹腔与薄膜耦合声学超材料具有指导意义,有利于推动低频隔声技术的发展。

2.5　可调亥姆霍兹周期结构的低频带隙机理及隔声特性研究

2.4 节讨论了亥姆霍兹周期结构的腔体构成对低频带隙特性的影响。可以得出结论,一般情况下一个腔体能形成一条低频带隙,经过合理设计的多个腔体,可以得到多条低频带隙。但是其低频带隙的范围均较窄,这对于宽频的噪声来说,其能控制的频段较小。如果该结构带隙可调节,通过调节带隙范围使其能够适应噪声频谱的变化,那么该结构将极大地适应宽频噪声的抑制。基于这种考虑,下面进行可调亥姆霍兹周期结构的设计和低频带隙研究。前面分析可知,影响亥姆霍兹周期结构低频带隙主要因素是腔体数量、开口深度,以及腔体大小等,因此从开口深度和腔体结构可调两方面对亥姆霍兹周期结构进行设计。

2.5.1　双开口可调亥姆霍兹周期结构的低频带隙机理及隔声特性研究

1. 双开口可调亥姆霍兹周期结构

双开口局域共振单元结构横截面如图 2.54(a)所示,该结构为内外两腔的圆柱结构。外腔半径为 r,开口宽度分别为 w_1,w_2,管壁厚度为 d,内腔弧角度为 β,两腔间隔为 w_0。在结构设计中,通过调整内腔弧角度 β,可以改变结构,达到带隙可调的目的。

为了探究该结构的能带结构和共振模态,取结构参数 $a = 100\text{mm}$,$r = 45\text{mm}$,$w_0 = 1\text{mm}$,$d = 1\text{mm}$,$w_1 = 2\text{mm}$,$w_2 = 2\text{mm}$,$\beta = 180°$ 为模型作为研究对象。对空气域来说,声压亥姆霍兹方程的频域表达式为

$$\nabla\left(\frac{1}{\rho}\nabla p\right) + \frac{\omega^2}{\rho c^2}p = 0 \tag{2-68}$$

式中:p 为声压,ω 为角频率,c 为声速,ρ 为空气密度。

空气的声阻抗较固体钢小得多,由于这两种介质声阻抗差异大、不匹配,声波很难从一种介质传播到另一种介质。空气中传播的声波几乎都在固体间反射,很难透射过去,可以认为声波透过固体钢的能量很小,能够引起固体振动的能量非常小,几乎可以忽略,因此在计算中将腔壳视为刚体,不考虑其振动。根据布洛赫理论,该结构中采用布洛赫 - 弗

洛凯边界,其表达式为

$$p(\boldsymbol{r} + \boldsymbol{a}) = p(\boldsymbol{r})\exp(\mathrm{i}\boldsymbol{k}\boldsymbol{a}) \qquad (2-69)$$

式中:$\boldsymbol{r}$ 为位置矢量;a 为声子晶体晶格常数;参数 $\boldsymbol{k}$ 为波矢,它描述了相位和定义边界条件与原胞的关系。在给定的波矢条件下,通过解谱方程可以得到一组特征值和特征向量,而在第一布里渊区边界上的波矢所对应的其特征向量代表了特征模态的声压。

为了计算所提出结构的声波传输特性,定义了由 5 个有限个原胞组成的周期结构。其结构在 y 方向上是无限周期,在 x 方向由 5 个原胞组成,如图 2.54(b)所示,在结构上下边应用周期边界条件,而在两端应用完美匹配层(PML)。

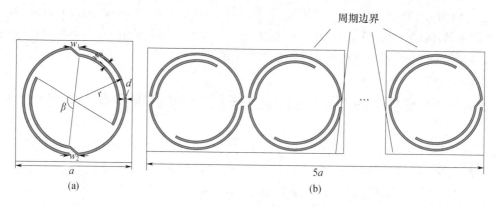

图 2.54　双开口亥姆霍兹单元

(a)双开口亥姆霍兹单元横截面;(b)双开口亥姆霍兹结构 5 原胞有限结构。

对于有限声子晶体结构,隔声量(或称传声损失)可以计算为

$$T = -20\lg\frac{|P_\mathrm{o}|}{|P_\mathrm{i}|} \qquad (2-70)$$

式中:P_o 为输出声压;P_i 为入射声压。

通过改变平面波传输频率,重复计算后得到隔声曲线。经过计算得到的带隙结构和传输特性如图 2.55 所示。

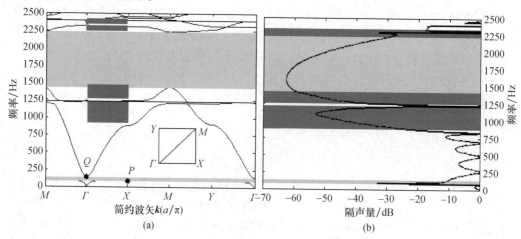

图 2.55　双开口亥姆霍兹单元能带结构和传输特性

(a)双开口亥姆霍兹单元能带结构图;(b)双开口亥姆霍兹单元传输特性。

采用 COMSOL Multiphysics 仿真软件(声学模块),使用三角网格划分,对带隙结构和传输频谱计算如图 2.55 所示。由图可以看出在 2500Hz 以下的频段,该结构具有两条完整振带隙,如图 2.55(a)中浅灰色部分所示。其中,在第一能带和第二能带之间为最低的带隙,其带隙宽度为 87.1~138.2Hz。第二条完整带隙为 1428.5~2231.7Hz。同时注意到,该结构在 ΓX 方向也具有 4 条方向带隙,如图 2.55(a)中深灰色部分所示。为了验证带隙结构计算的正确性,同时做出了 5 原胞有限结构的隔声特性图以作对比,见图 2.55(b)。前面提到,在带隙内波的传播将会受到抑制,由隔声特性图可以看出,在全带隙以及 ΓX 方向带隙频段声波受到了极大的抑制,且抑制范围与带隙宽度吻合度较好,这说明了带隙计算的正确性。

进一步分析,第一能带在大部分布里渊区呈现出了较长的平直状态,这说明该结构存在着局域共振模态,其第一带隙为局域共振带隙。对于第二完全带隙,其为布拉格带隙,其出现的频率位置主要受布拉格条件控制,Bragg 条件表明,要在声子晶体中实现布拉格带隙,其晶格尺寸至少应与弹性波的半个波长大致相当[27]。其带隙频率中心为

$$f = \frac{nc}{2a} \quad (n = 1,2,3\cdots) \tag{2-71}$$

式中:c 为声子晶体中基体弹性波波速;a 为晶格常数。

因此,在布拉格散射型声子晶体中,其第一带隙中心频率一般位于 $\frac{c}{2a}$ 附近。则该结构第一布拉格带隙中心频率根据晶格常数及空气中声速计算,即 $f_0 = c_0/2a = 1715$Hz,与能带结构图相吻合。同时由式(2-71)也可以看出,第二带隙形成主要受晶格常数影响,与结构设计并无太大关系,原胞结构主要影响低频带隙,因此下面主要对低频带隙形成机理及影响因素进行分析。

2. 低频带隙形成机理分析

从带隙图中可以看出,第一能带在大部分布里渊区呈现出了较长的平直状态,这说明该结构存在着局域共振模态。为了进一步研究结构低频带隙形成机理,选取了低频全带隙中的起始、截止点(图 2.55(a)所示 P、Q 点)的声压场,对低频带隙形成机理进行分析。

图 2.56(a)所示为 P 模态的声压场,由图可以看出,声压几乎全部局限在了圆腔内部,而在外部声压场压力很小,接近于 0。而在内外腔形成的环形通道内,声压场是变化的,在外部几乎接近于 0,而越靠近圆形内腔,其声压强度越大。因此可以认为 P 模态主要是声波在该结构形成了共振,声波能量局限于结构当中,在外部不能传播。模态 P 事实上也决定了低频带隙的下限。而 Q 模态则与 P 模态完全相反,由图可以看出声压全部集中于结构外部,而结构内部声压几乎为 0,环形通道内,声压的变化也与 P 模态相反,外部高,内部低。这说明声波在结构外部传播,结构对声波传播没有作用。因此 Q 模态决定了带隙的截止点,是低频带隙的上限。可以采用声电类比方法建立数学模型,进一步分析两种模态对带隙的影响。

为了便于叙述,在分析双开口亥姆霍兹共振周期结构带隙形成的机理过程中,将结构划分为四部分,如图 2.57 所示。其中 A 代表结构外空气层,B、C 为内外腔形成的环形通道,D 为圆形内腔。

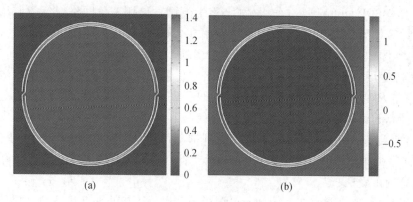

图 2.56　模态 P、Q 声场压力图

（a）模态 P 声场压力图；（b）模态 Q 声场压力图。

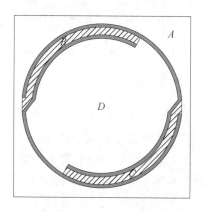

图 2.57　结构区域划分示意图

　　对于模态 P，由于结构外部的声压场几乎为 0，模态 P 中主要是由 B、C、D 三个区域协同共振产生，与区域 A 无关，因此不考虑 A 区域。根据声电类比原理，狭长的环形通道 B、C 可以等效为电感 L_B、L_C，而圆形内腔等效为电容 C_D，其构成的电路如图 2.58 所示。

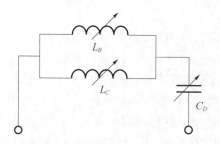

图 2.58　模态 P 等效电路图

图中 L_B、L_C 为等效电感，其表达式为

$$L_B = L_C = \frac{\rho \left[\beta \left(r - d - \frac{1}{2} w_0 \right) \right]}{w_0 h} \tag{2-72}$$

$$C_D = \frac{\left[\pi (r - d)^2 - \beta(d + w_0)(2r - 3d - w_0)\right]h}{\rho c^2} \qquad (2-73)$$

模态 P 的共振频率为

$$f_P = \frac{1}{2\pi \sqrt{L_C C_D}} \qquad (2-74)$$

对于模态 Q,由于 A、B、C 和 D 四个区域都具有声压场,因此在对模态 Q 进行声电类比中,要完全考虑四个区域,其中,A 区域等效为电容,则其构成的谐振电路如图 2.59 所示,计算式为式(2-75)和式(2-76)。

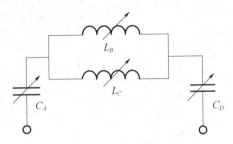

图 2.59　模态 Q 等效电路图

$$C_A = \frac{\left[a^2 - \pi r^2\right]h}{\rho c^2} \qquad (2-75)$$

$$f_Q = \frac{1}{2\pi \sqrt{\dfrac{1}{2}L_C \dfrac{C_D C_A}{C_D + C_A}}} = \frac{\sqrt{C_D + C_A}}{\pi \sqrt{2L_C C_D C_A}} \qquad (2-76)$$

3. 低频带隙影响因素分析

上面建立了双开口亥姆霍兹周期结构的低频带隙上、下限的数学模型,该模型将有利于对低频带隙影响的因素进行分析。根据式(2-72)~式(2-76),影响该结构低频带隙的因素主要有:内腔弧角 β,环之间的间隔 w_0,晶格常数即结构周期排列间隔 $a-2r$。其中,内腔弧角 β 是主要因素,内腔弧角的改变将会使结构发生较大的改变,导致内外腔形成的环形通道长度以及内腔的体积改变,从而改变了协同共振区域,影响亥姆霍兹周期结构的等效参数。下面分别对这 3 个影响因素进行分析。

为了控制变量便于对比分析,在分析双开口亥姆霍兹共鸣器的内腔弧角 β 对低频带隙的影响时,设定环之间的间隔 $w_0 = 1\text{mm}$,晶格常数 $a = 100\text{mm}$。当内腔弧角 β 从 $15°$ 增加到 $180°$ 时,分别采用建立的带隙声电类比数学模型和有限元软件进行带隙上、下限计算,并进行对比验证,得到内腔弧角 β 对低频带隙的影响如图 2.60 所示。

由图 2.60 可以看出,采用声电类比计算结果与采用有限元计算的结果误差较小,说明建立模型的正确性。随着 β 的增加,第一低频带隙的上限和下限不断降低。内腔弧角 β 的增加实际上使环间通道长度增加,使等效电感大大增加,同时也减小了最后形成空腔的面积,但减小的面积相对较小,从而使等效电容变化较小。第一带隙下限只与 B、C 和 D 区域有关,B、C 区域等效电感的增加和 D 区域等效电容小幅度减小,最终使第一带隙下限不断下降,得到较好的低频特性。对于第一带隙,其上限是由 4 个区域协同共振的结果,等效电容为$C_A C_D/(C_A + C_D)$。可见,随着等效电感的增加,其等效电容进一步减小,但由于区域A电容保持不变,同时区域A等效电容小于内部空腔电容,其电容等效结果减小幅度不大,小于因内腔弧角β变大而使环形通道长度增加导致的等效电感增加幅度,因此上限带隙也降低。通过设计调节内腔弧角β,可以使带隙移动,可达特定频段隔声的效果。

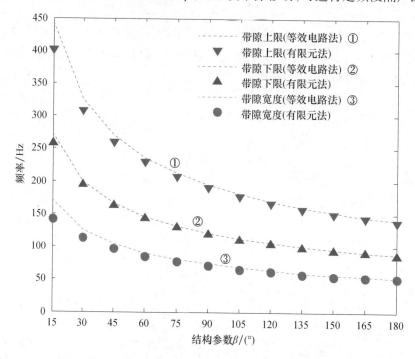

图 2.60　内腔弧角 β 对第一低频带隙的影响

分析双开口亥姆霍兹共鸣器的环间间隔 w_0 对低频带隙的影响时,设定晶格常数 $a = 100mm$,内腔弧角 $\beta = 180°$。当环间间隔 w_0 从 1mm 增加到 4mm 时,分别采用建立的带隙声电类比数学模型和有限元软件进行带隙上、下限计算,并进行对比验证,得到环间间隔 w_0 对低频带隙的影响,如图 2.61 所示。

从图 2.61 中可以看出,在前半段,声电类比计算值与有限元计算值误差较小,但是 d_0 从 2mm 增加到 4mm 时,其误差明显增大。分析原因,主要是由于环间间隔增大,在环间构成的环形通道已不再是细管道,失去了亥姆霍兹声电类比的前提条件,导致计算误差增加,但整体趋势与实际值保持了一致。不难看出,随着环间间隔的不断增加,在等效电感变化不大的情况下,其内腔的面积大大减小,从而使等效电容大大减低,导致第一低频带隙的上、下限均呈现增大趋势。带隙明显向高频移动,带隙宽度有所增加但其低频特性已大大降低。

分析双开口亥姆霍兹共鸣器的结构周期排列间隔 $a - 2r$ 对低频带隙的影响时,设定晶格常数 $w_0 = 1mm$,内腔弧角 $\beta = 180°$。当结构周期排列间隔 $a - 2r$ 从 2mm 增加到 20mm 时,分别采用建立的带隙声电类比数学模型和有限元软件进行带隙上、下限计算,并进行对比验证,得到结构周期排列间隔 $a - 2r$ 对低频带隙的影响。

图 2.62 所示为周期排列间隔对带隙结构的影响,从图中可以看出,周期排列间隔对带隙下限基本没有影响,但对带隙上限具有较大的影响。具体表现为:随着排列间隔增加,其带隙上限不断下降,带隙宽度也随之减小。从等效电路模型可知,排列间隔减小,即晶格常

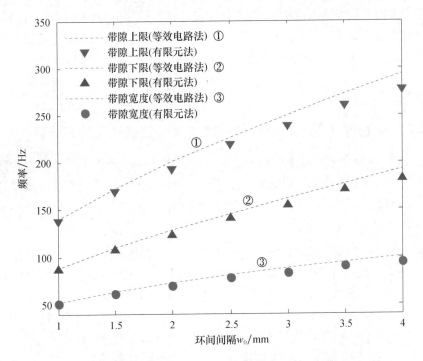

图 2.61　环间间隔 w_0 对第一低频带隙的影响

数 a 减小,其 A 区域等效电容减小,则与空腔内等效电容串联后的电容变小,导致频率上升,当排列间隔为 2mm 时,其带隙上、下限分别为 87.2Hz 和 162.7Hz,其带隙范围大大增加。从另一方面来说,减小了结构间的缝隙,即增大了填充率,其带隙宽度能有较大的扩宽。

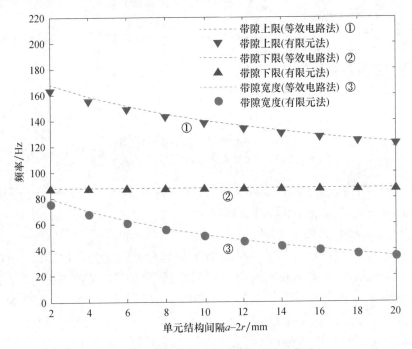

图 2.62　周期排列间隔对带隙结构的影响

双开口亥姆霍兹周期结构特有的内、外腔设计,增加了开口深度,使共振区域扩大,得到较低的低频能带特性。调整内腔弧长,可以使带隙频段移动,达到低频带隙频段可调的目的。通过增加内腔弧长、减小内外腔间隔和减小结构单元间隔可以大大扩宽低频带隙宽度,达到低频宽带的目的。这些结论的获得将有益于该结构在隔声降噪尤其是低频降噪领域的应用。

2.5.2 双腔可调局域共振声子晶体低频带隙机理及隔声特性分析

2.5.1 节通过设计开口深度可调的双开口亥姆霍兹周期结构实现了低频带隙和隔声范围的调节。本节中将利用影响亥姆霍兹结构带隙和隔声特性的另外一个重要因素——腔体结构,设计腔体可调节结构,以实现带隙和隔声范围的调节。

1. 双腔可调局域共振周期结构

腔体可调节亥姆霍兹周期结构,采用双腔结构,其横截面如图 2.63(a)所示,该结构为内、外腔正方体结构,内腔被活动伸缩螺杆连接的隔板分为两部分,记横截面积较小的部分为 I 腔,横截面积较大的部分为 II 腔。各部分分别通过环形通道与外界相通,调整伸缩螺杆伸缩长度可以调整两腔的大小,从而改变结构构型,以期望达到带隙可调的目的。伸缩螺杆伸出长度为 l_0,伸出最长距离为 a,最短为 0。结构管壁厚度为 d_0,环形通道宽度为 d_1,为方便后续描述,记较小内腔宽度为 b,该结构由钢材料制作。

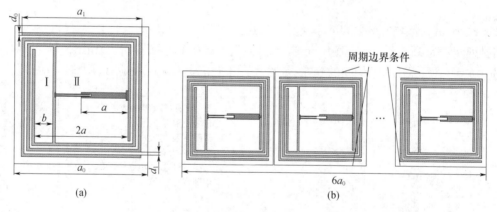

图 2.63　双腔可调亥姆霍兹周期结构
(a)单元横截面;(b)双腔可调亥姆霍兹结构 6 原胞有限结构。

为了探究该结构的能带结构和共振模态,取结构参数为 $a_0 = 50\text{mm}$,$a_1 = 45\text{mm}$,$d_0 = 1\text{mm}$,$d_1 = 1\text{mm}$,$a = 17.5\text{mm}$ 为模型作为研究对象。

对经过计算得到的带隙结构和隔声曲线如图 2.64 所示。

由图可以看出,在 1200Hz 以下的频段,该结构具有 4 条完整带隙,即图 2.64(a)中深灰色部分。其中,在第一能带和第二能带之间为最低的带隙,其带隙宽度为 139.62 ~ 176.92Hz;第二条完整带隙宽度为 224.86 ~ 330.71Hz;第三条完整带隙宽度为 1062.4 ~ 1081.8Hz;第四条完整带隙宽度为 1097.5 ~ 1151.1Hz。同时注意到,该结构在 $\Gamma - X$ 方向也具有一条方向带隙,即图 2.64(a)中浅灰色部分,其带隙宽度为 1040.2 ~ 1062.4Hz。为了验证带隙结构计算的正确性,同时做出了 6 原胞有限结构的隔声特性图以做对比,如图

2.64(b)所示。前面提到,在带隙内波的传播将会受到抑制,由隔声特性图可以看出,在全带隙以及 $\Gamma-X$ 方向带隙频段声波受到了极大的抑制,且抑制范围与带隙宽度吻合度较好,这说明了带隙计算的正确性。

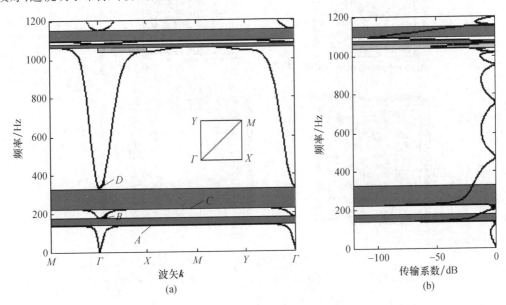

图 2.64　双腔可调亥姆霍兹结构带隙和隔声曲线
(a)双腔可调亥姆霍兹结构带隙;(b)双腔可调亥姆霍兹结构隔声曲线。

2. 低频带隙形成机理分析

这里重点关注低频带隙,因此主要分析第一、第二带隙形成机理。从带隙图中可以看出,第一能带与第二能带在大部分布里渊区呈现出了较长的平直状态,这说明该结构存在着局域共振模态。为了进一步研究结构低频带隙形成机理,选取了第一与第二全带隙中的上、下截止点(如图 2.64(a)中 A、B、C、D 点)的声压场,对低频带隙形成机理进行分析。

图 2.65(a)所示为 A 模态的声压场,A 点的波矢 $\boldsymbol{k}$ 是第一布里渊区的高点,同时,A 点的频率是第一能带曲线的最大值,因此,A 点是第一完全带隙的下边界。从 A 点的声压云图不难发现,声压幅值的分布呈现区域一致化。具体表现为,内腔中所有点的声压幅值相同,外部区域所有点的声压幅值相同。证明了 A 点处出现共振态。同时,由图可以看出,声压几乎全部局限在了内腔 II 内部,内腔 I 以及外部声压场压力很小,接近于 0。而在内腔 II 形成的环形通道内,声压场呈现梯度变化,离内腔 II 近的区域声压幅值大,离外部近的声压幅值小。这说明了 A 点处出现局域态。在共振态和局域态的共同作用下,A 点所在的第一能带变为了一条平直带。同时,由于局域态的出现,声振动局限在内腔 II 中,因此,第一条带隙被打开。

B 点声压场则与 A 点声压场有较大不同。由图 2.65(b)可以看出,声压分布于结构内、外部。外部声压幅值小于内部声压幅值,同时内腔 II 与内腔 I 声压相位相反。这说明声波在结构外部与内部传播,结构对声波传播有一定作用,但并不能阻止声波在结构外部传播。因此 B 模态决定了第一带隙的截止点,是第一低频带隙的上限。

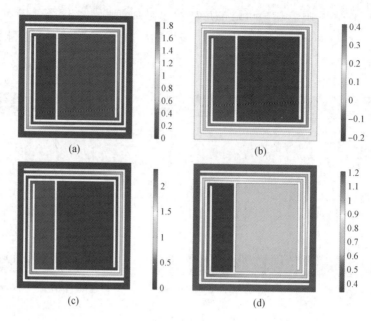

图 2.65　特征点声场压力图

(a)模态 A 声场压力图;(b)模态 B 声场压力图;(c)模态 C 声场压力图;(d)模态 D 声场压力图。

采用相同分析方法,注意到 C 点声压场也呈现出局域共振态。与 A 点不同的是, C 点声压场振动局限在内腔 Ⅰ 中,内腔 Ⅱ 以及外部声压场压力很小,接近于 0。

D 点声压分布于结构内、外部。内腔 Ⅱ 与内腔 Ⅰ 声压相位相同。这说明声波在结构外部与内部传播,结构对声波传播没有作用。因此, D 模态决定了第二带隙的截止点,是第二低频带隙的上限。

通过上述分析可知,该结构由于内外腔共振可以打开多条带隙,可以将声波局限于结构内部,阻止声波传播;带隙的打开与内腔具有高度联系,第一带隙起始频率主要是内腔 Ⅱ 共振的结果,而第二带隙起始频率是内腔 Ⅰ 作用的结果;当外部空气层与内部结构共同作用时,带隙截止。

3. 低频带隙影响因素分析

上面对双腔可调局域共振结构的低频带隙形成机理进行了分析,注意到其低频带隙起始频率主要受内腔 Ⅰ、Ⅱ 的影响。当调整内腔 Ⅰ、Ⅱ 的大小时,即调整伸缩杆长度 l_0 时,其结构将发生改变,从而改变协同共振区域,影响带隙结构。而带隙的截止频率与外部空气层有关,即结构排列空隙间隔 $a_0 - a_1$。因此,下面分析伸缩杆长度 l_0、结构排列空隙间隔 $a_0 - a_1$ 这两个因素对低频带隙结构的影响。

为了控制变量便于比对分析,在分析双腔可调局域共振结构的伸缩杆长度 l_0 对低频带隙的影响时,取结构参数为 $a_0 = 50\text{mm}$, $a_1 = 45\text{mm}$, $d_0 = 1\text{mm}$, $d_1 = 1\text{mm}$, $a = 17.5\text{mm}$,当伸缩杆长度 l_0 从 a 减小到 0 时,计算出其带隙结构变化图,得到伸缩杆长度 l_0 对带隙结构的影响,如图 2.66 所示。

从上节带隙产生的机理可知,第一带隙主要是内腔 Ⅱ 和与之联通的环形通道局域共振的结果,而第二带隙是内腔 Ⅰ 和与之联通的环形通道局域共振的结果。由图 2.66 伸缩杆不同伸缩长度的能带图可知,当伸缩杆从最长伸长 a 减小到 0 时,内腔 I 不断增大,内腔 II 不断减小。内腔 I 的增大使第二带隙不断下移;内腔 II 不断减小,但减小幅度较小,第一带隙缓慢上移;当伸缩杆伸缩长度为 0 时,两腔相等,第一带隙和第二带隙重合。从总体上,第一带隙在伸缩杆变化过程中小幅度变化,但第二带隙在伸缩杆长度不断减小的情况下,带隙不断下移,覆盖了从 166～597Hz 的这一较大低频段。在工程应用中,这对于噪声波峰进行特定消除具有良好的适应性。

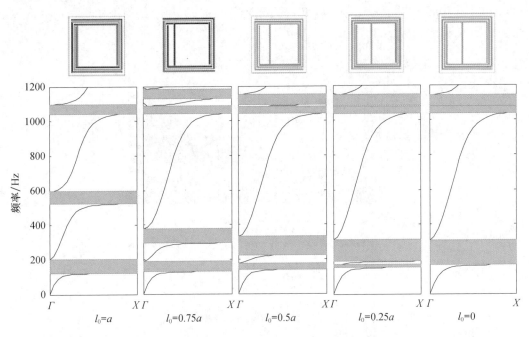

图 2.66　内腔不同构型情况下带隙结构图

可调板位置变化后,第一、第二带隙宽度的变化如图 2.67 所示。可以看到,随着伸缩杆长度的变化,内腔结构发生变化,导致带隙结构发生变化。可调板位置代表着伸缩杆伸缩长度,当可调板位置为 0 时,伸缩杆伸缩长度最长,此时,内腔 I 最小,内腔 II 最大;当可

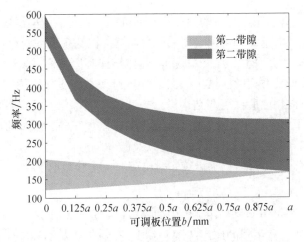

图 2.67　可调板位置变化后带隙宽度的变化

调板位置为 a 时,伸缩杆伸缩长度最短,此时,内腔Ⅰ与内腔Ⅱ相等。可以看出,在可调板移动的过程中,第一带隙由于内腔Ⅰ的减小,其带隙下限和宽度不断地减小,相对应的第二带隙由于内腔Ⅱ的增加,其带隙下限和宽度不断增加。从整体上看,两条带隙在可调板移动的过程中不断趋近,最终合为同一条带隙,其变化范围为 166~597Hz。

下面分析结构单元间隔对带隙的影响,在分析双腔可调局域共振单元结构排列间隔 $a_0 - a_1$ 对低频带隙的影响时,取结构参数为 $a_1 = 45\text{mm}$,$d_0 = 1\text{mm}$,$d_1 = 1\text{mm}$,$a = 17.5\text{mm}$,$l_0 = 0\text{mm}$,当单元排列间隔 $a_0 - a_1$ 从 10mm 减少到 1mm 时,单元结构排列间隔 $a_0 - a_1$ 对带隙结构的影响如图 2.68 所示。

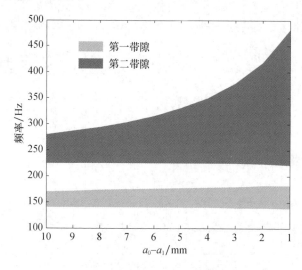

图 2.68　结构排列间隔对带隙影响

图 2.68 中表示周期排列间隔对带隙结构的影响,从图中可以看出,周期排列间隔对带隙下限基本没有影响,但对带隙上限具有较大的影响。具体表现为:随着排列间隔减小,其带隙上限不断增加,带隙宽度大大增加。

2.5.3　结构设计、实验测试及分析

前面从数学模型和有限元分析的角度对两种可调亥姆霍兹周期结构的带隙特性进行了计算和分析。结果表明,这两种可调亥姆霍兹周期结构在低频范围内存在带隙,并且该低频带隙的上、下限频率值与结构尺寸、开口深度、腔体结构等因素有关。为了验证仿真和理论计算的正确性,本节设计并实验测试了一组双开口可调亥姆霍兹结构与一组双腔可调亥姆霍兹结构的隔声特性,用以验证可调结构设计方法的正确性以及所设计的结构是否具有可调性的能力。在这里需要指出的是,由于调节机构难以加工,实时的可调性还难以满足,在实验验证中,首先制备固定结构,即开口深度以及腔体隔板固定的两组结构,先验证其固定结构是否具有带隙移动的可能性,为后续实时可调提供实验数据支撑。

1. 驻波管测试原理

在工程应用中,测量声学材料在空气中的隔声量主要有两种方法,分别是阻抗管法和混响室法。这两种方法有着不同的应用范围。其中,混响室法对实验室建设和实验样品的制备具有很高的要求。因此,在声学材料的研究初期,通常采用阻抗管法测量声学材料的隔声

量。利用阻抗管法测量声学材料的隔声量时,主要有三传声器法、四传声器法以及四传声器双工况法。这里主要介绍四传声器双工况方法测量声学材料隔声量,结构如图 2.69 所示。

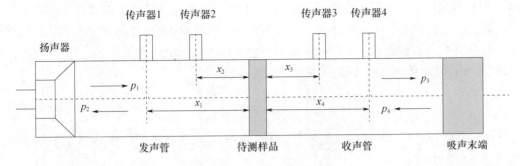

图 2.69　驻波管测试原理图

假设在驻波管截面上只有平面波传播,那么,在驻波管内只存在 4 种形式的声波,即图中的 p_1,p_2,p_3 和 p_4。其中 p_1 表示在声源管中由左向右传播的平面声波;p_2 表示在声源管中由右向左传播的平面声波;p_3 表示在接收管中由左向右传播的平面声波;p_4 表示在接收管中由右向左传播的平面声波。由于这 4 个声波方向确定,因此可以用调幅函数的形式表达,即

$$\begin{cases} p_1 = P_1 e^{-ikx} \\ p_2 = P_2 e^{-ikx} \\ p_3 = P_3 e^{-ikx} \\ p_4 = P_4 e^{-ikx} \end{cases} \quad (2-77)$$

对于声源管和接收管中沿管轴线方向的声压变化表达式可以写为正向声波与反向声波叠加的形式,即

$$\begin{cases} p_{\mathrm{L}} = P_1 e^{-ikx} + P_2 e^{-ikx} \\ p_{\mathrm{R}} = P_3 e^{-ikx} + P_4 e^{-ikx} \end{cases} \quad (2-78)$$

因此,对于 4 个传声器所在的截面,其声压值大小分别为

$$\begin{cases} S_1 = P_1 e^{-ikx_1} + P_2 e^{-ikx_1} \\ S_2 = P_1 e^{-ikx_2} + P_2 e^{-ikx_2} \\ S_3 = P_3 e^{-ikx_3} + P_4 e^{-ikx_3} \\ S_4 = P_3 e^{-ikx_4} + P_4 e^{-ikx_4} \end{cases} \quad (2-79)$$

通过求解式(2 - 79),即可得到平面波的幅值为

$$\begin{cases} P_1 = \dfrac{i(S_1 e^{-ikx_2} - S_2 e^{-ikx_1})}{2\sin(k(x_1 - x_2))} \\ P_2 = \dfrac{i(S_2 e^{-ikx_1} - S_1 e^{-ikx_2})}{2\sin(k(x_1 - x_2))} \\ P_3 = \dfrac{i(S_3 e^{-ik_4} - S_4 e^{-ikx_3})}{2\sin(k(x_3 - x_4))} \\ P_4 = \dfrac{i(S_4 e^{-ikx_3} - S_3 e^{-ikx_4})}{2\sin(k(x_3 - x_4))} \end{cases} \quad (2-80)$$

在稳态下,平面声波 P_1 由扬声器产生的平面波以及由平面声波 P_2 射入扬声器反射形成的反射声波组成;平面声波 P_2 由平面声波 P_1 射入待测样品左边表面形成反射声波以及由声波 P_4 经过待测样品形成的透射声波组成;平面声波 P_3 包含了平面声波 P_1 入射待测样品后形成的透射声波以及由平面声波 P_4 入射待测样品后形成的反射声波;平面声波 P_4 则由平面声波 P_3 入射驻波管最右端后形成的反射声波组成。由此可见,驻波管内的声波相互耦合。由于复声压幅值之间的关系是线性的,因此,有

$$\begin{bmatrix} P_1 \\ P_2 \end{bmatrix} = \begin{bmatrix} T_{11} & T_{12} \\ T_{21} & T_{22} \end{bmatrix} \begin{bmatrix} P_3 \\ P_4 \end{bmatrix} \tag{2-81}$$

假设驻波管最右端的吸声末端具有优越的吸声性能,那么平面声波 P_3 入射到吸声末端后将不会发生反射,即

$$P_4 = 0 \tag{2-82}$$

将式(2-82)代入式(2-81),并根据隔声量的定义,不难得出

$$\text{STL} = 20\lg\left(\frac{P_1}{P_3}\right) = 20\lg T_{11} \tag{2-83}$$

在驻波管右端施加不同的边界条件时,测量得到的复声压幅值不同。这里,用上标 A 表示右端为吸声边界时的复声压幅值,上标 B 表示右端为硬声场边界时的复声压幅值,即

$$\begin{bmatrix} P_1^A \\ P_2^A \end{bmatrix} = \begin{bmatrix} T_{11} & T_{12} \\ T_{21} & T_{22} \end{bmatrix} \begin{bmatrix} P_3^A \\ P_4^A \end{bmatrix} \tag{2-84}$$

$$\begin{bmatrix} P_1^B \\ P_2^B \end{bmatrix} = \begin{bmatrix} T_{11} & T_{12} \\ T_{21} & T_{22} \end{bmatrix} \begin{bmatrix} P_3^B \\ P_4^B \end{bmatrix} \tag{2-85}$$

联立两式求解,得

$$T_{11} = \frac{P_1^A P_4^B - P_1^B P_4^A}{P_3^A P_4^B - P_3^B P_4^A} \tag{2-86}$$

2. 双开口可调亥姆霍兹结构样品的设计与制备

下面采用驻波管进行隔声特性的测试。考虑到实验条件,样品的最大尺寸为直径 100mm。为了便于测试,保持原有结构构型不变,结构尺寸相应缩小。主要验证该结构是否具有可调性。在此基础上,设计了制备了 4 个样品,其结构参数如表 2.11 所列。

表 2.11 双开口亥姆霍兹周期结构样品尺寸

样品	a/mm	r/mm	w_0/mm	d/mm	w_1/mm	w_2/mm	$\beta/(°)$
样品 A	30	28	2	1.2	1.2	1.2	60
样品 B	30	28	2	1.2	1.2	1.2	120
样品 C	30	28	2	1.2	1.2	1.2	180
样品 D	32	28	2	1.2	1.2	1.2	180

分别完成两组实验进行对比,其中,样品 A、B、C 完成结构可调性测试验证,样品 C 和样品 D 验证排列间隔对隔声量的影响。

由于样品结构复杂,对加工精度要求高,因此采用 3D 打印方式制作这 4 个样品,样品

为 3×3 单元排列,为适应阻抗管要求,周期结构被截成直径为 100mm 的圆柱体,图 2.70 所示为样品实图。

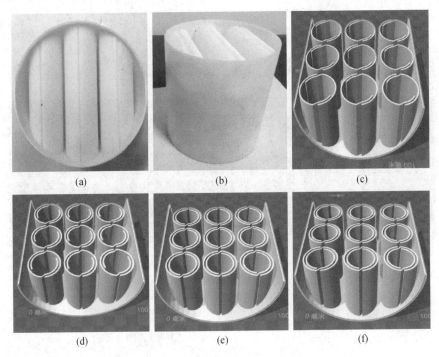

图 2.70　双开口结构样品实图

(a)前视图;(b)侧视图;(c)样品 A 横切面;(d)样品 B 横切面;(e)样品 C 横切面;(f)样品 D 横切面。

3. 双腔可调亥姆霍兹结构样品的设计与制备

与双开口可调结构同样,设计了不同的腔体的结构进行测试结构可调特性。分别命名为样品 A_1、样品 B_1、样品 C_1,3 个样品的结构参数如表 2.12 所列。

表 2.12　双腔亥姆霍兹周期结构样品尺寸

样品	a_0/mm	a_1/mm	d_0/mm	d_1/mm	b/mm
A_1	30	28	1.2	1.2	6
B_1	30	28	1.2	1.2	12.4
C_1	30	28	1.2	1.2	18.8

采用 3D 打印方式制作这三个样品,图 2.71 所示为样品实图。

4. 实验测试方案

本实验中用于隔声测试的设备为 AW231 型传递函数型声学参数测量系统,以及相关数字采集仪和传声器,连接方式如图 2.72 所示。

该系统可以完成 100mm 直径样品 200~1600Hz 低频段有效的隔声量、吸/隔声系数的测量;29mm 直径样品 1000~6400Hz 高频段有效的隔声量、吸/隔声系数的测量。

5. 双开口亥姆霍兹结构实验结果分析

4 种结构的仿真和实验对比如图 2.73~图 2.75 所示。

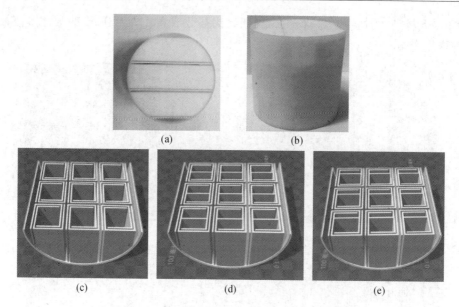

图 2.71 双腔可调亥姆霍兹结构样品实图

(a)前视图;(b)侧视图;(c)样品 A_1 横截面;(d)样品 B_1 横截面;(e)样品 C_1 横截面。

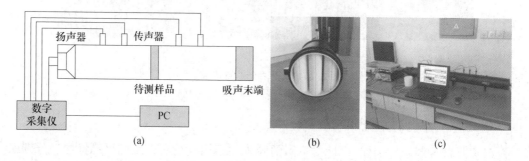

图 2.72 实验测试方案和测试现场

(a)测试方案;(b)样品实验安装;(c)样品实验实况。

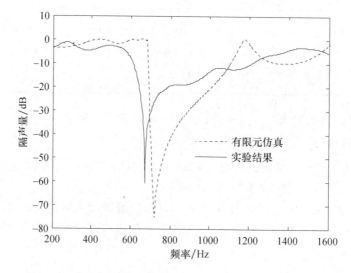

图 2.73 内腔弧角为 180°实验测试结果与仿真结果对比

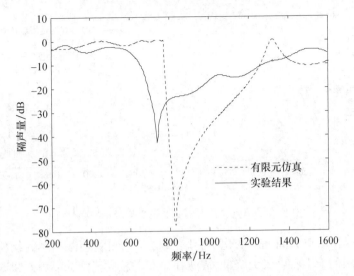

图 2.74　内腔弧角为 120°实验测试结果与仿真结果对比

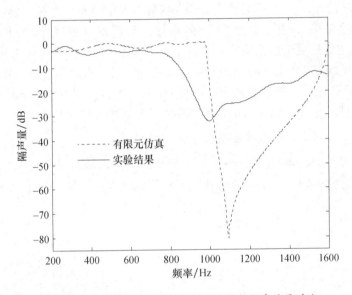

图 2.75　内腔弧角为 60°实验测试结果与仿真结果对比

从实验和仿真结果对比图可以看出,实验结果与仿真结果计算的隔声量变化规律基本一致。当内腔弧角为 180°时,在 690～920Hz 频率范围内,隔声量能达到 30dB;内腔弧角为 120°,在频率范围 770～1200Hz,隔声量可达到 20dB 以上,隔声峰值可到近 40dB;内腔弧角为 60°,在 900～1580Hz 范围内隔声量可达到 20dB。说明当弧角变化时,隔声频段将会相应移动。3 种结构隔声波峰分别为 690Hz、790Hz、980Hz,说明调节内腔的弧长,在 700～1000Hz 内可以对单一噪声峰值进行对应的消除。这一系列结论为根据噪声频段自适应调节和智能控制奠定了基础。

同时,为了验证结构单元排列间隔对带隙范围的影响,做了单元间隔为 2mm(样品 1)和单元间隔为 4mm(样品 4)的隔声效果对比。其仿真和实验结果对比如图 2.76 所示。

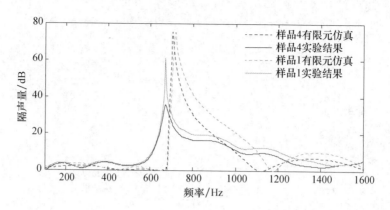

图 2.76　单元间隔对隔声效果影响对比（见彩图）

由图 2.76 可知,单元间隔的变化不会影响隔声下限的变化,当单元结构间隔变大时,其隔声频率范围的上限将会大大降低,表明在想获得较大范围的隔声效果时,应当在设计时尽量减小单元排列的间隔。

需要指出的是,通过 4 个样品仿真结果与实际实验的结果数据对比,数据在吻合度上有着近 100Hz 的偏移,即实验得到的隔声峰与仿真值得到的隔声峰对应的频率相差 100Hz 左右,这主要是由于加工精度造成的。本结构采用 3D 打印的加工精度是 0.1mm,实际上结构的开口宽度为 1.2mm,而这 0.1mm 的加工误差直接导致结构开口宽度等参数的细微变化。从带隙等效模型可知,在这种结构参数下,环间间隔 0.1mm 的误差导致的带隙偏移为 121Hz,因此可以认为仿真结果和实验数据频段偏移是由于加工误差导致的。

6. 双腔可调亥姆霍兹结构实验结果分析

3 种结构的仿真和实验对比如图 2.77～图 2.79 所示,分别为样品 A_1(无隔板样品)、样品 B_1(中心位置隔板)、C_1(1/4 处位置隔板)的实验数据与仿真数据的对比图。

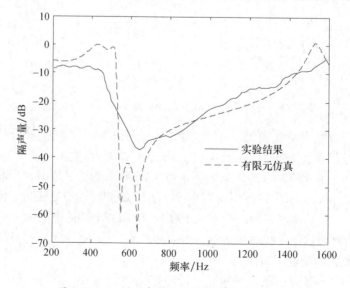

图 2.77　A_1 样品有限元仿真与实验结果对比图

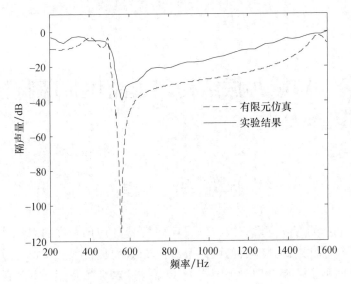

图 2.78　B_1 样品有限元仿真与实验结果对比图

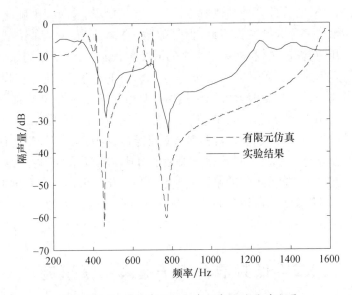

图 2.79　C_1 样品有限元仿真与实验结果对比图

从图 2.77 ~ 图 2.79 整体来看,实验结果与仿真数据在隔声曲线的趋势上是基本符合的,说明了理论分析的正确性。对比图 2.78 与图 2.79 可以看出,当隔板位置发生变化,其隔声峰将发生分离和移动。当隔板处于中间位置时,两个腔体具有完全一致的结构,因此只有一个隔声峰值。而当隔板处于非中立位置时,两腔的大小将发生变化,内腔 II 横截面积增大,内腔 I 横截面积减小。从前面的分析可知,第一带隙起始频率主要是内腔 II 共振的结果,而第二带隙起始频率是内腔 I 作用的结果。当隔板位于腔体 1/4 处,第一带隙下探,第二带隙上升,隔声频段也发生相应变化,从而在一定频段内实现了带隙中心点的移动控制,该结构的可调性得到了验证。

第3章 局域共振结构声子晶体带隙特性研究

3.1 引 言

目前,声子晶体的带隙宽度有限,这是制约声子晶体应用发展的因素之一。局域共振带隙与布拉格散射带隙各有特点,局域共振带隙在低频具有优势,布拉格散射带隙在中低频具有优势,将两种带隙混合到一种结构中,能够增大带隙的宽度。本章在原点反共振效应的基础上,设计了两种混合声子晶体结构:一种是由周期性铁块和橡胶框架组成的新型混合声子晶体,用有限元法计算了其色散关系和位移矢量场,分析了带隙起始频率的产生机理。带隙的起始频率是局域共振机制,但带隙截止频率的机理是布拉格散射机制。本章进一步研究了几何参数和材料参数对带结构的影响,提出并验证了局域共振等效模型,并提出了一种估算带隙截止频率的方法,验证了该方法的有效性,通过实验计算了7种周期结构的透射损耗。另一种是混合带隙结构由周期性的铅和铝框架组成,并用有限元法计算了带隙频率、传输损耗和位移矢量;随后,利用带隙边缘特征模态的位移矢量场分析了带隙的形成机理,并对几何参数和材料参数对带隙的影响进行了详细的研究和讨论,提出了等效计算模型并与有限元法的计算结果做了对比。结果表明,这种结构的带隙是两种不同机制的相互作用,局域共振带隙的边界频率只受相应振动系统参数的影响,带隙的初始频率是由局域共振效应引起的,而截止频率是由布拉格散射效应引起的。这种混合带隙结构具有局域共振和布拉格散射带隙的优势,能够有效提高带隙宽度。

3.2 低频混合声子晶体带隙研究

本节研究了一种由周期性铁块和橡胶框架组成的新型混合声子晶体,用有限元法计算了其色散关系和位移矢量场,分析了带隙起始频率的产生机理。带隙的起始频率是局域共振机制,但带隙截止频率的机理是布拉格散射机制。进一步研究了几何参数和材料参数对带结构的影响,提出并验证了局域共振等效模型。提出了一种估算带隙截止频率的方法,并验证了该方法的有效性,通过实验计算了7种周期结构的透射损耗。结果表明,新型声子晶体具有更宽的带隙。

3.2.1 结构模型和计算方法

混合声子晶体如图3.1所示,单元单胞是铁块嵌在橡胶中。数值计算中使用的材料参数和结构参数分别如表3.1和表3.2所列。为了研究带隙的物理机制,对带隙进行了

74

数值计算,并计算了布里渊区高对称点的位移矢量。图 3.2 中,图(b)传递损失曲线中较大衰减的频率等于图(a)带隙的频率,验证了带隙的准确性。

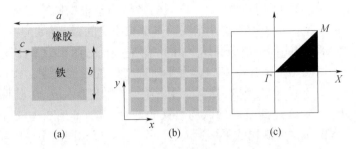

(a)　　　　　　　　　(b)　　　　　　　　　(c)

图 3.1　弹性声子晶体示意图

(a)弹性超材料板的单胞;(b)弹性超材料板;(c)单胞的第一布里渊区。

表 3.1　材料参数

材料	质量密度/(kg/m³)	弹性模量/GPa	泊松比
铁	7780	4.08	0.37
橡胶	1300	1.17×10^{-5}	0.47

表 3.2　结构参数

a/mm	b/mm	c/mm
10	9	0.5

平面模式下弹性结构中的控制场方程为

$$-\rho(\boldsymbol{r})\omega^2 \boldsymbol{u}_i = \nabla \cdot (\mu(\boldsymbol{r}) \nabla \boldsymbol{u}_i) + \nabla \cdot \left(\mu(\boldsymbol{r}) \frac{\partial}{\partial \boldsymbol{x}_i}\boldsymbol{u}\right) + \frac{\partial}{\partial \boldsymbol{x}_i}(\lambda(\boldsymbol{r}) \nabla \cdot \boldsymbol{u}) \quad (i = x,y)$$

$$(3-1)$$

式中:$\boldsymbol{r} = (x,y)$ 为位置矢量;ω 为角频率;ρ 为质量密度;$\boldsymbol{u} = (u_x,u_y)$ 为传播平面的位移矢量;λ,μ 为拉梅常数和剪切模量;$\nabla = \left(\frac{\partial}{\partial x}, \frac{\partial}{\partial y}\right)$ 为二维矢量微分算子。

周期弹性系统的形式为

$$\boldsymbol{u}(\boldsymbol{r}) = \boldsymbol{u}_k(\boldsymbol{r})\exp(\mathrm{i}\boldsymbol{k} \cdot \boldsymbol{r}) \quad (3-2)$$

式中:$\boldsymbol{k} = (k_x,k_y)$ 为不可约布里渊区的布洛赫波矢;$\boldsymbol{u}_k$ 为一个周期向量函数,具有与周期弹性系统相同的空间周期性。

时间谐波位移矢量的空间部分为

$$\boldsymbol{u}(\boldsymbol{r}+\boldsymbol{p}) = \boldsymbol{u}(\boldsymbol{r})\exp(\mathrm{i}\boldsymbol{k} \cdot \boldsymbol{p}) \quad (3-3)$$

式中:$\boldsymbol{p}$ 为声子晶体结构的空间周期向量。

有限元软件 COMSOL Multiphysics 用于实现上述声子晶体的本征频率模型。传输函数定义为

$$H = 10\lg\left(\frac{p_o}{p_i}\right) \quad (3-4)$$

式中:p_o,p_i 分别为传输加速度和入射加速度的数值。

波沿 x 方向传播,同时在结构两侧加上完善的匹配层,保证了结果的准确性。

3.2.2 带隙机理分析

本节给出了频带的数值计算结果。弹性波的带结构是根据图3.2(a)所示的声子晶体结构计算出来的。带隙位于第三阶和第四阶本征频率之间,带隙在598Hz到2686Hz之间,混合声子晶体的带隙比传统声子晶体宽得多,透射损耗如图3.2(b)所示,虚线间的透射损耗对应的频率区间与带隙频率对应。为了研究带隙的形成机理,分析了前几条带隙的振动模式。图3.2(a)中有4个点,分别计算了4个点的位移矢量,B点的振动是铁块的扭转,如图3.3(b)所示,A点和C点的振动是铁的平移运动,如图3.3(a)和图3.3(c)所示。带隙起始频率的振动为铁块的平移运动,相邻质量块以相同的频率向相反方向运动。A点和C点的振动是局部共振。D点的振动为橡胶的平移运动,如图3.3(d)所示。弹性波在硬边界之间来回反射,这是布拉格散射,带隙不同于传统的局部共振和布拉格散射带隙,带隙的起始频率一般与带隙的截止频率具有相同的机理。即使是声子晶体的带隙,也是局域共振带隙和布拉格散射带隙同时存在,这与新型混合声子晶体的带隙机制不同。

由于局域共振的频率为:$f=\dfrac{1}{2\pi}\sqrt{\dfrac{K}{M}}$,所以局域共振对振子质量敏感。

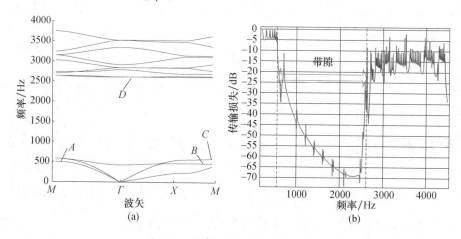

图3.2 能带结构和传递损失曲线

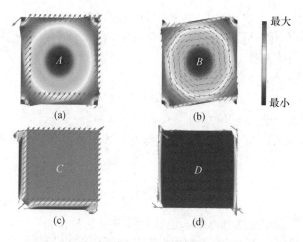

图3.3 带隙边界处的本征模态和位移矢量场

3.2.3　几何和材料参数对低频带隙的调控

根据第一带隙边界频率的振动模式和单元模型,利用等效质量弹簧模型计算本征频率,带隙起始频率的振动模式与图 3.4 中的模型相对应。

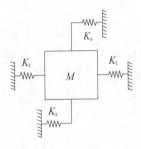

图 3.4　弹簧质量振子模型

$$M = \rho_b \cdot V_b + \frac{1}{2}(\rho_c \cdot V_c) \cdot 4 = \rho_b \cdot d \cdot d + 2\rho_c \cdot b \cdot a \qquad (3-5)$$

$$m = 2 \cdot \rho_a \cdot V_a + \frac{1}{2}(\rho_c \cdot V_c) \cdot 2 = 2 \cdot \rho_a \cdot a \cdot c + \rho_c \cdot b \cdot a \qquad (3-6)$$

$$K_t = \frac{C_1 S}{L} = \frac{C_1 \cdot (a \cdot l)}{b} \qquad (3-7)$$

$$K_s = \alpha \frac{C_2 S}{L} = \alpha \frac{C_2 \cdot (a \cdot l)}{\left(\dfrac{a}{4}\right)} = 4\alpha C_2 \quad (其中:l = 1) \qquad (3-8)$$

$$K_1 = 2K_t + 2K_s \qquad (3-9)$$

$$K_2 = 2K_s \qquad (3-10)$$

$$f_s = \frac{1}{2\pi}\sqrt{\frac{K_1}{M}} \qquad (3-11)$$

$$f_c = \frac{1}{2\pi}\sqrt{\frac{K_2}{m}} \qquad (3-12)$$

式中:m 为等效的小质量振子的质量;M 为等效的大质量振子的质量;K_t 为弹簧的有效拉压刚度;K_s 为对拉压弹簧起作用的剪切刚度的一部分;$\alpha = 0.1$ 为权重系数;$C_1 = \lambda + 2\mu$,$C_2 = \mu$ 为弹性系数;K_1 为带隙起始频率的模型刚度;K_2 为带隙截止频率的模型刚度;f_s 为带隙的起始频率;f_c 为带隙的截止频率。

为了证明所提出的局域共振等效模型的有效性,采用等效模型法计算了局域共振带隙的频率,并将计算结果与图 3.5 中有限元法得到的结果进行了比较。图 3.6 所示为用有限元法和公式计算法计算的第一带隙随 c 的变化。

根据布拉格散射条件,我们可以推导出带隙截止频率的公式。

$$v = \lambda f \qquad (3-13)$$

$$v = \sqrt{\frac{E}{2\rho(1 + \sigma)}} \qquad (3-14)$$

$$\lambda = 2c \qquad (3-15)$$

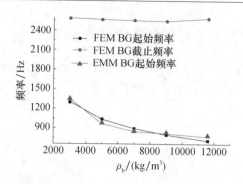

图 3.5　用有限元法和公式计算法得到的第一带隙随 ρ_b 的变化曲线

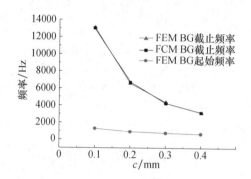

图 3.6　用有限元法和公式计算法得到的第一带隙随 c 的变化曲线

式中：E 为橡胶的弹性模量；ρ 为橡胶的密度；σ 为橡胶的泊松比；v 为弹性波波速；c 为橡胶的宽度。

带隙的截止频率可用下列公式计算：

$$f = \frac{1}{2c} \sqrt{\frac{E}{2\rho(1+\delta)}} \tag{3-16}$$

为了进一步研究混合声子晶体的特性，分析材料参数和结构参数对带隙的影响。改变图中的中心质量块的密度 ρ_b、周边质量块的密度 ρ_a 和中心质量块的长度 b，并确定带隙的起始频率。随着密度 ρ_b 的增加，带隙的起始频率减小，但带隙的截止频率基本不变。表明起始频率对 ρ_b 的敏感度高于截止频率，如图 3.7(a) 中的变化曲线所示。随着密度 ρ_a 的增加，带隙的截止频率保持不变，但带隙的起始频率增加较大，如图 3.7(b) 的变化曲线所示。随着 b 的增加，带隙的起始频率逐渐增大，带隙的截止频率变化较大，如图 3.7(c) 中变化曲线所示，说明截止频率对 b 更为敏感。随着橡胶弹性模量 e 的增加，带隙的起始频率逐渐增大，带隙的截止频率变化很大，如图 3.7(d) 中所示。

3.2.4　实验验证

为进一步验证混合声子晶体的减振效果，实验采用了 7 号结构钢（编号：U20252），质量密度为 7749kg/m³，弹性模量为 200GPa，与有限元软件 COMSOL Multiphysics 当中材料属性设置接近。采用激振机（E - JZK - 30T）测试了由 7 个周期单元组成的实验样品。振动激励作为输入源，激励点设置在样品的底侧。加速度计用于在上方拾取响应。定义 $20\lg w_{out}/w_{in}$（w_{out} 和 w_{in} 分别为加速度的输出和输入）来描述振动的衰减，结果如图 3.8 所示。

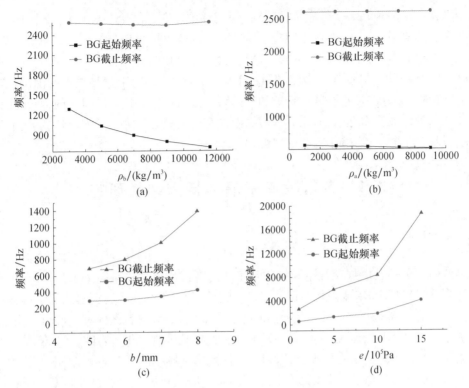

图 3.7　材料参数和结构参数对带隙的影响

(a)混合声子晶体带隙频率随 ρ_b 的变化;(b)混合声子晶体带隙频率随 ρ_a 的变化;

(c)混合声子晶体带隙频率随 b 的变化;(d)混合声子晶体带隙频率随橡胶弹性模量 e 的变化。

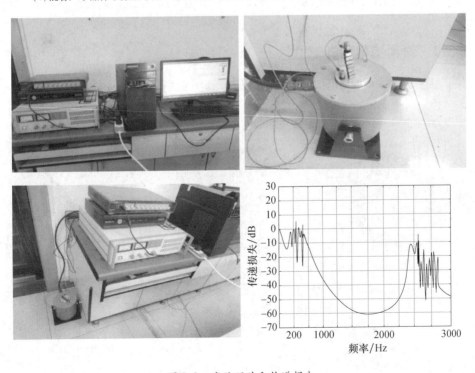

图 3.8　实验照片和传递损失

本节提出了一种新型的低频宽带隙混合声子晶体,并用有限元法计算了带隙频率、传输损耗和位移矢量。随后,利用带隙边缘特征模态的位移矢量场分析了带隙的形成机理,并对几何参数和材料参数对带隙的影响进行了详细的研究和讨论,最后进行了实验,验证了 $250 \sim 3000\mathrm{Hz}$ 的传输损耗。带隙是两种不同机制的相互作用,局域共振带隙的边界频率只受相应振动系统参数的影响,带隙的初始频率是由局域共振效应引起的,而截止频率是由布拉格散射效应引起的,截止频率对橡胶的宽度更敏感。为了增加带隙宽度,应增加中心质量块振子的质量,减小橡胶的宽度。

3.3 多带隙声子晶体带隙特性研究

3.3.1 引言

本节研究了一种由周期性铅和铝质量组成的新型小尺寸多带隙声子晶体,利用有限元法计算了禁带频率、传输损耗和位移矢量。随后,利用带隙边界特征模态的位移矢量场分析了带隙的形成机理,最后详细研究和讨论了几何参数和材料参数对带隙的影响,新颖的多带隙声子晶体具有较宽的低频带隙,并且在低频范围内有很多带隙,增加了带隙的数量和宽度。在 x 方向和 y 方向没有波形转换,因此本征频率曲线为直线,产生大量的平直带隙,在 $3000\mathrm{Hz}$ 以下频率,带隙覆盖率大于95%。局域共振带隙的边界频率只受相应振动系统参数的影响,耦合系数较小,且易于调整。为了增加局域共振带隙的宽度,大质量振子的质量应该增加,轻质量振子的质量应该减少。我们定义了用来描述带隙频率覆盖范围的带隙率,并给出了带隙率的计算公式,带隙率越大,表示结构的带隙越宽,禁带覆盖能力越强。

3.3.2 结构模型和计算方法

多带隙声子晶体单胞如图 3.9 所示,数值计算中所用到的材料参数和结构参数分别如表 3.3 和表 3.4 所列。

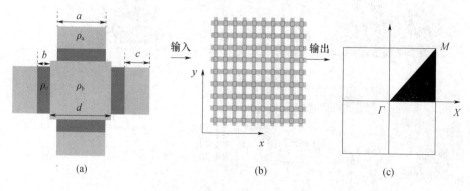

图 3.9　多带隙声子晶体单胞

(a)声子晶体单胞结构;(b)声子晶体板;(c)不可约布里渊区。

表 3.3　材料参数

材料参数	质量密度/(kg/m³)	弹性模量/GPa	泊松比
铅(ρ_b)	11600	4.08	0.37
橡胶(ρ_c)	1300	1.17×10^{-5}	0.47
塑料(ρ_a)	1190	0.22	0.34

表 3.4　结构参数

a/mm	b/mm	c/mm	d/mm
11	1	2	5

弹性结构中的弹性波控制方程为

$$\sum_{j=1}^{3} \frac{\partial}{\partial x_j} \left(\sum_{l=1}^{3} \sum_{k=1}^{3} c_{ijkl} \frac{\partial^2 u_i}{\partial t^2} \right) = \rho \frac{\partial^2 u}{\partial t^2} \quad (i = 1,2,3) \tag{3-17}$$

式中:ρ 为质量密度;u_i 为位移;t 为时间;C_{ijkl} 为弹性常数;$x_j(j=1,2,3)$ 分别代表 x、y 和 z 三个方向。

周期弹性结构中的弹性波具有下列形式:

$$u(r) = u_k(r) \exp(\mathrm{i} k \cdot r) \tag{3-18}$$

式中:$k = (k_x, k_y)$ 为第一不可约布里渊区的波矢;u_k 为随周期结构变化的周期矢量函数。

时谐位移矢量为

$$u(r+p) = u(r) \exp(\mathrm{i} k \cdot p) \tag{3-19}$$

式中:p 为声子晶体结构的周期矢量。

有限元软件 COMSOL Multiphysics 用于实现上述多带隙的本征频率模型的计算。传输函数定义为

$$H = 10 \lg \left(\frac{p_o}{p_i} \right) \tag{3-20}$$

式中:p_o,p_i 分别为输入加速度和输出加速度。

弹性波沿 x 方向传播,为了保证计算结果的准确性,在周期结构两边加入完美匹配层,用于弹性波的吸收。

3.3.3　能带计算与带隙机理分析

本节计算了声子晶体的前 80 阶本征频率和传输损耗的数值结果。数值计算中使用的材料参数和结构参数分别如表 3.3 和表 3.4 所列。

弹性波的能带结构是根据图 3.10 中的声子晶体结构进行计算的。传递损耗的数值传输谱在图 3.10 中显示为灰色部分。图 3.11(a)是计算得到的前 12 阶本征频率。第一条带隙(绿色带)位于第三和第四个本征频率之间,第一带隙频率为 399～550Hz,如图 3.11(a)所示。第二条带隙频率(黄色带)为 659～1266Hz,第三条带隙(蓝色带)为 1321～2753Hz,为了证明带隙的有效性,我们计算了图 3.9(b)中 10×10 个周期结构的传输损耗。可以看到衰减较大部分(灰色部分)的频率等于带隙的频率,验证了带隙的准确性,为进一步研究带隙的物理机制,计算了布里渊区高对称点的位移矢量。

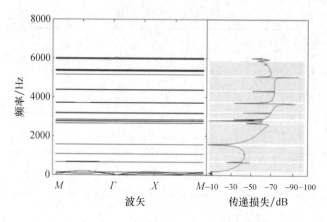

图 3.10　前 50 阶本征频率和传递损失曲线

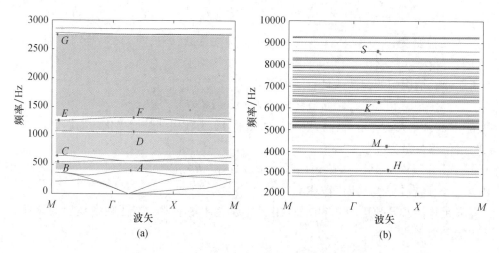

(a)　　　　　　　　　　　　　(b)

图 3.11　前 12 阶及 13 ~ 18 阶本征频率(见彩图)

(a)前 12 阶本征频率;(b)第 13 ~ 80 阶本征频率。

　　在本节中,将给出有限元法的数值结果,并分析弹性波在不同频率段的传播行为,计算的传递损耗如图 3.10 所示,透射损耗较大的部分(灰色部分)与带隙频率相同。为了研究带隙的形成机理,我们分析了前几条带隙的振动模态。

　　在图 3.11(a)中有多种模态,分别从模态 A 到模态 G,我们分别计算了 7 种模态的位移矢量,模态 A 的振动是铅的平移运动,如图 3.12(a)所示。模态 B 和模态 C 的振动是塑料振子的平移运动,分别如图 3.12(b)和图 3.12(c)所示。振动模态 B 是 4 个塑料振子的振动,第一带隙起始频率的振动是铅振子如模态 A 的平移运动,第一带隙截止频率的振动模态是 4 个塑料振子的平移运动。第一带隙截止频率的振动模态是 4 个塑料振子的平移运动,相对的塑料振子做同频反相位运动,如模态 B 所示。第二个带隙(黄色带)从659Hz 到 1266Hz,第二个带隙起始频率的振动模式为模态 E 中两个塑料振子的平移运动,两个塑料振子做同向运动。第二带隙截止频率的振动模态是两个塑性体振子在 E 模式下的平移运动,两个塑性体振子在同一方向上运动,模态 D 的振动是塑料振子的扭转运动,如图 3.12(d)所示。E 模式的振动是塑料振子的平移运动。第三带隙(蓝色带)从

1321Hz 到 2753Hz,带隙的起始频率为 F 模态下两个塑料振子的平移运动,G 模态的振动为橡胶的平移运动,H 模态、M 模态、K 模态、S 模态的振动为图 3.12 中橡胶的运动,弹性波在硬边界之间被来回反射。弹性波集中在一个单元中不能传播,这是布拉格散射。

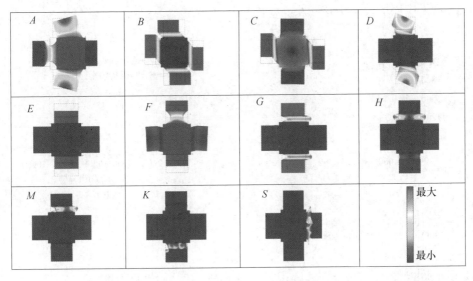

图 3.12　带隙边界处的本征模态位移矢量场

3.3.4　几何和材料参数对低频带隙的调控

为了进一步研究结构参数和材料参数对第一带隙的影响,下面用等效模型解释参数对带隙影响的物理机制。原共振结构的等效模型如图 3.13 所示,M 和 m 是相邻振子的质量($M > m$),K 是等效弹簧刚度,振动系统可以等效为两个质量不同的单自由度系统,我们已经证明了当入射弹性波的频率等于相邻子系统的固有频率时,一个系统的振子振动,而相邻子系统的振子保持静止。

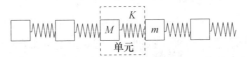

图 3.13　反共振模型

相邻的两个子系统的固有频率分别是 $F = \dfrac{1}{2\pi}\sqrt{\dfrac{K}{M}}$ 和 $f = \dfrac{1}{2\pi}\sqrt{\dfrac{K}{m}}$,在局域共振带隙中,带隙的起始频率是 $F = \dfrac{1}{2\pi}\sqrt{\dfrac{K}{M}}$,带隙的截止频率是 $f = \dfrac{1}{2\pi}\sqrt{\dfrac{K}{m}}$。带隙的边界频率只受相应系统固有频率的影响。带隙随参数变化的规律与原点反共振带隙的变化规律相同。

为了进一步研究多带隙声子晶体特性,分析了材料参数和结构参数对带隙的影响,改变图 3.9 中所示的密度 ρ_a、ρ_b,橡胶长度 b 和塑料长度 c。带隙的起始频率随着密度 ρ_b 的增加而减小,但截止频率没有改变,这表明起始频率比截止频率对密度 ρ_b 更加敏感,如图 3.14(a) 中的变化曲线所示。随着密度 ρ_a 的增加,带隙的截止频率保持不变,但是起始频率逐渐减小,如图 3.14(a) 中的变化曲线所示。随着橡胶长度 b 的增加,带隙的起始频率逐渐增加,但是截止频率的变化非常大,如图3.14(c)中的变化曲线所示。截止频率对于橡胶长度b的变化更加敏感。随着塑料长度c的增加,带隙的起始频率保持不变,但是截止频率在$c=8$处变化较大,如图3.14(d)所示。根据以上分析可知,为了增大带隙的宽度,ρ_b、ρ_a和b应该增大,c应该减小。

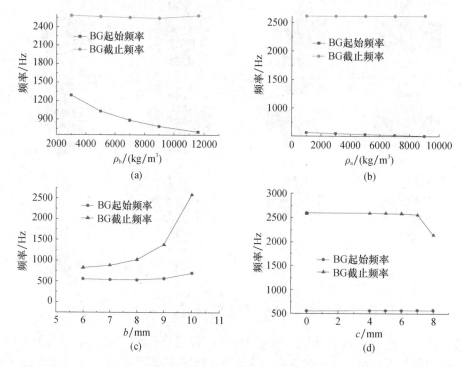

图 3.14 带隙边界频率的变化

(a)带隙边界频率随ρ_b的变化;(b)带隙边界频率随ρ_a的变化;
(c)带隙边界频率随b的变化;(d)带隙边界频率随c的变化。

本节提出了一种新型的低频宽禁带多带隙声子晶体结构,利用有限元法计算了禁带频率、传输损耗和位移矢量。随后,利用带隙边界特征模态的位移矢量场分析了带隙的形成机理,最后详细研究和讨论了几何参数和材料参数对带隙的影响,得出结论如下:

(1)新的多带隙声子晶体具有较宽的低频带隙,并且在低频范围内有很多带隙,增加了带隙的数量和宽度。在x方向和y方向没有波形转换,因此本征频率曲线为直线,产生大量的平直带隙,在3000Hz以下频率,带隙覆盖率大于95%。

(2)局域共振带隙的边界频率只受相应振动系统参数的影响,耦合系数较小,且易于调整。为了增加局域共振带隙的宽度,大质量振子的质量应该增加,轻质量振子的质量应该减少。

3.3.5 带隙率的定义和计算

目前,声超结构的带隙在中低频还不能覆盖较大的频率范围,不能满足大范围频率下的隔振要求。下面用带隙率表示声学超材料结构在一定范围内的隔振频率覆盖能力,带隙率的定义为

$$p = \frac{\sum\limits_{i=1}^{n} f_i}{F_{co} - F_{st}} \tag{3-21}$$

式中：F_{co} 为参考频率的截止频率；F_{st} 为参考频率的起始频率；f_i 为第 i 条带隙的带隙宽度。

下面通过改变柱体的密度 ρ_p 来研究 XY 模式的带隙，表 3.5 所列为不同面密度的带隙率，由不同面密度所得的本征频率曲线如图 3.15 所示。根据不同表面密度的带隙，可以看出前三阶本征频率随密度的增大而增大，而其他本征频率不变。即起始带隙随表面密度的增大而减小，第一阶带隙宽度减小，其他带隙频率随密度的增大而增大，但起始频率不变。由于局域共振带隙对振子的质量很敏感，而振子的质量不会影响布拉格散射的带隙。该规则验证了上述第一个带隙是局域共振带隙，而其他带隙是布拉格散射带隙。我们用参考频率 0～3000Hz 计算带隙速率，结果如表 3.5 所列。

表 3.5　不同面密度的带隙率

密度/(kg/m³)	116000	92800	46400	11600	6000
带隙率	97.2%	96.9%	92.4%	87.3%	82.3%

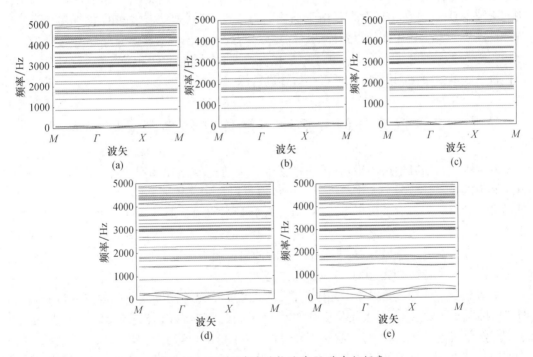

图 3.15　不同面密度结构的前 50 阶本征频率

（a）$\rho=116000\text{kg/m}^3$；（b）$\rho=92800\text{kg/m}^3$；（c）$\rho=46400\text{kg/m}^3$；（d）$\rho=11600\text{kg/m}^3$；（e）$\rho=6000\text{kg/m}^3$。

通过对带隙边界频率特征位移矢量的研究，分析了带隙的形成机理，并对几何参数和材料参数对带隙的影响进行了详细的研究和讨论，得出以下结论：

（1）新型多带隙声子晶体在低频段具有很宽的带隙，XY 模式的第一个带隙从 96Hz 到 1407Hz，这在实际中有着非常重要的应用意义，本征频率曲线中有许多的平直带，增加了带隙的数量。由于在 X 向和 Y 向没有波形转换，本征频率曲线是一条直线，产生了大量的平直带隙,增加了总的带隙宽度。

（2）局域共振带隙边界频率只受相应振动子系统参数的影响。耦合系数较小,并且易于调整。为了增加局域共振带隙的宽度,应该增加大质量振子的质量并且减小轻质量振子的质量。

（3）带隙率可以表示带隙的频率覆盖范围。文中定义了带隙率的计算公式,并计算了不同面密度的带隙率,带隙率越大,表示结构的带隙越大。

上述提及了两种新型的低频宽带多带隙声子晶体,并用有限元法计算了带隙频率、传输损耗和位移矢量。随后,通过对带隙边界频率特征位移矢量的研究,分析了带隙的形成机理,并对几何参数和材料参数对带隙的影响进行了详细的研究和讨论,多带隙声子晶体具有很宽的带隙,这些带隙中既有布拉格散射带隙,又有局域共振带隙,不同于两种机制在同一带隙中,多带隙声子晶体结构的同一带隙均是同一机制;定义了用来描述多带隙范围的带隙率公式: $p = \dfrac{\sum\limits_{i=1}^{n} f_i}{F_{co} - F_{st}}$,在参考频率范围内,用不同带隙的总频率与参考频率的比值来表示带隙的频率覆盖能力大小。计算了不同面密度的带隙率,带隙率越大,说明结构的带隙就越宽;多带隙的存在是由于结构的不连续,使得弹性波之间的耦合减少,结构与弹性波不能发生作用而使得弹性波以固定频率存在,在色散曲线上表现为一条平直线。这种弱耦合关系打开了 6 阶本征频率之后的很多带隙,增大了总带隙宽度。多带隙声子晶体打开了高阶带隙,其中的机理将在后续进行深入研究。

3.4　二维低频局域共振声子晶体结构带隙及隔声特性

低频噪声由于其通透力很强,传播过程中能量消耗少,难以用常规方法消除。因此,低频噪声的控制已成为一大难题。很多学者通过对声子晶体原胞结构的设计,获得了较低的带隙频率。但是对于声子晶体隔声机理的研究,目前还是主要集中在 Bragg 散射机理和局域共振机理这两者之上,对于一些新机理、新技术与这两种机理相结合在隔声应用方面的研究相对较少。另外,对于多振子原胞的研究还有待进一步深入,同时对称性作为声子晶体的一个特性,也引起了诸多学者的关注。

本节提出一种局域共振声子晶体结构,其在 200Hz 以下的低频范围内能够打开超过41.7%的完全带隙,结合有限元分析软件 COMSOL,通过对特殊点振动模态的分析,揭示了带隙产生机理;对结构进行了简化等效,推导出了带隙估算公式,并确定了带隙的关键影响因素。将气体泵动阻尼技术引入该局域共振结构当中,研究了该技术对结构隔声量的影响。同时,为进一步丰富振动模态、增加振子谐振频率,本节研究了多振子结构以及非对称结构的带隙特性及隔声特性。

3.4.1　原胞结构及带隙计算方法

图 3.16(a)所示为局域共振型正方晶格声子晶体原胞结构,该结构由 A、B、C、D 四部分构成。其中,A 为环氧树脂基体,B 为矩形孔(文中没有特别说明时可将其理想化为真空),C为硅橡胶连接体,D 为铅散射体。晶格常数为 a;环氧树脂基体框的内边长为 b,厚度为 f;铅

散射体边长为 c；矩形孔的长宽分别为 d 和 e。4 个矩形孔及 4 个连接体保持完全一致，整个原胞结构严格对称。原胞结构的结构参数及材料参数如表 3.6、表 3.7 所列。

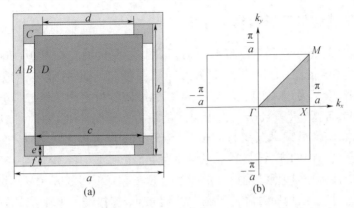

图 3.16　局域共振声子晶体结构

(a)原胞结构；(b)不可约布里渊区(阴影部分)。

表 3.6　结构参数

a/mm	b/mm	c/mm	d/mm	e/mm	f/mm
20	18	16	14	1	1

表 3.7　材料参数

	材料	密度 $\rho/(\mathrm{kg \cdot m^{-3}})$	弹性模量 $E/10^{10}\mathrm{Pa}$	泊松比
A	环氧树脂	1180	0.435	0.37
C	铅	11600	4.08	0.369
D	硅橡胶	1300	1.175×10^{-5}	0.469
E	铝	2730	7.76	0.352

采用有限元法求解二维无限周期结构带隙特性，二维波动方程如下：

$$\sum_{j=1}^{2} \frac{\partial}{\partial x_j}\left(\sum_{t=1}^{2}\sum_{k=1}^{2} c_{ijkt}\frac{\partial^2 u_i}{\partial t^2} \right) = \rho \frac{\partial^2 u_i}{\partial t^2} \quad (i=1,2) \tag{3-22}$$

式中：ρ 为质量密度；u_i 为位移；t 为时间；c_{ijkt} 为弹性系数；$x_j(j=1,2)$ 为坐标变量 x，y。

由于此结构在 x，y 方向同时具有周期性，根据布洛赫定理，可将位移方程表示为

$$\boldsymbol{u}(r) = \mathrm{e}^{\mathrm{i}(\boldsymbol{k}\cdot r)}\boldsymbol{u}_k(r) \tag{3-23}$$

式中：$\boldsymbol{k}=(k_x,k_y)$ 表示波矢，令其沿不可约布里渊区(如图 3.16(b)阴影部分)边界 $M-\Gamma-X-M$ 扫描，进而计算得到能带结构；$\boldsymbol{u}_k(r)$ 为周期矢量函数。

由于结构的周期性，能带结构的计算可以通过对原胞的计算得到，原胞的本征方程为

$$(\boldsymbol{K} - \omega^2\boldsymbol{M})\boldsymbol{U} = 0 \tag{3-24}$$

式中：$\boldsymbol{U}$ 为位移矩阵；$\boldsymbol{K}$、$\boldsymbol{M}$ 分别为结构的等效刚度矩阵和等效质量矩阵。根据布洛赫定理，将周期性边界条件应用于原胞，式(3-23)可表示为

$$\boldsymbol{U}(r+a) = \mathrm{e}^{\mathrm{i}(\boldsymbol{k}\cdot \boldsymbol{a})}\boldsymbol{U}(r) \tag{3-25}$$

式中：r 为位置矢量；a 为周期结构的基矢。

借助于多物理场分析软件 COMSOL Multiphysics 5.0 求解式(3 – 24)、式(3 – 25),进而得到结构的能带图。

3.4.2 仿真结果及振动模态分析

图 3.17 为图 3.16(a)所示原胞结构的能带图。由图可知,在 100 ~ 700Hz 频率范围内,共存在两个完全带隙,分别是位于第二和第三能带之间的第一带隙,频率范围为116.6 ~ 154.7Hz,带宽为 38.1Hz;以及位于第三和第四能带之间的第二带隙,频率范围为154.7 ~ 645.8Hz,带宽为 491.1Hz。由于第三能带为一条平直线,因此可以将第一、二带隙当作同一带隙,该带隙频率范围为 116.6 ~ 645.8Hz,带宽为 529.2Hz。图 3.18 所示为散射体四角全连接结构的能带图,其带隙频率为 445.4 ~ 2124Hz,带宽为 1678.6Hz。相比于与全连接结构,四角连接型结构第一带隙下边界频率降低了 328.8Hz,同时相同体积的两种结构,四角连接型结构质量降低了 2.3%。虽然全连接结构的带隙较宽,但其带隙频率在 400Hz 以上,对低频降噪而言,实际应用价值较低;而四角连接结构则可以在 200Hz以下的低频范围内打开超过 41.7%的带隙,因此该结构在低频降噪领域应用前景更广。

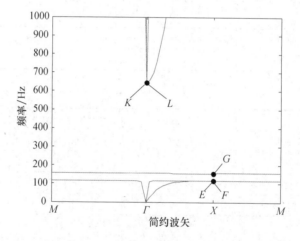

图 3.17　四角连接新型结构带隙图

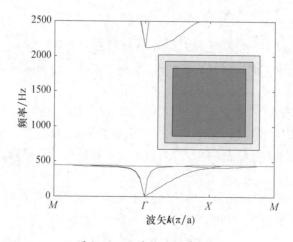

图 3.18　全连接结构带隙图

为全面反映结构带隙低频与宽频两个方面的特征,这里采用相对带隙宽度 $\Delta\varpi$ 表征,相对带隙宽度越大,表示该结构在低频与宽频两个方面具有越好的综合性能。具体计算公式为

$$\Delta\varpi = \frac{\varpi_2 - \varpi_1}{\varpi_g} \qquad (3-26)$$

式中: ϖ_1 为带隙起始频率; ϖ_2 为带隙截止频率; ϖ_g 为带隙中心频率。

计算得到两种不同局域共振结构的相对带隙宽度分别为 1.388 和 1.307,说明这里提出的四角连接型声子晶体在低频与宽频两个方面具有更好的综合带隙特性。

为了进一步说明带隙的形成机理,对带隙上下边界以及第三平直带上相应点的振动模态进行分析,如图 3.19 所示;图中红色箭头长度代表振动位移的大小,对应的箭头指向表示振动方向。

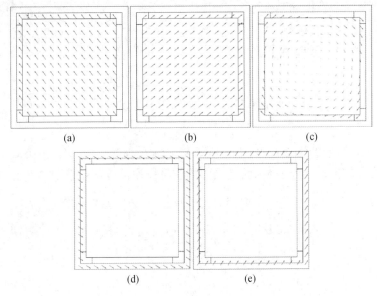

图 3.19　能带结构相应点的振动模态
(a)E 点;(b)F 点;(c)G 点;(d)K 点;(e)L 点。

在带隙下边界 E、F 点,如图 3.19(a)、(b)所示,振动主要集中在散射体上,分别表现为散射体在两个对角线方向斜向上的平移振动,而基体框的振动几乎为零。该振动模式下,振子对基体存在 x 和 y 方向的合力,在该合力的作用下,振子振动与基体中弹性波之间存在相互耦合作用,导致带隙的产生。在 Γ 点附近,由于频率极低,波长较长,弹性波在该周期结构中的传播与均匀介质中几乎一致,因此能带结构呈线性。当弹性波频率接近振子的谐振频率时,由于局域共振子的存在改变了原有的能带结构,并在其谐振频率处将其分割开,从而导致局域共振带隙的形成。同时,由于结构的对称性,E、F 两点的振动模式等效,因此导致了第一、二能带在远离 Γ 点处发生了合并,如图 3.18 所示。

在第三能带 G 点,如图 3.19(c)所示,振动主要表现为散射体的扭转振动,基体框几乎没有发生振动,该振动模式仅对基体产生扭矩作用,并没有 x 和 y 方向的合力存在,基体中传播的弹性波难以与该模式下振子的振动相耦合,因此该模式下的能带结构表现为

穿过其他带隙的一条平直通带。

在带隙上边界 K、L 点,如图 3.19(d)、(e)所示,振动主要集中在基体框上,分别表现为基体框在两个对角线方向上的平移振动,而散射体的振动很小。因此,该振动模式下,基体中传播的弹性波与振子振动的耦合程度很小,导致带隙的截止。

3.4.3 结构等效及带隙影响因素

由图 3.19 所示带隙上下边界的振动模态可知,对于四角连接型局域共振声子晶体结构,可以用"弹簧 – 质量"模型来估算带隙上下边界的频率。在带隙下边界,结构可简化为单个振子的振动,由于振动主要集中在散射体以及部分连接体上,因此散射体及发生振动的部分连接体可以当作质量块,而没有发生振动的部分连接体起到弹簧的作用;在带隙上边界,结构可等效为两个振子的相向振动,此时基体框、散射体以及部分连接体都存在不同程度的振动,这相当于质量块,而没有振动存在的部分连接体相当于弹簧。等效结构如图 3.20 所示。

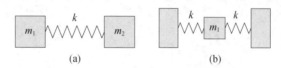

图 3.20　第一带隙上下边界等效模型
(a)上边界等效模型;(b)下边界等效模型。

根据图 3.20 所示的等效模型,振子质量 m 和弹簧刚度系数 k 可由下式近似给出,依据带隙上下边界的振动模态,将橡胶连接体的质量按比例分配给散射体和基体框。

$$\begin{cases} m_1 = m_{pb} + m_{rub}\dfrac{\alpha}{1+\alpha} \\ m_2 = m_{epo} + m_{rub}\dfrac{1}{1+\alpha} \\ \alpha = m_2/m_1 \end{cases} \tag{3-27}$$

式中:m_{pb} 为铅散射体的质量;m_{rub} 为橡胶连接体的质量;m_{epo} 为环氧树脂基体框的质量;α 为比例系数。

弹簧的有效刚度系数仅与橡胶连接体的尺寸及拉梅常数 λ_{rub} 和 μ_{rub} 有关。

$$k = (\lambda_{rub} + 2\mu_{rub})\left(\frac{b-d}{2e} + \frac{c-d}{2e}\right) \tag{3-28}$$

带隙起始频率为

$$f_{low} = \frac{1}{2\pi}\sqrt{\frac{k}{m_1}} \tag{3-29}$$

带隙截止频率为

$$f_{upp} = \frac{1}{2\pi}\sqrt{\frac{k(m_1+m_2)}{m_1 m_2}} \tag{3-30}$$

为了进一步说明结构参数对带隙的影响,分别改变矩形孔的大小、基体框的厚度以及散射体的边长,研究第一带隙的变化情况。并将"弹簧 – 质量"等效模型得到的带隙估算频率与有限元法(FEM)计算得到的带隙频率(采用 COMSOL 软件计算得到)相比较。由图 3.21 ~ 图 3.23 可知,采用 COMSOL 有限元软件计算得到的带隙结果与估算得到的带隙结果具有较好的一致性。

1. 矩形孔大小对带隙的影响

比较图 3.17 及图 3.18 可知,矩形孔的存在使第一带隙频率发生较大幅度的下降,因此有必要讨论矩形孔的大小对第一带隙的影响。保持其他结构参数不变,将矩形孔宽度 d 由 14mm 逐渐减小,高度 e 保持 1mm 不变。相应的带隙变化如图 3.21 所示。

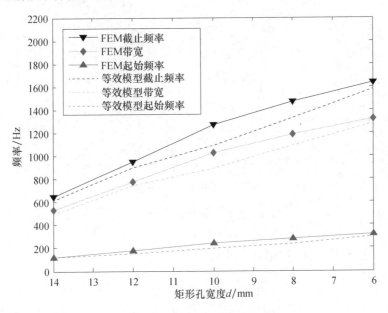

图 3.21　矩形孔宽度对带隙的影响

由图 3.21 可知,随着矩形孔宽度的减小,第一带隙起始、截止频率都上升,但起始频率上升幅度较小,截止频率上升幅度较大,从而导致带宽呈增大趋势。按照矩形孔的大小与第一带隙的变化趋势,进一步增加矩形孔的大小可能会获得更低的低频带隙,但是从实际应用角度考虑,矩形孔面积过大可能会导致原胞结构强度的降低,在振动时容易引起结构的破坏。

2. 基体框厚度对带隙的影响

由图 3.19 可知,不论是带隙下边界的平移振动,还是第三平直带的扭转振动,基体框几乎都不发生振动;但在带隙上边界处,振动却主要集中在基体框。因此,研究基体框的宽度对第一带隙的影响有着重要的意义。选择表 3.8 所列的结构参数作为初始值,保持散射体大小不变,逐渐减小基体框的宽度 f,第一带隙变化如图 3.22 所示。

表 3.8　初始结构参数

a/mm	b/mm	c/mm	d/mm	e/mm	f/mm
20	12	10	8	1	4

由图 3.22 可知,随着基体框宽度的减小,第一带隙起始、截止频率都有所降低。当 f 为 3mm 以上时,第一带隙起始、截止频率降低幅度较大,且截止频率降幅更大,导致带宽减小;当 f 减小到 3mm 以下时,第一带隙起始、截止频率降低幅度较为平缓,且二者降幅基本一致,因此带宽基本保持不变。

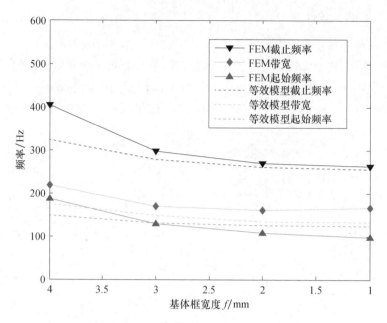

图 3.22　环氧树脂基体框宽度对带隙的影响(见彩图)

3.4.4　散射体大小对带隙的影响

由图 3.19(a)、(b)可知,在第一带隙下边界 E、F 点处,带隙的产生是由于基体中传播的弹性波与局域振子(散射体)振动相互耦合的结果,第一带隙的存在与否以及带隙的频率范围、带隙宽度都与该耦合作用的存在与否以及耦合强度有着直接的关系。因此,散射体的大小也必然对该耦合作用产生影响。保持基体框的宽度 f 为 1mm 不变,将散射体的边长 c 由 16mm 减小至 6mm,第一带隙变化如图 3.23 所示。

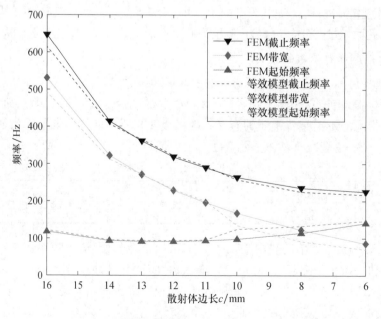

图 3.23　铅散射体块的大小对带隙的影响

由图 3.23 可知,随着散射体边长 c 的减小,第一带隙上边界频率逐渐降低,而第一带隙下边界频率先减小后增大。当 $c > 12\text{mm}$ 时,随着 c 的减小,下边界频率呈下降趋势;当 $c < 12\text{mm}$ 时,随着 c 的减小,下边界频率逐渐增大。带宽总体上表现为一直降低。

综上所述,通过改变矩形孔的大小、基体框的厚度以及散射体的边长等结构参数,结构的第一带隙频率范围都相应地发生了变化。因此,可以通过对这些结构参数的合理调整实现对带隙频率的调控,从而获得合适的带隙范围。

3.4.5 气体泵动阻尼技术隔声特性

在设备的振动平板表面,附加一块辅助板,使两板之间保持一层薄空气层,这种附加阻尼处理的方法称为气体泵动阻尼技术。因为空气层很薄,其较大的黏性损耗使振动能量得以损耗,从而降低振动板的振动和声辐射。也就是说,气体泵动阻尼技术是固体与空气流体振动耦合产生的阻尼[170]。在图 3.16(a)所示的局域共振声子晶体原胞结构中,在 B 部分中添加空气,可以看作在基体框与散射体之间引入了薄空气层,附加了空气阻尼,可以起到一定的隔声效果。

1. 不同材料组分时结构的隔声量

为研究空气薄层对结构隔声效果的影响,分别令 B 为真空、空气和橡胶,计算 3 种不同材料下结构的隔声量,结果如图 3.24 所示。

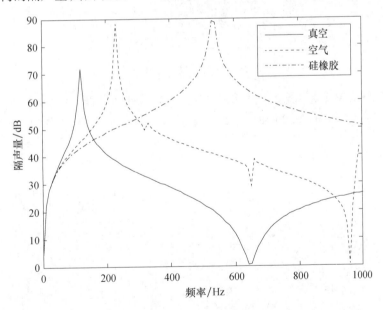

图 3.24 B 为真空、空气或橡胶时结构的隔声量

由图 3.24 可知,当 B 为薄空气层时,该结构在 $150 \sim 900\text{Hz}$ 频率范围内的隔声效果明显好于 B 为真空时的隔声效果,且在 $150 \sim 300\text{Hz}$ 频率范围内存在一个明显的隔声峰,这对于低频噪声的抑制提供了很大的帮助;当 B 为橡胶时,该结构在 300Hz 以上的频率范围内具有较好的隔声效果,但在低频段的隔声效果一般。综合考虑低频特性与隔声效果两个因素,当 B 为空气薄层时,该结构隔声效果最佳。

另外,当 B 部分的材料不同时,隔声峰的位置及结构整体隔声效果也不同。这是由于

B 为不同材料时,将结构等效为"弹簧-质量"结构以后,等效结构的等效刚度也不同,从而导致带隙位置的移动。当 B 为真空时,该部分等效刚度可认为是零;当 B 为薄空气层时,由于薄空气层的黏性阻尼作用,该部分充当一部分"弹簧"的作用,具有一定的等效刚度;当 B 为橡胶时,整个包覆层相当于"弹簧",该部分等效刚度最大。同时,在 3 种情况下,结构的等效质量基本保持不变,因此导致结构在不同情况下隔声峰位置及隔声效果的不同。

2. 薄空气层厚度对结构隔声量的影响

为进一步说明气体泵动阻尼技术的隔声机理,研究薄空气层厚度变化对隔声效果的影响。将图 3.16 中原胞结构的 B 区域分为两部分,如图 3.25 所示,其中靠近散射体部分为空气,厚度为 q;另一部分为硅橡胶,厚度为 $1-q$。结构其他参数保持不变,具体如表 3.6、表 3.7 所列。

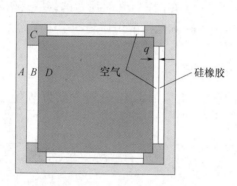

图 3.25　薄空气层厚度变化时结构示意图

图 3.26 所示为薄空气层厚度变化时结构的隔声量,当 B 部分的薄空气层厚度 q 分别为 1mm、0.75mm、0.5mm、0.25mm,且 B 中其余部分为橡胶时,随着 B 中的薄空气层厚度

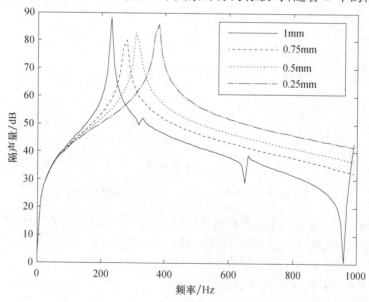

图 3.26　薄空气层厚度对隔声量的影响

递减,结构吸声峰的位置逐渐向高频方向移动,且在高频段的隔声效果增强。这是由于薄空气层中空气的流动会产生黏性损耗,从而形成阻尼,而且可以得出随着薄空气层厚度的减小,这种阻尼作用越明显,在高频段的隔声效果越好;同时可以看到,隔声峰逐渐向高频方向移动,这是由于当薄空气层厚度变小时,相应的橡胶层厚度变大,导致结构的等效刚度 k 增加,结合式(3 – 29)可知整个结构共振频率增加。

3.5　二维局域共振声子晶体特性研究

对于单振子结构而言,由于其只存在一个谐振频率,因此整个结构只能在一个频率附近产生较大的动态作用力,所以其带隙范围相对受限,而且隔声量曲线只存在一个隔声峰。因此,这里考虑采用多振子的方式实现对带隙的拓宽,由于多个振子之间存在相互作用,会使振动模态更加丰富,同时整个结构的等效质量和等效刚度也会改变,总体上使带隙宽度增加。另外,本节还研究了声子晶体原胞对称性对结构带隙及隔声量的影响。

3.5.1　多振子结构的带隙特性及隔声特性

对于图 3.16(a)所示的局域共振结构,其在 116.6 ~ 645.8Hz 频率范围内存在完全带隙。尽管其带隙频率较低,但该结构由于振子质量较大,造成结构整体质量较大,这在实际工程应用中还有一定的差距。另外,由于单个振子只存在一个谐振频率,其带隙范围相对受限,因此,本节提出多振子结构,一方面可以有效降低结构质量;另一方面,多振子结构可以丰富振动模态,从而实现对带隙的拓宽。

图 3.27(a)、(b)分别所示为 4 振子和 9 振子原胞结构示意图,本节中 4 振子结构的振子材料均为 D,结构参数和材料参数分别如表 3.9、表 3.10 所列。这里所研究的结构均是对称结构,且该对称结构的不可约布里渊区均是图 3.16(b)中的阴影部分。这里主要研究了 1 振子、2×2 振子及 3×3 振子这 3 种情形;而对于 4×4 以及其他多振子情形,由于振子过多导致单振子尺寸较小,无法较好地设计空气孔,而且从实际工程应用角度考虑,振子数目过多也不利于加工制造。

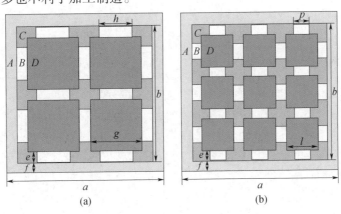

图 3.27　局域共振声子晶体原胞结构
(a)4 振子结构;(b)9 振子结构。

表 3.9　结构参数

a/mm	b/mm	c/mm	d/mm	e/mm	f/mm	g/mm	h/mm	l/mm	p/mm
20	18	16	14	1	1	7.5	5.5	4	2

表 3.10　材料参数

材料		密度 $\rho/(\text{kg} \cdot \text{m}^{-3})$	弹性模量 $E/10^{10}\,\text{Pa}$	泊松比
A	环氧树脂	1180	0.435	0.37
C	硅橡胶	1300	$1.175e-5$	0.469
D	铅	11600	4.08	0.369
D_1	铝	2730	7.76	0.352
D_2	钢	7780	21.06	0.3
D_3	铜	8950	16.46	0.34

图 3.28 所示为不同振子数目结构的带隙图。随着振子数目的增多,带隙起始频率小幅度上升,分别为 116.6Hz、181.1Hz 及 225.6Hz;带隙截止频率增加幅度较大,分别为 645.8Hz、917Hz 及 1055Hz;带隙宽度分别为 529.2Hz、735.9Hz 及 829.4Hz。可以看出,随着振子数目的增加,带隙宽度逐渐变大,但同时带隙内也存在多条平直带,且平直带数目随振子数目递增。这是由于带隙内的平直带对应的振子振动模态为扭转振动或反向的平移模态,这些模态使振子在 x 和 y 方向不存在合力,从而导致不能形成完全带隙。而振子的数目越多,对应的扭转振动模态也越多,同时多振子扭转振动模态的相互耦合也可能会导致部分频段的通带,如图 3.28(c)所示的 9 振子结构的带隙中,在 400Hz 频率附近存在一个通带。

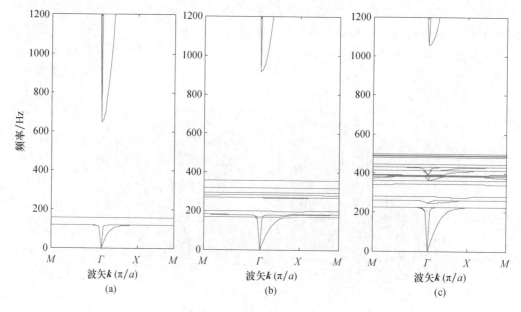

图 3.28　局域共振结构带隙图
(a)单振子结构;(b)4 振子结构;(c)9 振子结构。

图 3.29 所示为不同振子数目结构的隔声量,对于单振子结构而言,其在 100Hz 附近存在明显的隔声峰,其低频隔声效果较好,但其作用频率范围较窄,在 200Hz 以上的频率范围内隔声量较小;相比之下,对于 4 振子和 9 振子结构,其隔声量在 150～900Hz 频率范围内明显大于单振子结构,但其隔声量曲线的峰值频率都有所升高。

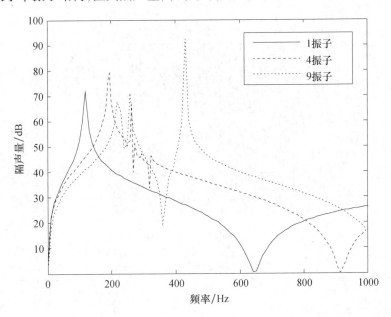

图 3.29　不同振子数目结构的隔声量

分析其原因,一方面振子数目的增加必然导致单个振子质量的降低,这会引起每个振子自身固有频率的增加,体现在隔声量曲线上就是峰值频率的升高;另一方面,振子数目的增多必然会导致振动模态更加丰富,各振子振动模态之间的相互耦合可能会带来积极的作用,使结构的整体隔声量增加,如 8 振子结构隔声曲线所示;同时,也可能存在消极的耦合作用,使完全带隙内出现部分频段的通带,如 9 振子结构隔声曲线所示,在 300～400Hz 频率段内存在隔声曲线的谷值,与带隙图能够很好地相对应。

综上考虑不同振子数目结构隔声曲线的隔声峰频率及隔声量大小,4 振子结构不仅在 200Hz 左右的较低频率范围内存在明显的隔声峰,而且其在 180～800Hz 频率范围内的隔声量优于单振子结构;9 振子结构隔声峰频率偏高,且在 380Hz 频率附近存在明显的隔声谷。因此,本章后续部分以 4 振子结构为基本结构开展研究。

3.5.2　非对称结构的带隙特性及隔声特性

上面研究的局域共振声子晶体原胞结构都是具有高度对称性的,然而作为声子晶体的一个特性,原胞结构对称性的改变也会影响整个结构的带隙特性及隔声量。改变结构的对称性可以通过两种方式:一是改变原结构振子的大小,从而使结构非对称;二是改变振子的材料打破原结构的对称性。这两种方式均可以使结构的 4 个振子具有不同的共振频率,从而在隔声曲线中体现出不同频率的隔声峰。下面研究几何非对称结构的带隙及隔声特性。

在图 3.27(a) 所示 4 振子结构的基础上,分别改变 4 个振子的几何大小,从而打破原结构的对称性。图 3.30 为几何非对称结构示意图,其中各部分材料保持不变,振子材料均为铅,材料参数见表3.10。4个正方形振子的边长分别为8mm、7mm、6mm、5mm,晶格尺寸以及环氧树脂基体框尺寸均与前面4振子结构保持一致。各矩形孔尺寸如表3.11所列。由于结构对称性改变,计算带隙时需要对整个第一布里渊区边界 $M - \Gamma - X - M - Y - \Gamma$ 进行扫描。

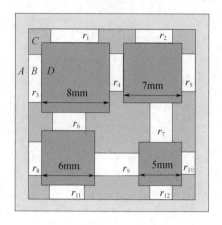

图3.30　几何非对称结构原胞结构

表3.11　各矩形孔几何参数

参数	r_1	r_2	r_3	r_4	r_5	r_6	r_7	r_8	r_9	r_{10}	r_{11}	r_{12}
长/mm	6	5	6	5	5	4	4	4	5	3	4	3
宽/mm	1	1	1	1	1	2	3	1	3	1	1	1

图3.31所示为几何非对称结构带隙图,可以看出,在187.1~866.2Hz频率范围内存在多条平直带,这是由于各振子在不同频率处存在的扭转振动模态以及相互之间存在的耦合作用,这种扭转振动模态及耦合作用导致不能打开完全带隙,在带隙中体现为平直带。

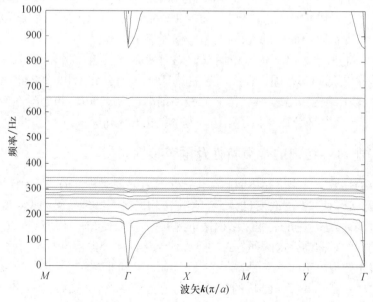

图3.31　几何非对称结构带隙

图 3.32 所示为几何非对称结构的隔声量,由图可知,在 231 ~ 1000Hz 的频率范围内,几何非对称结构相比对称结构,隔声量明显增加。在 261Hz、276Hz、341Hz 存在明显的隔声峰,这是由不同振子固有频率不同而引起的。

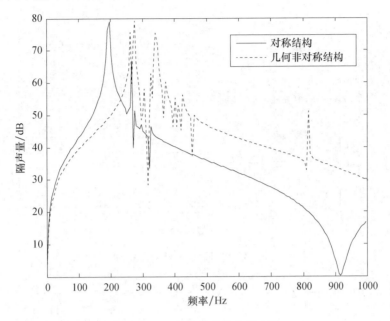

图 3.32　几何非对称结构隔声量

同时可以看到,在 231 ~ 500Hz 频率段内隔声曲线波动较大,这是由于不同振子振动之间存在复杂的耦合作用;隔声量的大小直接取决于基体中传播的弹性波与振子能否产生局域共振作用,以及这种作用的强弱。尽管几何非对称结构在低频段牺牲了一定的隔声效果,但相比于对称结构,其在 231 ~ 1000Hz 频率范围内的隔声效果明显增加;同时,由于振子大小变化,相同体积的两种结构,几何非对称结构的质量仅为对称结构的 76%。

3.5.3　材料非对称结构的带隙及隔声特性

以图 3.27(a) 所示 4 振子结构为例,通过改变 4 个振子的材料组分,从而打破结构的对称性,材料参数如表 3.10 所列。同样,由于结构对称性改变,计算带隙时需要对整个第一布里渊区边界 $M - \Gamma - X - M - Y - \Gamma$ 进行扫描。

图 3.33 所示为 4 振子材料非对称结构的带隙图,该结构在 214.8 ~ 942.5Hz 的频率范围内存在多个平直带,这是由于改变振子的材料组分导致振子谐振频率发生变化,不同振子之间相互耦合,导致出现多种扭转共振模态,在带隙图中表现为多条平直带。

图 3.34 所示为 4 振子结构的隔声量曲线,可以看出对称结构与材料非对称结构的隔声量整体上变化趋势较为一致,但由于材料非对称结构谐振频率的增多,导致隔声量曲线在 400 ~ 600Hz 频率段内有 3 个明显的隔声峰,这是由于各振子固有频率不同,从而在隔声量曲线中体现出不同频率处的隔声峰。在这些局部隔声峰频率处,非对称结构具有较好的隔声量。同时,由于改变了材料组分,相同体积的两种结构,非对称结构的质量仅为对称结构的 66.9%。

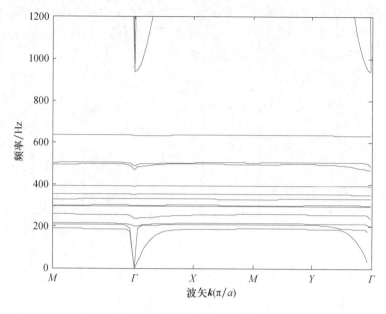

图 3.33　材料非对称结构带隙图

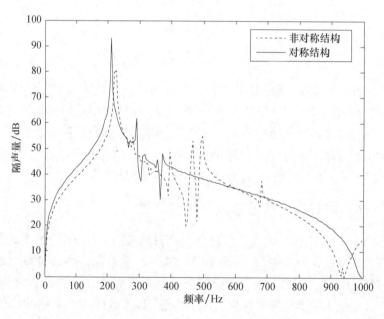

图 3.34　4 振子结构的隔声量

　　由图 3.31 可知,通过改变振子材料打破结构的对称性,一方面可以增加振子的谐振频率,改善某些频率处的隔声效果,但同时也可能导致部分频率处隔声效果变差,这是由于 4 个振子谐振频率不同,结构存在 4 个不同频率的隔声峰,因此必然存在相应的隔声谷。可以通过对 4 个振子材料的合理搭配,控制相应的峰值频率。另一方面,非对称结构的隔声量在没有下降较多的情况下,结构质量大幅下降,这也是非对称结构的另一个优点。

　　本节首先提出了一种新型局域共振声子晶体结构,结合有限元方法计算获得了该结构的带隙,并分析了带隙产生机理;将该结构等效为"弹簧 – 质量"模型,并推导出带隙估算公式;同时研究了结构参数对带隙的影响,通过选择适当的结构参数,可以实现对带隙频率的调控。结果表明,与全连接结构相比,文章提出的新型局域共振结构在 200Hz 以下的低频范围内能够打开超过 41.7% 的带隙,而且降低了结构质量,同时采用 COMSOL 软件计算得到的带隙与估算得到的带隙具有较好的一致性。

在此基础上将局域共振机理与气体泵动阻尼技术相结合,研究了该新技术对结构带隙及隔声量的影响;分析了多振子以及对称性对结构带隙及隔声量的影响。结果表明,气体泵动阻尼技术的引入可以有效提升结构的隔声量;多振子结构在拓宽带隙的同时可以有效改善隔声效果,其中 4 振子结构隔声效果最佳;通过改变振子材料以及振子大小打破结构的对称性,可以增加振子的谐振频率,改善某些频率处的隔声效果,同时其质量明显降低。

3.6　二维局域共振声子晶体复合结构带隙及隔声特性

3.6.1　引言

低频宽带是声子晶体的一个重要研究热点,也是难点,也是制约其实际工程应用的重要因素之一,因此解决声子晶体低频宽带的问题具有很好的理论及实际应用意义,许多研究者也在获得低频带隙及带隙拓宽方面做了大量的研究。分析诸多学者的研究成果,都通过不同结构、不同方法得到了完全带隙,但从工程实际应用角度考虑,"低频宽带"这个特点并没有能够很好地予以解决。对于某种特定的局域共振声子晶体结构而言,其带隙的低频特性与宽频特性往往是不能共存的。因此可以考虑设计两种乃至两种以上不同类型局域共振声子晶体,使其分别在不同频率段内体现出较好的隔声效果,通过一定的方式将其结合到一起,进而达到"低频宽带"的要求。

下面在前面提出的 4 振子结构的基础上,首先结合超原胞法研究了无限周期复合结构的带隙及隔声特性,也可认为是声子晶体结构的缺陷态研究,包括多点缺陷和多方向线缺陷两部分;另外,研究了有限周期复合结构的隔声特性,讨论了复合方式以及其他因素对结构隔声效果的影响。

3.6.2　无限周期复合结构的带隙特性及隔声特性

本节主要采用超原胞法研究无限周期复合结构的带隙及隔声特性,即缺陷态研究。缺陷是指声子晶体理想周期结构的破坏。缺陷作为声子晶体的一个重要特征,由于其会在带隙内产生缺陷态而被诸多学者所关注[170-173]。He 等研究了引入点缺陷后带隙的变化以及点缺陷位置的改变对局域模态的影响[174]。Zhao 等研究了多点缺陷局域模的分离特性,得出局域模的分离程度与多点缺陷所围成腔的形状、封闭程度及边缘构造有关[175]。Pennec 等通过去除或者改变完美超原胞一行原胞的尺寸形成线缺陷,发现线缺陷可作为波导将声波局域在缺陷处[176]。Li 等通过改变完美超原胞中某一个或某一行原胞的材料来引入缺陷[177]。结果表明,缺陷带的位置以及数量可以通过改变材料参数而得到调控。Wu 等研究了通过旋转正方体柱散射体而引入的线缺陷,也实现了对声波的局域作用[178]。本节主要研究了多点缺陷以及不同类型线缺陷的能带结构、隔声特性，以及缺陷带、局域模态和波导特性。研究结果为声子晶体的实际工程应用提供了一定的理论参考。

缺陷按其维数可以分为点缺陷、线缺陷和面缺陷 3 种。当声子晶体中存在缺陷时，其带隙内将产生缺陷态，而且带隙内的弹性波会被局域在缺陷处或者沿缺陷传播。

为研究多点缺陷和多方向线缺陷对能带结构以及隔声曲线的影响，将有限元法与超原胞技术相结合，在图 3.35 所示的由单振子结构组成的 5×5 完美超原胞中，将部分单振子结构替换为 4 振子结构，从而构成多点缺陷和多方向线缺陷。

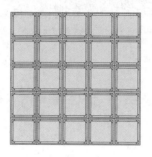

图 3.35　5×5 完美超原胞结构

3.6.3　多点复合结构的带隙特性

分别将图 3.35 所示的完美超原胞中的中间单振子结构、第 2 行第 3 列及第 4 行第 3 列单振子结构、第 2 行第 3 列及第 4 行第 2 列和第 4 行第 4 列单振子结构替换为 4 振子结构，即可构成具有单点缺陷、两点缺陷及三点缺陷的超原胞结构。其中 4 振子结构的结构参数及材料参数如表 3.9、表 3.10 所列，本节中 4 振子结构为对称结构，且散射体的材料组分均为 D。

图 3.36 所示为完美超原胞结构以及具有点缺陷的超原胞结构的能带图，由图 3.36(a) 及 (b) 可见，引入点缺陷以后，超原胞结构的带隙频率范围基本没有发生变化，但在 300～500Hz 频率范围内出现多条平直带，而且在 200Hz 频率附近的平直带数目也大大增加，表明具有点缺陷的超原胞结构在这些频率处存在多种缺陷局域模态。由于缺陷的存在，扭转波的传播被局域在缺陷处，而扭转波不能与结构产生耦合振动，因此扭转波可以穿过结构，从而在带隙图中呈现为平直带。而且随着引入点缺陷数目的增多，200Hz 频率附近的平直带明显变多，说明点缺陷数目的增加使超原胞结构缺陷模态更加丰富。

3.6.4　多点复合结构的隔声特性

图 3.37 所示为引入点缺陷后各超原胞结构的隔声曲线。可见，隔声曲线在 200Hz 频率附近出现较为明显的下降，与带隙图中该频率处平直带较集中相吻合，这是由于该频率附近存在较多缺陷局域模态的缘故。从整体隔声效果来看，在 200～700Hz 频率范围内，具有点缺陷的结构隔声效果好于完美超原胞结构，且随着点缺陷数目的增多，超原胞结构的隔声量小幅增加，同时超原胞结构的带隙截止频率也小幅增大。

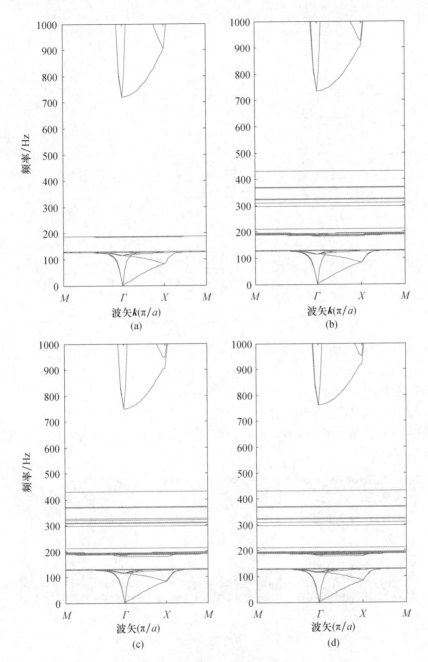

图 3.36　超原胞结构能带图

(a)完美超原胞;(b)单点缺陷;(c)两点缺陷;(d)三点缺陷。

同时,在隔声量图中,具有缺陷的超原胞结构相比于完美超原胞结构出现较多的"毛尖",这些"毛尖"对应于缺陷超原胞结构带隙图中的平直带。由于平直带的存在是由于难以耦合衰减的扭转波,因此在隔声曲线中会存在部分频率处的隔声衰减;在其他频率处,声波也会在缺陷处产生反射,反射波与入射波的叠加也会导致隔声曲线上存在不同程度的衰减。

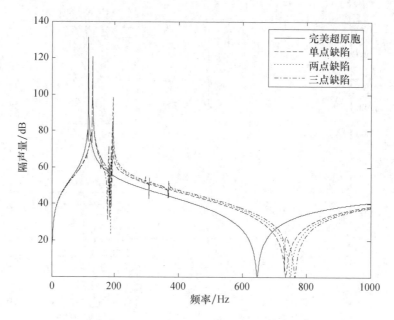

图 3.37　不同类型点缺陷超原胞隔声曲线

　　因此,在超原胞结构中引入 4 振子结构构成点缺陷,在低频隔声峰变化不大的前提下,尽管部分频率处出现了局部下降,但结构整体隔声效果有了一定的提升,同时由于 4 振子结构质量降低,从而导致整个结构质量也有一定的减小。

　　图 3.38 所示为具有点缺陷的超原胞结构在一定频率处的振动模态,可见在这些频率处,声波被局域在缺陷处而无法继续传播。因此,点缺陷可作为声滤波器等声功能器件实现对声波的集中。

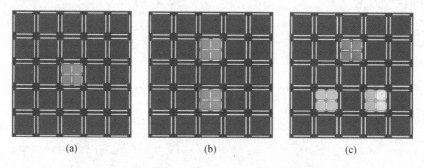

图 3.38　不同点缺陷振动模态
(a)211.48Hz;(b)211.99Hz;(c)211.66Hz。

3.6.5　多方向复合结构的带隙特性

　　分别将图 3.35 所示的完美超原胞中的第三行、第三列以及副对角线的单振子结构替换为图 3.27(a)所示的 4 振子结构,就可以构成具有横向线缺陷、纵向线缺陷、对角线缺陷的超原胞结构,其中 4 振子结构的结构参数及材料参数如表 3.9、表 3.10 所列,本节中 4 振子结构为对称结构,且散射体的材料组分均为 D。同时将完美超原胞中的第三行和第三列的基本结构替换为 4 振子结构,就可以构成具有横向和纵向复合线缺陷的超原胞结构。

  图 3.39(a)所示为完美超原胞能带结构,与单个原胞结构计算得到的带隙一致性较好,说明了有限元法结合超原胞技术的正确性。图 3.39(b)所示为横向线缺陷超原胞能带结构,与完美超原胞相比,该带隙在 200～500Hz 频率范围内存在多条缺陷带,表明声波在带隙内存在多种缺陷局域模态;特别是在 200Hz 及 300Hz 附近缺陷带相对较集中,形成了较明显的两个局部波导。图 3.39(c)所示为纵向线缺陷超原胞能带结构,带隙范围内同样存在多条缺陷带,与横向线缺陷相比,200Hz 频率附近的缺陷带数量有所减少,但波导变宽。图 3.39(d)为对角线缺陷超原胞能带结构,与纵向线缺陷能带结构基本保持一致,只是 200Hz 频率附近的波导变窄。

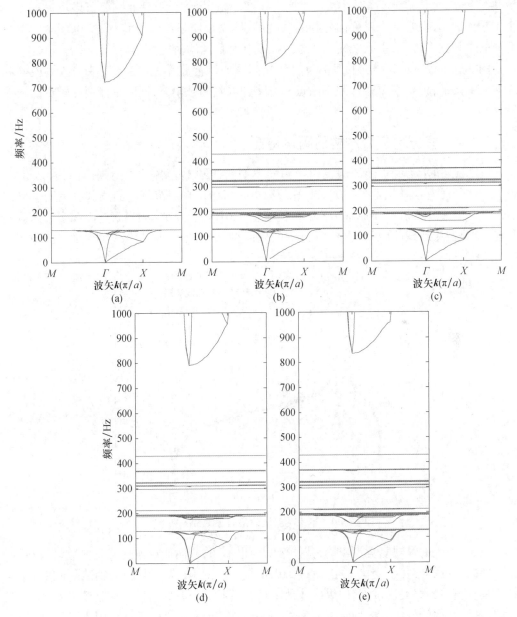

图 3.39 超原胞结构能带图

(a)完美超原胞;(b)横向线缺陷;(c)纵向线缺陷;(d)对角线缺陷;(e)横向和纵向复合线缺陷。

比较横向和纵向线缺陷的能带结构,可以得出两种线缺陷对能带结构的影响。

对于横向线缺陷,在声波透射 $\Gamma - X$ 方向,由于超原胞的第三行全部为 4 振子结构,4 振子结构在其缺陷带频率附近具有较强的声波局域化能力,同时多个 4 振子结构之间也存在多种局域共振模态,上述原因导致具有横向线缺陷的超原胞在 200Hz 及 300Hz 频率附近产生多种缺陷局域模态。而对于纵向线缺陷,在声波透射 $\Gamma - X$ 方向,单个超原胞的每行中仅中间存在一个 4 振子结构,单个 4 振子结构局域共振模态较少,因此在 200Hz 频率附近缺陷带明显减少;同时在 $\Gamma - X$ 方向存在一个较宽的波导,这是因为在纵向线缺陷情况下,单个超原胞各行振动模态具有较高的对称性,从而在该方向上产生了较低频的局域共振模态,形成局部波导。同时,对比对角线缺陷,尽管单个超原胞每行中也只存在一个 4 振子结构,但其缺失对称性,因此其并没有体现出明显的波导特征,这也证明了上述解释的合理性。因此,引入线缺陷的方向性及其对称性均对能带结构产生影响。

图 3.39(e)所示为横向和纵向复合线缺陷超原胞能带结构,复合线缺陷兼具横向和纵向线缺陷的特点,在 200Hz 频率附近具有多种缺陷局域模态,同时也体现出较宽的波导特征。

3.6.6　多方向复合结构的隔声特性

图 3.40 所示为完美超原胞及引入不同类型的线缺陷后各结构的隔声曲线,图 3.41 (a)、(b)分别为隔声曲线在 110 ~ 210Hz 及 600 ~ 900Hz 频率范围内的局部放大图。可以看出,引入线缺陷以后,超原胞结构隔声曲线在 200Hz 及 300Hz 频率附近出现多个声波局域态,这是因为线缺陷起到波导的作用,声波在这些频率处被局域化,只能沿线缺陷传播。

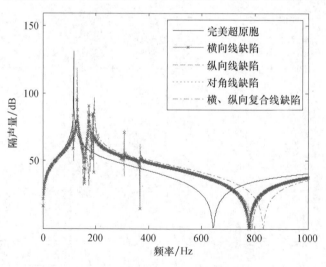

图 3.40　不同类型线缺陷超原胞隔声曲线

总之,引入的线缺陷类型不同,其能带结构也不同,从而使声波局域态的数量、位置以及波导的宽度都会发生变化。在 110 ~ 210Hz 频率范围内,横向线缺陷相比纵向和对角线缺陷具有更多的声波局域态,但纵向线缺陷具有更明显的波导特性。从整体上看,引入线缺陷以后,结构的隔声效果均有了一定的提高。在 120 ~ 720Hz 频率范围内,线缺陷结构的隔声效果明显优于完美超原胞结构,且复合线缺陷的隔声效果最好。

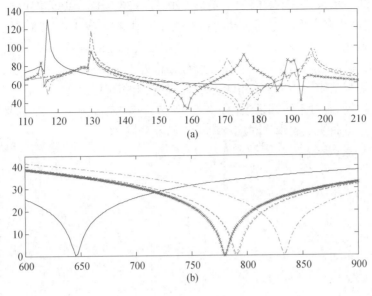

图 3.41 超原胞隔声曲线局部放大图

(a)110~210Hz;(b)600~900Hz。

为进一步说明不同形式线缺陷的波导特性,分别在线缺陷能带结构图中选取特定点分析其振动模态,如图 3.42 所示为各种线缺陷超原胞结构在相应频率处的振动模态。

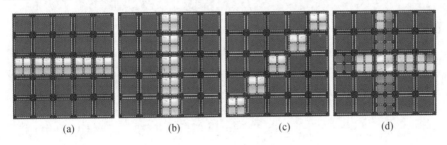

图 3.42 不同类型线缺陷振动模态

(a)192.26Hz;(b)194.96Hz;(c)195.17Hz;(d)193.9Hz。

由图 3.42 可知,在隔声曲线中的谷值频率附近,位移主要集中在缺陷处,表明声波主要沿缺陷传播,因此线缺陷的引入可作为声波的波导,从而实现对声波传播的控制。

3.6.7 有限周期复合结构的隔声特性

上面研究了无限周期复合结构的带隙及隔声特性,但是对于实际工程应用而言,无限周期是难以实现的,因此本节考虑了结构的厚度,研究有限周期复合结构的隔声特性。本节仍然以图 3.27(a)所示的 4 振子结构为例,其中结构参数及材料参数如表 3.9、表 3.10 所列。

1. 具有不同带隙频率结构的带隙及隔声特性

本节以 4 振子结构为基础,通过改变振子材料为钢和铝,分别得到具有两种不同带隙频率的局域共振声子晶体结构,使其分别体现出相对较低和相对较高的带隙频率范围。

如图 3.43 所示,对于钢振子结构,其在 220.7 ~ 926.4Hz 频率范围内存在完全带隙,完全带隙中间由于多个振子之间振动的相互耦合作用,在频率 300 ~ 400Hz 之间存在多条平直带,尤其是在 330Hz 频率处,平直带较为集中,从而在隔声量曲线上表现为在 330Hz 附近频率处的局部衰减,这是由于在平直带处结构处于扭转振动模态,没有 x 和 y 方向的合力,因而不能与基体中传播的波相互耦合,同理在 400Hz 以及 430Hz 频率处都表现出了类似的局部衰减。而对于铝振子结构,其在 368.6 ~ 977.3Hz 频率范围内同样存在多条平直带,且在隔声量曲线上表现出对应频率处的局部衰减。

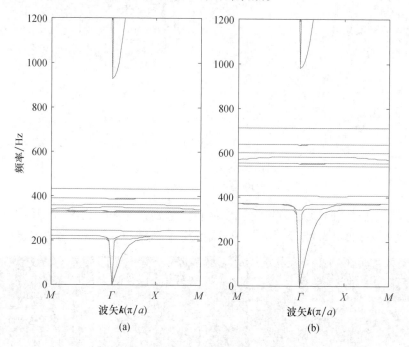

图 3.43 4 振子对称结构带隙
(a)钢振子结构带隙;(b)铝振子结构带隙。

图 3.44 所示为两层 4 振子结构的隔声量,由图可知,两种结构分别在 300 ~ 500Hz、600 ~ 800Hz 频率范围内表现出了较好的隔声峰,虽然在这些频率段内存在局部频率处的衰减,但总体隔声效果还是优于另一种结构的。因此,可通过结构复合的方式将两者的优势相结合,最终实现低频隔声与高频隔声相结合,从而拓宽隔声频率范围。

尽管带隙特性是基于无限周期提出的,但对于有限周期结构,其在带隙频段内也会对声波起到明显的抑制作用,从图 3.43 及图 3.44 就可以看出,隔声峰的频率范围与带隙较为吻合,因此这种两种结构复合的设想是可以实现的。

同时,由图 3.44 可以注意到对于钢振子结构、铝振子结构,其隔声量曲线分别在 500Hz、900Hz 频率附近存在局部衰减,而对应的带隙中并没有平直带存在,这与该频率处声波入射后结构的应力分布有关。

图 3.45 为钢振子结构和铝振子结构分别在 511Hz 及 876Hz 处的应力分布图,可见在该频率处,结构散射体的振动模态为扭转振动,该振动模态无法与入射声波发生局域共振作用,因此声波能量不能被局域,导致了隔声量曲线上的局部衰减。

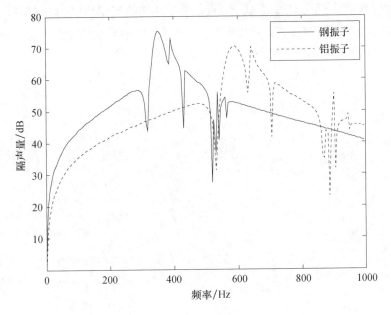

图 3.44　4 振子对称结构隔声量

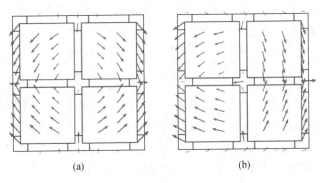

(a)　　　　　　　　　　(b)

图 3.45　4 振子结构应力分布图

(a)511Hz；(b)876Hz。

2. 复合结构隔声量的影响因素

为了拓宽结构的隔声范围,并期望解决隔声量曲线中存在的局部衰减的问题,本节以钢振子结构和铝振子结构为例,研究二者复合以后结构的隔声效果,具体做法是:由钢振子结构产生较低频率的带隙,同时由铝振子结构产生较高频率的带隙。考虑到两种结构之间可能还存在着相互作用,因此二者的复合还不仅仅是简单的叠加,复合方式的改变也会对复合结构的隔声量产生较大的影响。为使研究对比科学合理,同时结构尺寸不至于过大。下面以两层结构为例研究复合方式、薄空气层厚度及低频结构对复合结构隔声量的影响。

1) 复合方式对隔声量的影响

采用两种复合方式研究结构隔声量的变化:第一种是钢振子结构和铝振子结构的直接复合,二者分别在相对较低频段、较高频段具有更好的隔声效果;第二种复合方式是在第一种方式的基础上,在二者中间插入 1mm 厚度的薄空气层,从而减小两种结构的相互作用。为使复合结构隔声效果更具说服力,下面以 2 层钢振子结构作对比,从而能更好地体现出复合结构的特点,图 3.46 所示为复合结构的隔声量。

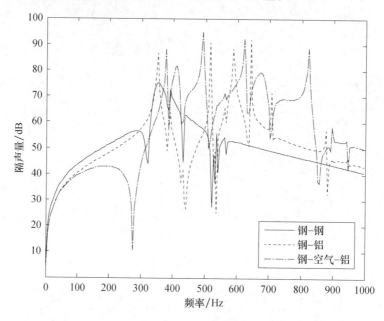

图 3.46　复合方式对隔声量的影响

　由图 3.46 可以看出,对于第一种直接复合的方式,其在 300 ~ 900Hz 频率范围内出现多个隔声峰,相比于 2 层钢振子结构,其在 500 ~ 1000Hz 频率段内的隔声量明显较好,隔声效果在整体上也体现出了低频隔声与高频隔声相结合的特点,在一定程度上也实现了拓宽隔声范围的预期效果,同时复合结构的质量也有一定程度的降低;但由于两种结构的带隙在 400Hz 频率附近都存在平直带,两种结构相互作用,同时考虑到两种结构振动模态的相互耦合作用,导致复合结构隔声量在 400 ~ 500Hz 频率段内出现了较大幅度的衰减。

　而对于第二种复合方式,空气层的引入在一定程度上的确改善了结构的隔声量,尤其是在 400 ~ 500Hz 频率范围内,隔声量的局部衰减明显改善。同时,在 600 ~ 800Hz 频率段内,结构隔声量明显增加,基本与单层铝振子结构的隔声量一致,在图 4.44 中可以看到;同时,在 200 ~ 300Hz 频段内又出现隔声量的局部衰减。这是因为空气层的引入使两种结构之间的作用程度大大减小,从而能够体现出各自的特点,铝振子结构在高频段的隔声优势能较好地发挥出来,同时由于带隙中存在的平直带所对应的振动模态无法与声波发生局域共振作用,使低频段内的局部衰减现象较明显地在隔声量曲线中反映出来。

　2)空气层厚度对隔声量的影响

　为了进一步说明薄空气层对于复合结构隔声量的影响,本节以“钢 – 空气 – 铝”复合结构为例,改变薄空气层厚度使其分别为 0.5mm、1mm、1.5mm,分别计算结构的隔声量。薄空气层厚度的变化会导致两种结构之间作用程度的改变,进而影响复合结构的隔声量。图 3.47 所示为不同薄空气层厚度时复合结构的隔声量。

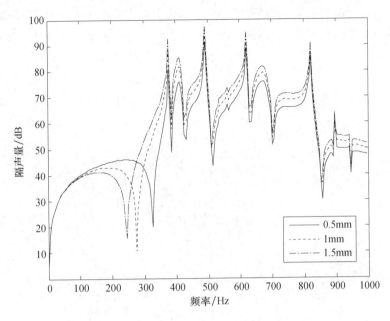

图 3.47　薄空气层厚度对隔声量的影响

由图可知,随着薄空气层厚度的增加,在 500~1000Hz 频率段内,结构的隔声量也小幅度增加,这是由于空气层也耗散了一部分能量,从而使隔声量略有增加。但在 500Hz 以下的频率段内,空气层厚度的增加却导致复合结构隔声效果变差,而且随着薄空气层厚度的增加,隔声量的局部强衰减频率向低频移动。

分析其原因,这是由于增加薄空气层厚度,导致两种结构之间的作用程度减弱,从而单个结构的特性更容易独自体现出来,低频处的强衰减对应于钢振子结构带隙特性中的平直带。这导致低频结构的局部衰减频率向低频方向移动,且随着空气层厚度的增加,该局部衰减所在的频率逐步接近低频结构带隙中的最低平直带频率。显然,薄空气层厚度的变化对低频结构的影响更大,因此在这种复合方式中,低频结构起到了主导作用。

3）低频结构对隔声量的影响

由前面的讨论分析可知,薄空气层对低频结构的影响较大,在上述结构的基础上,通过改变低频结构的材料参数,使其分别为铅、铜、钢,同时保持两种结构之间 1mm 空气层不变,讨论低频结构对复合结构隔声量的影响。图 3.48 所示为 3 种不同低频结构时复合结构的隔声量。

由图 3.48 可知,由于高频原胞结构没有发生变化,同时两种结构之间存在 1mm 的薄空气层,使高、低频原胞结构之间的相互作用较小,因此在 500~1000Hz 频率范围内,3 种结构的隔声量几乎一致,在这个频率范围内主要体现出相对高频结构的特性。但在 500Hz 以下频率范围内,由于不同结构的带隙中存在的平直带的频率不同,同时结构振动模态、发生局域共振的程度也不同,因此其局部衰减存在的频率以及衰减程度也会相应地发生变化,随着低频结构的密度越大,其作用频率越低。

随着低频结构所采用材料密度的增加,其在 300Hz 频率附近的局部衰减逐渐向低频移动,同时此处衰减程度减弱;而在 400Hz 频率附近的衰减程度则随着密度的增加而增强。在 300Hz 频率处,隔声量曲线的局部衰减对应于相应带隙图中的平直带,由于结构振子的密度越大,其相应的谐振频率越低,因此其相应带隙图中平直带的频率也较低,同时衰减程度取决于平直带处结构扭转振动与声波耦合的程度。而在400Hz频率处,由于带隙中平直带较集中,各平直带对应的扭转振动模态之间存在复杂的耦合作用,导致隔声量曲线在该频率附近的局部衰减分布较多,且衰减程度也不一致。在300Hz以下频率范围内,根据质量密度定理,随着振子密度增大,结构的隔声量也增大。

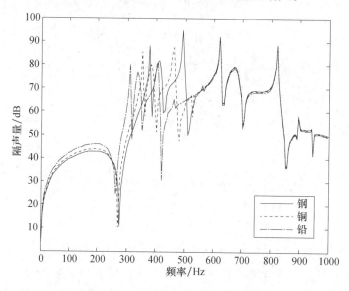

图3.48　低频结构对隔声量的影响

　　总之,上述所研究的局域共振复合结构的带隙及隔声特性,从无限周期结构复合和有限周期结构复合两个方面考虑。对于无限周期结构复合,也可以看作是缺陷态研究,结合超原胞技术,将4振子结构引入到单振子结构组成的超原胞结构中,研究了多点以及多方向复合结构的带隙及隔声特性。对于有限周期结构复合,研究了具有不同隔声峰值频率的结构复合以后对隔声范围的拓宽效果,并分析了影响结构复合的关键因素。结果表明,缺陷态的引入可以起到局域声波的作用,使声波只能在缺陷处存在或只能沿缺陷传播;同时,不同数目的点缺陷或者不同方向的线缺陷对声波的局域能力也不同。将具有不同频率隔声峰的两种结构复合能够有效拓宽结构隔声范围,在两种结构中间添加薄空气层时,结构隔声效果最佳。

　　由于噪声频率范围较广,为抑制宽频噪声,增大声子晶体带隙宽度尤为重要。与布拉格型声子晶体相比,局域共振型声子晶体可以用较小尺寸获得低频带隙,即用小尺寸来控制大波长,这一特点为声子晶体在低频减振降噪方面的应用提供了新的方法和思路,具有重要应用价值。本节设计了二维组合包覆层局域共振型声子晶体,研究了不同材料的组合包覆层对带隙的影响,得出组合包覆层声子晶体比单包覆层声子晶体具有更宽带隙、不同包覆层组合形式对带隙有较大影响等结论。

3.7　双局域共振机制声子晶体带隙特性研究

　　噪声污染逐渐受到人们的关注,噪声对人们健康和工业生产都有很大危害[179]。由于声子晶体带隙的存在,使得其具有抑制弹性波传播的作用,近十几年,研究者们设计了各类声子晶体,使其获得更低更宽的带隙频率[25,180−185]。

Li 等设计了具有周期性耶路撒冷十字槽的二维声子晶体结构,形成了具有可调范围广泛的带隙[180]。Zhang 等设计了局域共振复合单元声子晶体结构,发现局域共振复合单元结构具有良好的低频特性,并讨论了带隙的形成机理和带隙的影响因素[186]。Gao 等研究了两个共鸣器插入同种类的基体结构,该结构打开了具有较低频率的带隙[187]。Yang Z 等研究了一种薄膜声学超材料结构,发现隔声量大于 40dB 时频率范围为 50 ~ 1000Hz[131]。Zhu 等研究了一维压电陶瓷嵌入环氧化树脂后,讨论了不同电边界条件对带隙的影响,定义了一种压电传感模式的弹性波[188]。以上研究者们设计的声子晶体结构具有良好的带隙特性,但带隙的宽度有限,很难满足人耳听觉范围 20 ~ 20000Hz 的隔声要求。

本节提出一种双局域共振机制的声子晶体结构,刚性质量体互为闭合的等效刚性边界,边框和振子之间互相转化产生宽频带隙。频率在两个局域共振模式之间的弹性波均能够激起局域共振模式。根据有限元法分析了带隙的生成机理,给出了带隙边界的等效模型,分析了带隙的影响因素。所提出的双局域共振机制结构具有优异的宽频特性,并给出了这种局域共振机制产生的条件。两个刚性质量体互为刚性边界和振子,由此产生了两个可以互相转化的局域共振单元。双局域共振结构的带隙位置由两个等效单自由度系统的固有频率共同决定,带隙的宽度与两个质量体密度、内振子半径、弹性介质的弹性模量密切相关。研究发现,两个质量体密度差别越大、弹性介质弹性模量越高,带隙的宽度就越大。该机制在一定程度上削弱了基体与振子的紧密关系,具有从几百赫兹到上万赫兹的带隙变化范围,极大拓宽了带隙宽度,为宽频声子晶体结构的研究开拓了新的领域。

3.7.1　共振带隙机理

该局域共振声子晶体单元结构如图 3.49 所示,晶格形式为 4 个圆形包覆层包裹质量体 2 按照正方晶格形式排列在质量体 1 组成的基体中。

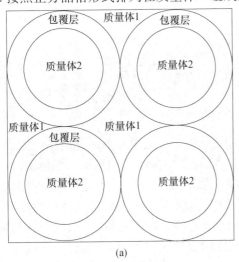
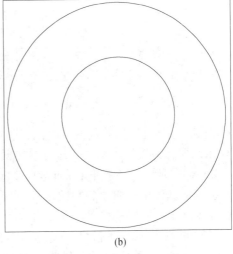

(a)　　　　　　　　　　　　(b)

图 3.49　局域共振单元的单胞结构

质量体 1 为有机玻璃,质量体 2 为钢,包覆层为硅橡胶。各材料的参数如表 3.12 所列[23]。其中,晶格常数 $a = 0.02\text{m}$,结构参数如表 3.13 所列,利用有限元法求解结构的特征频率,得到的能带和隔声量曲线如图 3.50 所示。

表 3.12　材料参数

材料	密度/(kg/m³)	弹性模量/GPa	剪切模量/GPa
钢	7780	21.06	8.10
有机玻璃	1142	0.2	0.072
硅橡胶	1300	1.175×10^{-5}	4×10^{-6}

表 3.13　结构参数

a/mm	r_1/mm	r_2/mm
20	9	8

如图 3.50 所示,等效基体振子局域共振结构在 466.8 ~ 1662.7Hz 之间具有超宽带隙,其宽度达到 1195.9Hz。利用 COMSOL 有限元软件计算声子晶体的隔声量,曲线中深色部分为对应的带隙。为了分析其形成机理,选取布里渊区的高对称点模态,图 3.51 为图 3.50 中 $A \sim E$ 点的对应振动模态。

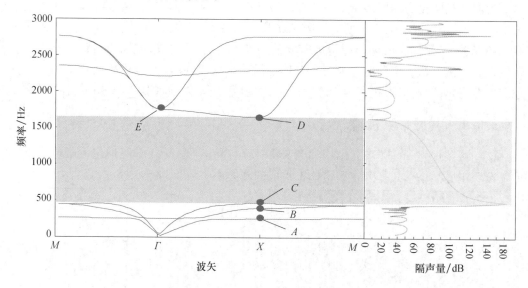

图 3.50　声子晶体能带图和隔声量曲线

A 点的模态为旋转局域共振型模态,基体中的行波被共振单元局域化而不能传播。B 点和 C 点的模态为质量体 1 的平移局域共振模式,相邻的振子反向振动。晶体原胞可看作图 3.49(a) 中所示的单胞形状,质量体 2 包裹弹性包覆层按照正方晶格形式排列在质量体 1 组成的基体中。如图 3.51 的振动模态中所示,质量体 2 组成的基体保持不动,圆形质量体 1 向某一方向平移。由于闭合刚性边框的存在,使得基体中传播的行波被局域化,平移局域共振模式被激起,基体可等效为刚性的边界,模型等效为"质量 - 弹簧"单自由度系统。如图 3.52 所示,当行波在局域共振单元中传播,可等效成给"质量 - 弹簧"振动系统施加一个振动外力 F,当施加的外力 F 与弹簧反馈力 f 的频率接近,且方向相反时,由基体传播来的振动力 F 就被反馈力 f 抵消,局域共振模式被激起,基体中传播的行波就被局域共振单元所吸收,该系统的局域共振单元带隙频率由"质量 - 弹簧"系统的固有频率决定,固有频率可根据下面公式估算[189]。

$$f = \frac{1}{2\pi} \sqrt{\frac{K}{M}} \tag{3-31}$$

式中:K 为弹簧的等效刚度;M 为振子的等效质量。改变弹簧的等效刚度或者振子的质量密度,带隙频率也会随之改变。

D 点和 E 点的振动模态为相切的弹性包覆层中质量体 1 的平移局域共振模式,如图 3.51 所示,该部分质量体 1 在行波作用下向某个方向做平移振动。局域共振型单胞结构可看作图 3.49(b)中所示单胞,4 个 1/4 圆形质量体 1 组成基体,4 个相切圆弧组成振子。由于闭合刚性边框存在,基体中传播的行波就被该共振单元局域化,等效模型类似于"质量 - 弹簧"系统,基体中行波对局域共振单元施加的振动力 F 与弹簧的回复力 f 同频反向时,由行波引起的振动力 F 就被抵消而不能传播。带隙的频率为该单自由度系统的固有频率,可由式(3-31)估算得到。B、C 点等效振子质量 M 是圆形质量体 2 加上随质量体 2 移动的包覆层的质量,等效刚度是随振子移动的部分弹性包覆层的刚度。与 B、C 点计算等效刚度和等效质量不同的是,D、E 点的等效质量 M 是图 3.49(b)中整个质量体 1 的质量加上整个包覆层的质量,等效刚度是整个包覆层的刚度。

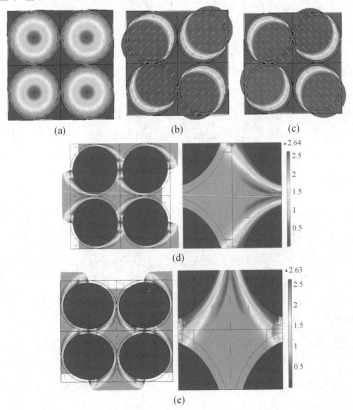

图 3.51　系统振动模态

(a)A 点的振动模态;(b)B 点的振动模态;(c)C 点的振动模态;(d)D 点的振动模态;(e)E 点的振动模态。

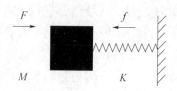

图 3.52 等效单自由度系统

双局域共振声子晶体带隙形成机理不同于一般的经典局域共振型声子晶体,在带隙的边界频率处,传统局域共振声子晶体的带隙起始和截止频率分别等效为"质量 – 弹簧"和"质量 – 弹簧 – 质量"系统,是带隙受振子、基体和弹性介质的共同作用。而双局域共振声子晶体的带隙频率主要受振子和弹性介质的影响,带隙的边界频率等效为两个"质量 – 弹簧"系统。

该结构存在两种局域化作用的单胞结构,振子质量较大的局域化结构固有频率较低,对应低频模式的振动。振子质量较小的局域化单元固有频率较高,对应高频模式的振动。由于两个共振单元局域化作用,使得频率在该结构的两个固有频率之间的弹性波被两个局域化单元吸收而形成带隙。

闭合刚性边框和弹性介质的存在,使得振动系统对弹性波产生局域化作用。在图 3.49(a)中,闭合刚性边框为质量体 2,振子为质量体 1。在图 3.49(b)中,闭合刚性外框为 4 个圆形的质量体 1,振子为质量体 2。正是由于闭合刚性边框和振子的存在,使得振动系统产生两个局域化单元,两个闭合刚性边框产生了两个单自由度振动系统。由于该结构的局域化边框和振子之间的相互转化关系,使得频率在两个单自由度系统固有频率之间的弹性波均能够激起局域化带隙。因此,产生这种双局域化机制的声子晶体必要条件是系统有两个等效的刚性边界,并且刚性边界和振子可以互相转化。刚性边框内的振动单元能够使波的传播局域化,当刚性边框和振子之间能够等效转化,两个固有频率之间的弹性波均会激起共振模式。因此,该机制的声子晶体具有较宽的带隙。

3.7.2 影响带隙因素分析

为深入分析局域化带隙特性和材料参数以及结构参数的关系,观察当材料参数和结构参数改变时带隙的变化,如图 3.53 所示。

图 3.53(a) ~ (d)所示为第一带隙起始和截止频率随包覆层内半径、质量体 2 密度、质量体 1 密度和包覆层弹性模量的变化。从图 3.53(a)可以看到,随着包覆层内半径的增大,带隙起始和截止频率升高,截止频率的变化率大于起始频率,由于包覆层内半径增大,厚度减小,包覆层等效刚度增大,使得固有频率增大。如图 3.53(b)所示,随着质量体 2 密度增大,带隙起始频率降低,截止频率基本保持不变。所以,带隙起始频率与质量体 2 密切相关。在图 3.53(c)中,随着质量体 1 密度的增大,带隙起始频率基本保持不变,截止频率减小,根据式(3 – 31),等效质量增大,振动系统的固有频率降低。图 3.53(b)和(c)证明了上述单自由度等效模型的有效性。如图 3.53(d)所示,随着弹性模量增大,带隙起始和截止频率均升高,截止频率的变化率大于起始频率的变化率,根据式(3 – 31)可得带隙的宽度:

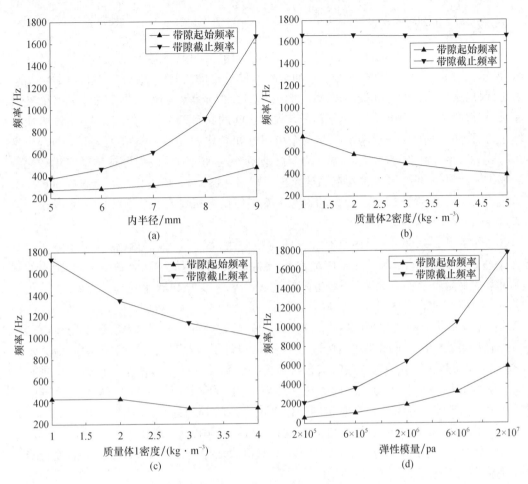

图 3.53　带隙影响因素

(a)带隙随圆形振子内半径变化;(b)带隙随质量体 2 密度变化;

(c)带隙随质量体 1 密度变化;(d)带隙随包覆层弹性模量变化。

$$\Delta f = \frac{1}{2\pi} \cdot \left(\sqrt{\frac{K}{M_1}} - \sqrt{\frac{K}{M_2}} \right) = \sqrt{K} \cdot \frac{1}{2\pi} \cdot \left(\sqrt{\frac{1}{M_1}} - \sqrt{\frac{1}{M_2}} \right) \tag{3-32}$$

式中:M_1 为质量体 1 的等效质量;M_2 为质量体 2 的等效质量。

根据式(3-32),等效刚度 K 具有放大带隙宽度的作用,当 K 增大,带隙宽度随之增大。由于 $M_1 < M_2$,根据式(3-31),在相同 K 的放大作用下,等效质量较大系统的固有频率变化率更大。其中,如图 3.53(d)所示,在包覆层弹性模量为 2×10^7 时,带隙频率范围为 5944.02~17801.19Hz,带隙宽度达到 11857.17Hz。因此,增大质量体 1 的质量,减小质量体 2 的质量并增大包覆层的弹性模量,可以有效提高带隙宽度。同时,根据图 3.53(a)可知,随着内半径增大,等效闭合刚性边框逐渐建立,形成了对应质量体 2 的局域化作用单元,对应的截止频率快速增大。

该机制的结构在一定程度上削弱了基体与振子的紧密耦合关系,如图 3.53(b)和(c)所示,随着质量体 1 和质量体 2 密度的变化,只影响其对应带隙边界频率,对带隙的另一边界频率基本不产生影响,能够有效削弱耦合关系。

3.7.3 小结

本节提出了一种双局域共振机制声子晶体结构,并对其带隙形成机理和带隙的影响因素进行了深入分析。主要研究了影响带隙的质量密度、弹性模量、结构尺寸因素,结果表明,双局域化单元的存在极大增大了带隙的宽度,由于等效刚性边框和振子的等效转换关系,使得两个单自由度系统中两个固有频率之间的频率部分形成带隙。由于两个质量体互为闭合刚性边框,使得系统存在两个可以互相转化的局域共振单元。由于两个质量体局域共振转化关系的存在,频率在两个振动系统之间的弹性波均会被这种互相转化的局域化单元吸收,低频弹性波激起大质量振子局域共振模式,高频弹性波激起小质量振子局域共振模式,从而形成宽度较大的带隙。双局域共振机制在一定程度上消除了振子与基体的耦合作用,使得带隙频率易于控制。

这种类型结构的声子晶体具有优异的宽频特性。在低频范围内,带隙起始频率主要受质量较大的振子的影响。振子质量越大,带隙起始频率越低。在高频范围内,带隙的截止频率主要受质量较小的振子影响,振子质量越小,带隙截止频率越高。除此之外,包覆层的弹性模量对带隙宽度也有影响,包覆层的弹性模量越大,带隙宽度越宽。因此,所提出的模型具有优异的宽频带隙特性,为声子晶体在减振降噪方面的应用提供了有效方法。

本节针对宽频声子晶体的结构进行了研究,设计了双包覆层结构声子晶体,研究发现该结构能够有效拓宽带隙的宽度,结合振动模态解释了这种双包覆层比单包覆层具有更宽带隙的原因。同时,提出了一种双局域共振声子晶体结构,该机制的结构具有优异的宽频特性。在带隙边界频率处对应相同的振动模型,双局域共振机制不同于以往的局域共振型声子晶体,具有严格振子与基体的区别,该机制声子晶体结构并没有严格的基体与振子的区分,具有较小的耦合关系,带隙下边界只受大质量振子的影响,带隙上边界只受小质量振子的影响,有利于带隙的调控。

3.8 二维声子晶体结构优化

声子晶体由于具有弹性波带隙,因而能衰减一定频率的弹性波。声子晶体的周期性和单胞特性决定了声子晶体的带隙特性。

钟会林等利用遗传算法对铅–环氧化树脂构成的二维正方晶格声子晶体进行优化,在最大带隙宽度下得到声子晶体的最优散射体形状[190]。刘么和等利用遗传算法和BP神经网络,结合粗糙集的分类简约对带隙宽度进行了优化[191]。刘耀宗等以插入损失为目标,在质量、振幅等约束条件下,利用遗传算法优化声子晶体力学参数获得最优的插入损失[192]。Dong等利用有限元法和遗传算法,分别优化了有约束和无约束的二维单胞拓扑结构,讨论了一定材料和预定义密度对结构的影响[193]。这些研究大都集中在结构的形状尺寸方面,对结构的材料和尺寸组合的最优结构没有研究。本节利用离散狼群算法和平面波展开法对二维二组元和三组元声子晶体的散射体尺寸和材料参数进行了智能设计,得到了最优结构[194]。

3.8.1 计算模型

二维二组元和二维三组元声子晶体结构如图3.54所示,由于声子晶体的带隙主要受结构尺寸、耦合程度以及弹性包覆层柔软程度等影响,因此不同材料的基体、振子以及弹性包覆层将对带隙产生重要影响[195]。通过对材料和晶体单胞结构尺寸的匹配选择,产生最大相对宽度带隙(带隙宽度/带隙中间频率 $\Delta\omega/\omega_g$)的声子晶体。

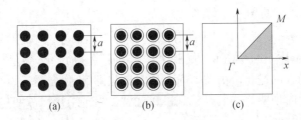

图 3.54　二维声子晶体和简约布里渊区
(a)二维二组元声子晶体;(b)二维三组元声子晶体;(c)不可约布里渊区。

狼群算法是一种通过模拟狼群的捕食行为及猎物分配方式提出的群体智能算法,选择适应度最高的个体为代表最优解的个体。狼群算法有交叉、选择、变异等操作。下面以相对带隙宽度为适应度,对不同材料和散射体尺寸进行编码,编码采用二进制编码方式。通过不同材料的组合,组合成最宽相对带隙的声子晶体,具体的算法流程如下:

(1)产生初始种群,利用二进制编码方式对晶体单胞进行编码,每个染色体代表基体和散射体的材料种类。

(2)结合平面波展开法计算出每个个体的适应值,选出最高适应度的个体。

(3)对种群个体进行奔袭、围攻等操作,更新种群,使种群向适应度更高的方向进化。

(4)当达到最大迭代次数或者满足误差要求时算法停止,输出最优染色体所代表的解。

3.8.2　带隙计算

图 3.54(c)为其对应的不可约布里渊区,单胞尺寸 $a = 0.1m$,基体和散射体的材料的选择[23]如表 3.14 所列。

表 3.14　声子晶体材料参数

材料	密度/(kg/m³)	弹性模量/GPa	剪切模量/GPa
铅	11600	4.08	1.49
钢	7780	21.06	8.10
铝	2730	7.76	2.87
铝 2	2799	7.21	2.68
环氧化树脂	1180	0.435×10^{-5}	0.159
硅橡胶	1300	1.175×10^{-5}	4×10^{-6}
硅橡胶 2	1300	1.37×10^{-5}	4.68×10^{-6}
丁腈橡胶	1300	1.2×10^{-3}	4×10^{-4}
硫化橡胶 1	1300	1×10^{-4}	3.4×10^{-5}
有机玻璃	1142	0.20	0.072
塑料	1190	0.22	0.08

种群规模为 30,最大进化代数为 100,将表 3.14 中的数据存入一个二维数组,对其在数组中的位置和散射体半径进行编码。结合平面波展开法,狼群算法自主进行材料匹配和散射体半径调整,选择出最优的材料和尺寸组合。

1. 二维二组元声子晶体带隙优化

散射体半径 $0 < r < a$,随机产生的材料组合和散射体尺寸不一定会产生带隙或者产生的带隙很窄。随着个体不断地进行"优胜劣汰",种群不断进化,染色体的适应度越来越高,个体朝着最优的方向进化。由图 3.55 可知,进化到 54 代之后,进化曲线趋于稳定,带隙宽度没有变化,此时说明算法已经找到了最优解。由于结构尺寸变化的范围较大,所以进化曲线的变化比较缓慢。

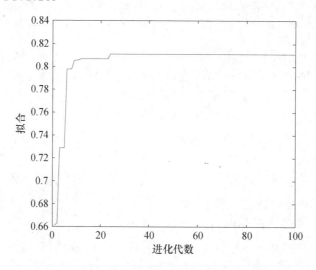

图 3.55　二维二组元声子晶体最优结构能带

圆形散射体的填充率为 0.636 时,最大相对带隙宽度为 0.811,染色体解码的材料是基体为硅橡胶、散射体为铅,此时达到了最优的组合。利用平面波展开法得到最优结构的能带图,如图 3.56 所示。

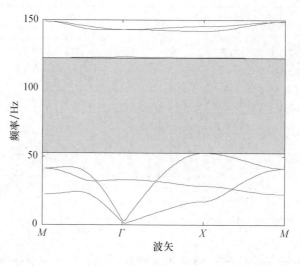

图 3.56　二维二组元声子晶体最优个体进化曲线

2. 二维三组元声子晶体带隙优化

局域共振型声子晶体第一带隙的起始频率由局域振子的谐振频率决定,截止频率由基体与局域振子的谐振特性决定。因此,材料的特性和结构尺寸对局域共振带隙起着决定作用。

单胞结构尺寸 $a = 0.1$ m,内外圆半径 $0 < r < R < a$,限制外圆半径不超过 0.495 m,包覆层和振子的材料从表中自由匹配,种群规模为 30,进化代数为 100 代,对声子晶体的基体、包覆层和振子材料在数组中的位置进行二进制编码,适应度为相对带隙宽度,进化曲线如图 3.57 所示,可以看到,在 78 代之后,进化曲线变得平稳。解码后的材料组合是:基体为有机玻璃,包覆层为硅橡胶,振子为铅。相应的能带图如图 3.58 所示。当内外圆半径接近且外圆直径与晶格常数接近时,结构的相对带隙宽度达到最大值。内圆半径 $r = 0.0482$ m,外圆半径 $R = 0.0491$ m,此时包覆层厚度很小。

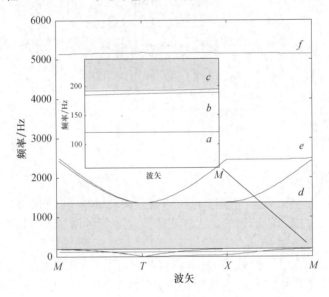

图 3.57　二维三组元声子晶体最优个体进化曲线

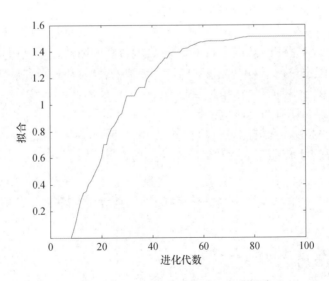

图 3.58　二维三组元声子晶体最优材料能带图

能带图中 $a \sim f$ 点对应高对称点的振动模态,各点振动模态如图 3.59 所示,a 点的振动模态为局域振子的逆时针方向做旋转共振,基体中的行波难以与其发生相互耦合,所以该模式的振动在能带图中为一条直线。b 点和 c 点的振动模态为平面内振子的平移振动,基体框可看作刚性边界,相邻的振子之间做同频反相位振动,使基体中行波难以向前传播而整体保持动态平衡。d 点和 e 点的振动模态表现为振子几乎不动,基体产生位移,振子类似于刚性边界,基体行波在各振子之间产生复杂散射。f 点模态表现为基体的旋转振动模式,振子之间的基体类似振子,振子类似于刚性边界,基体中行波被振子所组成的边界框局域化,行波难以与其发生耦合,所以色散曲线体现为一条平直线。

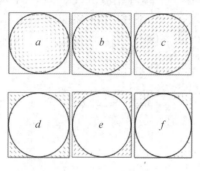

图 3.59　二维三组元声子晶体振型

3.8.3　小结

对于二维二组元声子晶体,智能算法可以自主调整材料组合和散射体尺寸,在算法寻优过程中不断比较生成的新结构的最大相对带隙。一定的结构尺寸匹配相适应的材料,能够产生最优的相对带隙。

对于二维三组元声子晶体,智能算法寻找到了一种新结构,第一带隙宽度达到 1197Hz,相对带隙宽度为 1.512,该结构具有优异的带隙特性,说明在有限的材料和尺寸约束条件下,智能算法结合约束条件能够有效设计出最优的结构。

利用狼群算法对二维二组元和三组元声子晶体结构进行优化设计,在提供的若干材料中选择材料进行匹配。对于二组元声子晶体,利用不同的材料并调整散射体半径,能够得到最优的结构。对于三组元声子晶体,由于影响带隙的因素较多,狼群算法在众多的条件限制下有效匹配出最优材料组合和结构尺寸。结果表明:在材料和尺寸约束下,利用遗传算法能够有效设计出具有最宽相对带隙的最优声子晶体结构。

不同材料的组合均有与之对应的尺寸,使得相对带隙宽度达到最大。根据尺寸和材料限制,智能算法能够找到最优的材料组合和尺寸。同时,利用智能算法进行声子晶体结构设计,在一定程度上克服了人为凭经验设计结构的盲目性。

3.9　十字形结构声子晶体

3.9.1　结构设计和带隙特性

局域共振型声子晶体带隙的产生是由于散射体振动与基体中传播长行波的耦合作

用,所以丰富的散射体振动形态无疑可以获得更多带隙。为此,这里设计出了十字形声子晶体,其结构单元模型以及第一布里渊区如图 3.60 所示。这里面局域共振单元是由柱状散射体(A)、包覆层(B)、层状散射体(C)、环氧树脂基体(D)组成,即由橡胶包覆层包裹柱状散射体嵌入层状散射体中,再对其整体包裹一层橡胶包覆层后镶嵌在环氧树脂中(内外层散射体面积相等)。对应的结构参数和材料参数如表 3.15、表 3.16 所列。

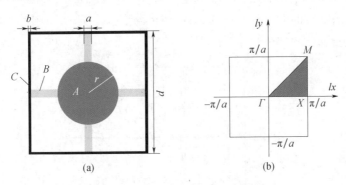

图 3.60　十字形结构声子晶体结构

(a)声子晶体结构;(b)第一布里渊区。

表 3.15　结构参数

a/mm	b/mm	d/mm	r/mm
1	0.5	21	6

表 3.16　材料参数

材料	密度 $\rho/(\mathrm{kg \cdot m^{-3}})$	弹性模量 $E/10^{10}\mathrm{Pa}$	泊松比
金	19500	8.5	0.421
钨	19100	35.41	0.350
铅	11600	4.08	0.369
铜	8950	16.46	0.093
钢	7780	21.06	0.300
碳酸钡	5300	10.6	0.296
钛	4540	11.70	0.321
三氧化二铝	3970	39.64	0.240
铝	2730	7.76	0.352
硅橡胶	1300	$1.175e-5$	0.469
环氧树脂	1180	0.435	0.368

通过有限元方法计算,可以确定这一结构的带隙。按照固体能带理论,理想声子晶体表现出平移周期性的特征,符合周期系统的布洛赫定理,这在本质上相当于一个周期性边界条件(COMSOL 计算仿真中在 x,y 方向设置弗洛凯周期边界条件),可以通过求解单个原胞在该周期性条件下的特征频率来得到相应的带隙频率。同时,声子晶体还具有点群对称性,可以通过引入布洛赫波矢 $\boldsymbol{k}$,令其沿不可约布洛赫区边界 $M - \varGamma - X - M$ 扫描,得到本征频率随波矢变化的曲线,即能带结构。

1. 带隙分析

使用 COMSOL 有限元计算软件得到该结构的能带图,如图 3.61 所示。该结构在 30.98 ~ 196.46Hz 形成较宽的低频带隙。能带在 Γ 点处分开,这是因为这里的声波频率处于低频范围,其波长远大于晶格常数,所以波在晶体结构中的传播与在均匀介质中相同,能带图呈线性关系。当行波的频率接近晶体的共振频率时,晶体将发生共振,与行波发生耦合作用,将行波的大部分能量局域化,使行波不再传播,从而产生禁带,实现声波的屏蔽,如图 3.61 灰色部分所示。

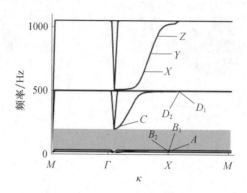

图 3.61　声子晶体能带结构

为进一步说明该带隙的形成机理,对振动模态进行分析。选取第一布里渊区的 A、B_1、B_2、C、D_1、D_2 点进行振动模态分析,其中 A 点处于最下方,B_1 点处于次下方,B_2 点位于二者之上,D_2 处于最上,D_1 处于其下,振动模态如图 3.62 所示。

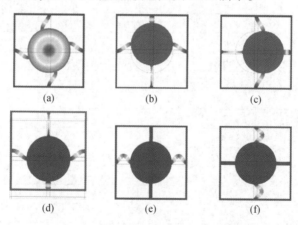

图 3.62　共振模态

(a)A 点:扭转谐振模态;(b)B_1 点:平移谐振模态;(c)B_2 点:平移谐振模态;
(d)C 点:平移谐振模态;(e)D_1 点:平移谐振模态;(f)D_2 点:平移谐振模态。

A 点振动模态对应于散射体连同带状包覆层朝相同方向旋转的旋转共振模式,带状包覆层仅受扭转剪切变形,仅对基体产生扭矩作用,而没有存在 x 或 y 方向的合力。基体中的长行波难以与该共振模式发生相互耦合,因此未能导致局域共振带隙的产生。

B_1、B_2 点处于带隙的起始频率,表现为金芯体的平动振动,可以等效为"质量 – 弹簧"

模型,其振子为散射体,固定端为基体,弹簧为带状包覆层。此共振模态与基体中传播的长行波产生耦合作用,相邻原胞以相同频率、相反相位的模式振动,使原胞的外框静止,整体系统处于动态平衡状态,行波的能量被局域化,从而导致了带隙的产生。

C 点为基体的平移共振模式,当外部激励频率接近共振单元的固有频率时,局域共振模态被激发,金芯体受到力 F 的作用,同时金芯体的相对运动对带状包覆层挤压或拉伸,产生一个反作用力 f,从而使金芯体与基体在带状包覆层的弹性连接下,形成反相位共振。声子晶体中的所有原胞同相位振动,使弹性波得以继续传播,所以带隙在此处截止。

D_1、D_2 点金属芯体和环氧树脂基体都处于静止状态,主要是橡胶带状包覆层的横向振动,相邻原胞的带状包覆层的振动同相,整个晶体处于动态平衡状态。

2. 材料及结构参数对带隙的影响

为进一步探究该结构带隙与材料参数和结构参数之间的关系,这里分别单独地改变结构中金属芯体的密度、填充率、带状包覆层的弹性模量,带状包覆层的宽度以及基体的密度等参数,观察结构带隙的变化,同时使用简化模型对结构的带隙进行估算,以验证简化模型的合理性。

1) 基体密度对带隙的影响

分别通过有限元方法和简化模型计算带隙随基体密度的变化,所得结果如图 3.63 所示,此处金属芯体材料为金,带状包覆层材料为硅橡胶。通过简化模型分析可知,基体的密度增大会使截止频率处简化模型的等效质量增加,导致截止频率降低。由图可见,随着基体密度的增大,带隙的起始频率基本不变,截止频率逐渐下降。由此可得,基体的密度主要对本结构带隙的截止频率发生影响。由图 3.63 可知,简化模型在截止频率处产生的误差远大于起始频率处。这是由于起始频率处结构的等效质量远大于截止频率处结构的等效质量,而在两处对于等效刚度的计算却产生相同的误差。依据 $f = \dfrac{1}{2\pi}\sqrt{\dfrac{k}{m}}$,当 k 产生相同的误差时,质量 m 越小,共振频率 f 产生的误差就越大。

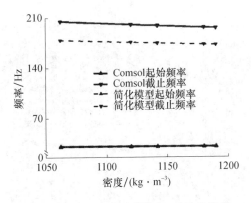

图 3.63　基体密度对带隙上、下限的影响

2) 金属芯体密度对带隙的影响

图 3.64 所示为带隙随金属芯体材料密度的变化。由图可见,随着金属芯体密度的增加,带隙的起始频率与截止频率都出现不同程度的下降,且起始频率的下降幅度大,故此

使带隙变宽。这是因为相较于带状包覆层和基体而言,金属芯体的质量较大,当金属芯体的密度变化时,带隙起始频率和截止频率处模型的等效质量都会出现显著的变化。故可得金属芯体的密度对带隙的起始频率和截止频率都会产生影响,且随着金属芯体密度的增大,带隙也会逐渐变宽。

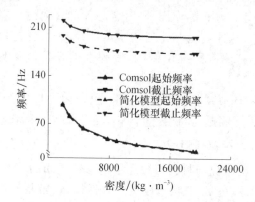

图 3.64　金属芯体密度对带隙的影响

3）带状包覆层宽度对带隙的影响

本结构的一个显著特征是包覆层由两对互相垂直的带状弹性介质组成。图 3.65 所示为带隙随带状包覆层宽度的变化。由图可知,随着带状包覆层宽度的增加,带隙的起始频率和截止频率都出现升高,但截止频率随带状包覆层升高快,这导致带隙变宽。这是由于带状包覆层变宽会使系统的等效刚度变大,从而导致共振频率上升。由此可得,带状包覆层的变宽会使带隙的起始频率和截止频率都上升,并使带隙变宽,这是十字形包覆层声子晶体带隙的特点之一。由图 3.65 可知,随着带状包覆层宽度的增加,简化模型产生误差越来越大,这是因为结构中带状包覆层呈细长状,故简化模型忽略了振动方向纵向带状包覆层的剪切模量及振动方向横向带状包覆层的弹性模量,而当带状包覆层变得越来越宽,此二者的影响则会越来越大,故误差越来越大。

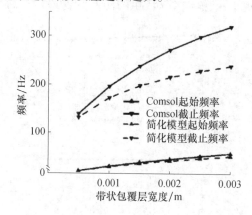

图 3.65　带状包覆层宽度对带隙的影响

4）填充率对带隙的影响

填充率是散射体在声子晶体中所占体积比(对于二维声子晶体即面积比)。在研究过程中,常通过改变散射体的大小或改变晶格常数这两种方式来改变填充率。这里采取

126

改变散射体大小的方式,对声子晶体带隙随填充率改变的变化情况进行研究,得到的结果如图 3.66 所示。由图可见,随着填充率的增加,带隙的截止频率增大,同时起始频率出现微小的先下降后上升的趋势,简化模型的趋势与此相同。填充率增大,带隙变宽,这与以往的研究相印证。

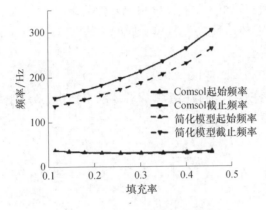

图 3.66　填充率对带隙的影响

5) 包覆层弹性模量对带隙的影响

包覆层是连接金属芯体和基体的重要介质,因此研究带隙随包覆层弹性模量的变化尤为重要。图 3.67 所示为带隙随包覆层弹性模量变化而变化的情况。由图可见,随着包覆层弹性模量的增大,带隙的截止频率迅速增大,带隙的起频率缓慢增大,带隙的带宽也随之增大。

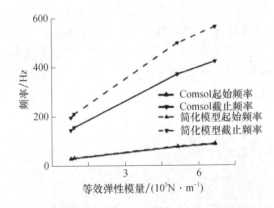

图 3.67　包覆层弹性模量对带隙的影响

简化模型的估计频率(虚线)和实际值(实线)基本吻合,说明该等效模型合理。

从上述计算结果中可以看出,通过调节晶胞的结构参数与材料参数可实现对结构带隙的调控,由此可对带隙进行优化。但是,在此结构中金属芯体为圆形,基体为正方形,晶胞的大小也有限制,故此填充率与带状包覆层的宽度等结构参数只能有限增加;同时,对于材料的选择也是有限的。在实际中,材料强度等因素也会对结构的设计产生限制。综上所述,在此结构框架下,通过调节结构参数与材料参数对带隙进行的优化是有限度的。

3.9.2 等效模型的建立

十字形局域共振声子晶体的起始频率取决于散射体平动振动的谐振频率。可将其等效为"弹簧 – 振子"系统来估算其带隙的起始频率,如图 3.68(a)所示,在带隙的起始频率处,等效振子M_e、等效弹簧k_e组成单自由度系统发生共振。

首先,设单个金属芯体质量为m_{core},单个周期内基体质量为m_{host},有

$$\begin{cases} m_{core} = \rho_{core}\pi r_{core}^2 \\ m_{host} = \rho_{host}(D_1^2 - D_2^2) \end{cases} \qquad (3-33)$$

式中:ρ_{core}为金属芯体密度;r_{core}为圆柱形金属芯体的半径;ρ_{host}为基体的密度;D_1、D_2分别为基体外框和内框的长度。

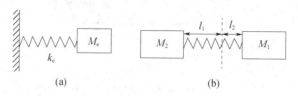

图 3.68　等效模型
(a)起始频率等效模型;(b)截止频率等效模型。

在计算带隙的起始频率时,由于金属芯体质量远远大于带状包覆层质量,故此等效振子M_e的质量m_1可以等效为金属芯体的质量,即

$$m_1 = m_{core} \qquad (3-34)$$

在计算等效弹簧k_e刚度时,在金属芯体振动方向的带状包覆层发生压缩/拉伸形变,由于带状包覆层呈长条状,所以可以忽略带状包覆层的剪切模量G,将其弹性模量k等效为杨氏模量E;同时,垂直于金属芯体振动方向的带状包覆层发生剪切形变,同样由于其呈长条状,故此可以忽略带状包覆层的弹性模量E,将其弹性模量等效为剪切模量G。因为金属芯体的直径远远大于带状包覆层的宽度,所以可将带状包覆层看作长方形,其长度J有:

$$J = \frac{D - 2b}{2} - R \qquad (3-35)$$

等效弹簧相当于4 条带状包覆层串联,故有

$$k = 2\frac{E + G \cdot S}{J} \qquad (3-36)$$

式中:S为带状包覆层的横截面积。在带隙截止频率处,橡胶包覆层类似于弹簧,连接基体与金属芯体,二者振动相位相反,可用图 3.68 来描述这一共振模式。其中,M_1为单个金属芯体的等效质量块,M_2为基体的等效质量块。在带隙的截止频率处,质点 M_1、M_2在弹簧的连接下,以相对振动方式发生共振,弹簧上虚线所示位置静止不动,即静点。

在计算带隙的截止频率时,由于包覆层的等效质量相对于基体而言并非小到可以忽略不计,故在计算截止频率时,需考虑包覆层质量。由模态分析可知,垂直于振动方向的包覆层大致随基体一起运动,因此该部分质量 m_B应归入基体等效质量中,而振动方向上的橡胶包覆层质量 m_A应当按照静点距两质点的比例分配,即

$$\begin{cases} m_1 = m_{core} + m_A \dfrac{\alpha}{1+\alpha} \\ m_2 = m_{host} + m_B + m_A \dfrac{1}{1+\alpha} \\ \alpha = m_1/m_2 \end{cases} \qquad (3-37)$$

求解上式,得

$$\alpha = \frac{m_A + m_B + m_{host}}{m_A + m_{core}} \qquad (3-38)$$

显然,截止频率时等效弹簧的刚度应与起始频率时等效弹簧的刚度相同。这样,带隙的起始频率与截止频率分别可估算为

$$\begin{cases} f_1 = \dfrac{1}{2\pi}\sqrt{\dfrac{k}{m_1}} \\ f_2 = \dfrac{1}{2\pi}\sqrt{\dfrac{k(m_1+m_2)}{m_1 m_2}} \end{cases} \qquad (3-39)$$

3.9.3 十字形结构声子晶体低频隔声特性研究

1. 结构的隔声性能

本节借助 COMSOL 有限元计算软件来计算该声子晶体的传输损失。建立 3×3 原胞组成的结构如图 3.69 所示,在结构的左侧入射平面波激励,在结构的右侧拾取响应,从而计算结构的传输损失。

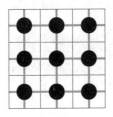

图 3.69 隔声性能计算模型

平面波从结构左侧入射,在从左至右的传播过程中,一部分声波的能量被吸收,剩余部分透射到结构的右侧。入射结构表面的声能与透射到右侧的声能的十倍对数的差为传输损失(Transmission Loss,TL),即

$$\mathrm{TL} = 10\lg \frac{E_i}{E_t} \qquad (3-40)$$

式中:E_i 为入射声能;E_t 为透射声能,传输损失的单位为分贝(dB)。

结构的传输损失曲线如图 3.70 黑线所示,图 3.70 红线为去除结构中的金属芯体与带状包覆层,仅余基体框时结构的传输损失。

结构在 20 ~ 1200Hz 具有良好的隔声性能,尤其在 20 ~ 200Hz 隔声性能优异,结构在 60Hz 出现第一隔声峰、在 705Hz 出现第二隔声峰,在 307Hz 出现第一隔声谷、在 863Hz 出现第二隔声谷。在 680Hz、1040Hz 附近,传输损失在较窄的频段内发生急剧改变,通过结构隔声曲线与能带图的对比可以发现,能带图与隔声曲线基本吻合。

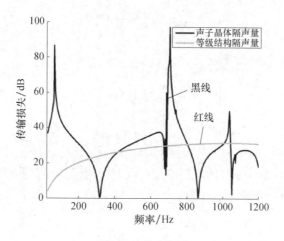

图 3.70　传输损失

在去除结构中的金属芯体与包覆层后,随着入射波频率的升高,其传输损失也随之增加且渐趋于平稳,但很难超过40dB,表现出常规材料的隔声特性。通过对比可以发现,该声子晶体结构在20～1200Hz频率范围内展现出良好的隔声性能。

2. 结构隔声机理分析

为了进一步研究结构的隔声机理,这里对结构不同频率处的位移云纹图进行了计算。

首先对结构隔声峰出现的机理进行分析。图3.71(a)所示为63Hz隔声峰结构的振动模式图,此时的吸声量为86.7dB。图3.71(b)所示为705Hz隔声峰结构的振动模式图,隔声量为79.2dB。图3.71(c)为1037Hz隔声峰结构的振动模式图,其隔声量为49.6Hz。

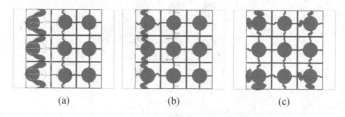

(a)　　　　　　　　(b)　　　　　　　　(c)

图 3.71　隔声峰振动模式图

从能带图上看,结构之所以在63Hz处出现隔声峰,是由于在此处带隙的存在。由图3.71(a)分析可得,在63Hz时结构的振动主要表现为金属芯体的振动,且随着声波的传播,金属芯体的振动幅度逐渐减少,带状包覆层在金属芯体的带动下产生相应的振动,同时基体几乎保持静止。

在这种情况下,由于基体框静止,可以将结构等效为弹簧－振子系统,如图3.72所示,将金属芯体等效为物块,带状包覆层等效为弹簧,故可以用以下公式来估算这种振动发生的频率:

$$f = \frac{1}{2\pi}\sqrt{\frac{k_e}{M_e}} \qquad (3-41)$$

在这种情况下,金属芯体的振动可以将声波的能量局域化在晶胞中,使其不再向前传播,同时带状包覆层在振动过程中发生形变,纵波转化为横波,能量被进一步耗散掉。

　　从能带图的角度来看,在705Hz与1037Hz附近也出现极窄的带隙,带隙的存在致使结构在这些频率附近出现隔声峰。由振动模式图分析可得,在705Hz与1037Hz时结构的振动主要表现为带状包覆层的振动。可以观察到相邻带状包覆层的振动方向大致相反,使得基体框基本保持静止。

　　接下来对隔声谷与"突变"出现的机理进行分析。图3.72(a)、(b)分别为317Hz、863Hz时隔声谷时结构的振动模式图,图3.72(c)为1057Hz出现隔声量剧烈衰减时的振动模式图。在317Hz时,基体框与带状包覆层发生类似"弹簧-振子"系统的共振,同时第一带隙在此频率附近截止。在1057Hz时,结构则呈现出带状包覆层高阶横向振动的特点,由能带图可知,在此频率附近都出现了平直带。隔声曲线基本上与能带图相吻合。而在863Hz附近并未出现平直带,此频率附近出现隔声谷的机理较为特殊。

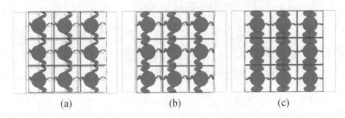

(a)　　　　　　(b)　　　　　　(c)

图 3.72　隔声谷振动模式图

　　为了分析结构在863Hz处出现隔声谷的机理,这里选择图3.61(声子晶体能带结构图)上的 X、Y、Z 三点进行分析。其中 X 点频率为572.21Hz,Y 点频率为890.20Hz,Z 点频率为985.51Hz,其振动模态如图3.73所示。

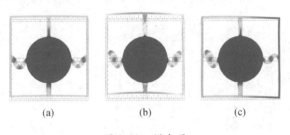

(a)　　　　　　(b)　　　　　　(c)

图 3.73　模态图

　　由图中观察可得,此种振动模态正对应863Hz隔声谷时的振动模式,呈现出基体框振动与带状包覆层横向振动反向的特点。如图3.73所示,随着频率的升高,在此类模态中基体框的振幅先变大再变小,对应隔声量先降低,再升高,基体框的振幅在890.20Hz时达到最大值,故此在这一频率附近出现隔声谷。

　　结构分别在680Hz与1040Hz附近发生隔声量"突变",下面主要对1040Hz附近隔声量"突变"发生的机理进行分析,680Hz附近发生的隔声量"突变"机理与之类似。

　　结构在1040Hz附近出现隔声量的"突变",即1037Hz时出现出现隔声峰,紧接着在1057Hz隔声量急剧衰减,两者都是由于带状包覆层的共振所致。通过结构振动模态分析可知,在如此短的频率内出现了隔声量如此巨大的变化是由于在此频率附近两种相似的共振模态所致。两种共振模态如图3.74所示。

　　图3.74(a)所示为1078.6Hz时的振动模态,此模态下带状包覆层的振动带动基体框

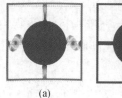

(a)   (b)

图 3.74   模态图

发生强烈振动,使声波可以透过结构。图 3.74(b)所示为 1052.4Hz 时的振动模态,此模态下原胞间带状包覆层的振动恰好对基体施以大小相等、方向相反的力,从而可以使基体保持平衡状态,声波的能量被局域化在带状包覆层的振动中,使得声波的能量难以透过结构。在带隙图中,这样的现象表现为带隙与平直带的交替出现。每隔一定的频率,隔声量就会发生类似的"突变",根据振动力学理论,带状包覆层作为连续体,其共振频率有无穷阶,而上述两种模态总是相邻且成对出现,当入射波接近一定频率时,共振总会使结构或处于平衡状态,或整个结构发生强烈的共振,从而导致隔声量"突变",这是带状包覆层声子晶体的特点之一。

3. 结构层数对隔声性能的影响

为了研究声子晶体的层数对于结构隔声量的影响,这里使用 COMSOL 有限元计算软件分别对一、二、三层结构的隔声量进行了计算。图 3.75 所示为结构层数不同时,结构的隔声量随入射波频率变化的曲线。由图可知,随着结构层数的增加,曲线的走势大致相同,但其隔声量逐渐增加,且隔声峰与隔声谷都变得越来越尖锐,隔声量曲线越来越符合带隙图的描述。

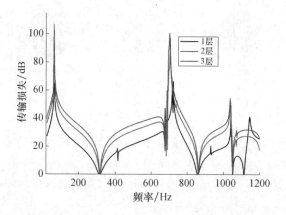

图 3.75   结构层数对隔声量的影响(见彩图)

由图 3.75 可知,在 1000～1200Hz 范围内,单层结构的隔声曲线表现出明显的隔声量衰减,因此选取单层结构在 1104Hz 隔声峰与 1147Hz 隔声谷的位移云纹图进行分析。

图 3.76 所示为 1104Hz 与 1147Hz 时的振动模式图,这种现象的出现可能与表面局域化[26]有关。从图中分析可以得到,在此频率范围内,单层原胞的基体发生共振,导致单层结构隔声量发生衰减。当存在多层结构时,各层基体之间相互连接,单层基体框共振消失,故此性质也随之消失。

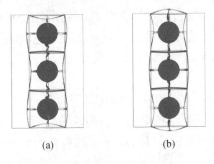

(a)　　　　　　　　　(b)

图 3.76　单层结构振动模式

随着结构层数的增多,继续增加结层数所带来的隔声量的增益越来越少。而且层数的增加会增大结构的质量与体积,这违背了声子晶体隔声材料"轻质、小尺寸"的设计初衷,同时也降低了其适用性。故此,需要寻求其他方式来优化结构的隔声性能。

显然,隔声量与结构层数不是简单的线性关系,要获得较好的隔声效果,并不只是简单地通过叠加层数来达到。而且增加结构的层数必然导致结构体积和质量的增大,而在许多隔声场合中,要求材料的质量和体积满足"轻质,小尺寸",因而需用其他途径来改善结构的隔声效果。

4. 包覆层宽度对隔声性能的影响

该声子晶体结构的一个重要特征就是其包覆层呈带状,声波在通过结构时,带状包覆层发生形变,将纵波转化为横波,从而将声波的能量消耗掉,故很有必要对带状包覆层的宽度对于隔声量的影响进行探究。这里分别设置带状包覆层宽为 1mm、2mm、3mm、4mm。

通过有限元方法计算其 3×3 原胞结构的隔声量,以分析带状包覆层宽度对于结构传输损失的影响,不同带状包覆层宽度结构的隔声曲线如图 3.77 所示。

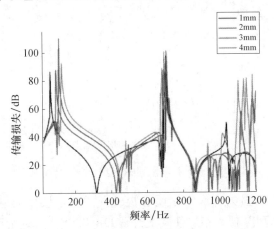

图 3.77　包覆层宽对传输损失的影响(见彩图)

从图中可以看出,隔声曲线的变化趋势基本上与能带结构相吻合。随着带状包覆层变宽,整个隔声曲线呈现整体右移的趋势,这是由于随着带状包覆层变宽,带隙频率整体上升。

在第一带隙频率范围内,传输损失的变化最明显。由于第一带隙的截止频率大幅上升,使得第一个隔声谷大幅右移,使结构的低频隔声性能有较大提升。根据前述分析可知,在第一带隙范围内,声波能量的吸收是由于金属芯体振动致使带状包覆层形变,当带状包覆层变宽,其在振动中将发生更大的形变,从而可以更加充分地吸收声波的能量。

从图3.77中可以观察到,在900~1200Hz范围内,3mm与4mm的包覆层所组成的结构表现出比1mm与2mm包覆层结构更加丰富的性质,这是由于在这一频率范围内,主要是带状包覆层共振影响结构的隔声性能,构成带状包覆层所使用的硅橡胶是一种柔性材料,当其从细带状逐渐变宽时,其共振模态也将更加丰富,导致了在900~1200Hz范围内更加复杂的隔声特性。

5. 复合方式对隔声性能的影响

为了提升结构的隔声性能,一方面需要增加结构的传输损失,另一方面需要进一步增加其传输损失的稳定性,减少传输损失的"突变"和隔声谷的产生。依据前面所述,出现隔声谷或者传输损失的"突变"的原因大多数是结构各个单胞之间的同步振动,导致了结构整体的振动,使声波得以透过结构。这里在原胞间插入金属层来试图减少结构的同步振动效果,并且从而提升结构的隔声性能。

为了研究胞间连接对结构传输损失的影响,这里构建由金属层和声子晶体单胞组成的复合结构,即向单胞之间插入1mm的金属层,金属的材料参数如表3.16所示。其隔声曲线如图3.78所示,分别为胞间插入铝层、铅层、钢层与不插入金属层时结构的隔声曲线。

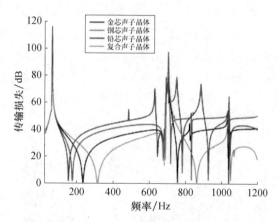

图3.78 复合方式对隔声性能的影响(见彩图)

复合后,结构的传输损失普遍有了明显提升。插入钢层使第一隔声峰传输损失从86.67dB上升至108.07dB,插入铅层使其上升至116.08dB。这是由于插入金属层厚度相同情况下插入铅层的结构质量更大,使结构受到声波的激励时产生的整体振幅更小,声波能量的局域化程度更大。

复合结构也导致了第一隔声谷前移。根据前面所述,在第一隔声谷处,带状包覆层与基体形成类似"弹簧-振子"系统,而插入金属层相当于增加了系统的等效质量,从而降低了其共振频率。但总体来看,插入金属层增加了结构在200~700Hz的传输损失。

结构在700~1000Hz的隔声性能也得到了提升。依据前面所述,在未复合时,此处的振动模式类似于基体框与带状包覆层形成的"弹簧－振子"系统,在达到一定频率时,基体框的强烈振动使声波得以透过结构,导致了传输损失的衰减。金属层的插入增加了这一系统的等效质量,使其共振频率前移,故此第二隔声峰前移;等效质量的增加也压缩了这类振动模式发生的带宽,使得传输损失的衰减能够较快结束并且得到回升,从而增强了结构在此频段内总的隔声性能。

同时由于复合结构使基体更加难以振动,故此在 1040Hz 附近发生传输损失"突变"时,传输损失的变化也小了许多。从图 3.78 可以看出,插入钢层对于此处突变的改善要好于插入铝层,这同样是由于钢层的质量大于铝层的质量,使结构受到相同的激励时,钢层振幅更小。

但是复合结构也带来了新的问题。例如在插入钢层后,传输损失在 833Hz 附近出现了新的"突变",而在插入铝层后,在此频率附近发生的"突变"更加强烈。

复合结构中基体框更稳固,这一方面有助于提升结构的隔声性能,同时也使带状包覆层可以展现更多的两端固定状态下的振动模式,这些模态的出现导致新的"突变"产生,而加入铝层后发生的突变比加入钢层更剧烈,这是由于钢层的弹性模量和质量都要大于铝层,使相同激励下插入钢层结构的振幅更小。

金属层的弹性模量对复合结构的隔声特性影响巨大。如图 3.78 所示,插入铅层后结构的传输损失虽然也有一定提升,但是其在 20～1200Hz 的隔声性能却比未复合的结构更加不稳定,出现了更多传输损失衰减和"突变"。通过对比可以发现,原胞间插入钢层对于隔声性能的改善有更好的效果。综上所述,金属层的质量和弹性模量越大,其阻碍结构发生同步共振的能力就越强,复合结构的隔声性能也就越好。

3.9.4 小结

本节设计了一种包覆层呈带状的十字型声子晶体,发现其在 30～200Hz 存在一个较宽的带隙,我们对各共振模态进行了分析,并将该结构简化为"弹簧－振子"模型,推导出带隙的估算公式。通过对结构参数进行改变,可以调节带隙的上、下限。计算了结构在 20～1200Hz 频段内的传输损失曲线,发现结构在此频段范围内有良好的隔声效果,同时出现了多处隔声峰和隔声谷,以及传输损失的"突变"。

通过对各隔声峰与隔声谷的振动模式图以及能带图的分析,进一步揭示了结构的隔声机理。通过分析发现,第一隔声峰与第二隔声峰的出现分别由金属芯体和带状包覆层发生局域共振所导致,带隙的截止导致了第一隔声谷的出现,一种特殊的模态导致了第二隔声谷的出现。传输损失"突变"是两种频率相邻的模态所导致,此时能带图上表现为平直带与带隙交替出现。

在此基础上研究了结构层数对于传输损失的影响,发现单层结构在 1000～1200Hz 频率范围内出现明显与其他层数结构不同的传输损失,并解释了其产生机理。同时发现,随着结构层数的增加,继续增加层数对于传输损失的增益越来越小,因此不能单纯通过增加结构层数的方式来提高结构传输损失。

接下来研究了带状包覆层的宽度对传输损失的影响。发现增加带状包覆层的宽度能在一定程度上提高结构的传输损失,同时使第一隔声峰和第一隔声谷的频率显著上升,但会增加传输损失急剧变化的出现。

最后通过往胞间插入金属层的方式来减少结构单胞之间的同步振动,以提高结构的传输损失。分别计算了往胞间插入不同金属时结构的传输损失。结果发现,所插入的金属弹性模量越大,密度越大,则传输损失的改善越明显。

3.10 蜂窝状声子晶体带隙特性及隔振性能研究

3.10.1 声子晶体结构设计

图 3.79 所示为蜂窝状声子晶体结构示意图。结构中 A 为金材质芯体、B 为硅橡胶包覆层、C 为环氧树脂基体,空白处为空气。$a \sim d$ 为声子晶体结构参数,其中:$a = 12\text{mm}$、$b = 21\text{mm}$、$c = 0.5\text{mm}$、$d = 1\text{mm}$。其余材料参数参见表 3.16。

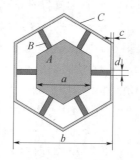

图 3.79 蜂窝状声子晶体结构示意图

采用有限元方法计算本声子晶体的能带图,为了方便在有限元计算中设置边界条件,根据晶体学知识,可以将晶格结构设置成图 3.80(a)所示的平行四边形结构,其与蜂窝状结构等效。图 3.80(b)所示为此结构的第一不可约布里渊区。

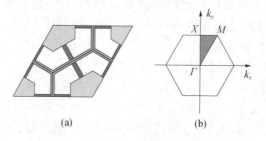

(a)   (b)

图 3.80 蜂窝状结构声子晶体晶格

根据布洛赫定理,一个原胞内场的空间分布具有与晶格相同的周期性,场的分布满足式(3-42)。

$$u_k(r + R) = e^{ikR} u_k(r) \tag{3-42}$$

其中 k 为给定的波矢,通过此式来构造边界条件。具体来讲,分别在平行四边形的两组对边上设置弗洛凯周期性边界条件,二者的弗洛凯周期矢量 k_f 分别为蜂窝状结构晶格的两个倒格子基矢 b_1、b_2,即

$$\begin{cases} \boldsymbol{b}_1 = \dfrac{2\pi}{L}\left(1, -\dfrac{\sqrt{3}}{3}\right) \\[2mm] \boldsymbol{b}_2 = \dfrac{2\pi}{L}\left(0, \dfrac{2\sqrt{3}}{3}\right) \end{cases} \tag{3-43}$$

使布洛赫波矢 $\boldsymbol{k}$ 沿图 3.80(b)所示的第一不可约布里渊区路径 $\varGamma - X - M - \varGamma$ 进行扫描,求解结构的固有频率即可得到结构的能带图。

3.10.2　能带图计算结果分析

通过有限元计算,可以得到结构的能带图如图 3.81 所示。对能带图进行分析可以发现,在 1000Hz 以下的低频范围内存在两个带隙:第一带隙较宽,存在于 36.27~246.91Hz 频率范围;第二带隙较窄,存在于 508.37~522.96Hz 频率范围内。当振动的频率接近特定的晶体结构的固有频率时,晶体结构将与之发生共振,振动能量大部分被局域化在晶体结构中,从而实现在一定范围内隔绝振动的功能。

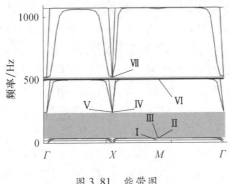

图 3.81　能带图

为了进一步揭示禁带产生的机理,对高对称点 Ⅰ ~ Ⅶ 点的振动模态进行分析,其振动模态如图 3.82 所示。

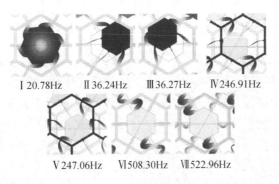

Ⅰ 20.78Hz　Ⅱ 36.24Hz　Ⅲ 36.27Hz　Ⅳ 246.91Hz

Ⅴ 247.06Hz　Ⅵ 508.30Hz　Ⅶ 522.96Hz

图 3.82　振动模态图

Ⅰ 点的共振频率为 20.78Hz,这一共振模态对应为六角形金属芯体带动条状橡胶的旋转振动模式。在这一共振模态下,条状橡胶发生剪切形变,不能产生行波传播方向的合力,使得长行波难以与其发生耦合。故未能导致带隙的产生。

Ⅱ 点与 Ⅲ 点的共振频率相当接近,分别为 36.24Hz 与 36.27Hz。这两种模态均表现为六角形芯体的平移振动。从模态图中可以观察到,在这两种振动模态下,基体大致保持静止,说明行波的大部分能量被局域化在晶体结构中。同时,六角形晶体的振动将带动条状橡胶发生形变,将局域化在晶格中的能量耗散掉。故低频带隙得以在此两种模态的作用下打开。

Ⅳ点与Ⅴ点的共振频率也相当接近,分别为246.91Hz与247.06Hz。这两种模态表现为六角形芯体保持大致静止,蜂窝状基体与行波发生强烈共振。由于整个结构外框都发生了振动,所以振动可以透过结构,故此带隙得以在这两种振动模态下截止。

实际上,无论是Ⅱ模态与Ⅲ模态,还是Ⅳ模态与Ⅴ模态,都可以等效为"弹簧–振子"系统。例如Ⅱ、Ⅲ模态,其"弹簧"为6条硅橡胶,"振子"为六角形芯体。而六角形芯体在Ⅱ模态时朝向蜂窝边框的一角振动,在Ⅲ模态时朝向蜂窝边框的一边振动,使这两种模态中"弹簧"的等效刚度出现轻微的差别。因此,虽然Ⅱ、Ⅲ模态极其相似,其共振频率还是会有些许不同。Ⅳ、Ⅴ模态共振频率出现差异的原因与此类似。这是蜂窝结构声子晶体的特点之一。

Ⅳ、Ⅴ模态的共振频率之差要大于Ⅱ、Ⅲ模态,这是由于在Ⅳ、Ⅴ模态等效的"弹簧–振子"系统中,其"振子"为蜂窝状基体框,其质量要远小于Ⅱ、Ⅲ模态等效系统中作为"振子"的六角形芯体。在3.10.3节中,会对"等效模型"更加详尽地描述。

Ⅵ模态对应的共振频率为508.30Hz,这一模态对应为条状橡胶的振动。条状橡胶的振动与行波发生耦合,同时相邻原胞间的条状橡胶振动方向相反,使得整个蜂窝状基体框保持静止,声波被局域化在结构中,故此Ⅵ模态下,带隙得以打开。

Ⅶ模态对应共振频率为522.96Hz,通过与Ⅵ模态对比可以发现,若从单个原胞的角度来看,Ⅶ模态与Ⅵ模态都表现为条状橡胶的振动。但是在Ⅶ模态中,相邻原胞条状橡胶的振动方向相同,使整个蜂窝状基体发生振动,振动得以透过结构,带隙在此截止。

通过观察带隙图可以发现,在508.30Hz附近出现许多相邻的平直带,这是由于在此频率附近,共振模态表现为条状橡胶的振动。而在蜂窝状结构中,每个原胞中都有6个条状橡胶,不同的条状橡胶进行组合,可以产生非常丰富的模态。

3.10.3 等效模型的建立

这里所关注结构的主要性能是其第一带隙频率范围。根据3.10.2节所述,第一带隙的频率范围是由两种模态的共振频率所决定的。所以,针对两种模态建立"弹簧–振子"等效模型,从而可以便捷地估算出第一带隙的频率范围,具有十分重要的理论意义。

由于在本结构中,提供回复力的包覆层呈细长条状,同时在上节所述的Ⅱ～Ⅴ模态中,条状橡胶的纵向形变要远大于横向形变,因此在等效模型中可忽略剪切模量的作用。

由于Ⅱ、Ⅲ模态的形成机理大致相似,这里仅对Ⅲ模态的等效模型进行讨论。

构建等效模型如图3.83所示,6个固定端呈正六角形分布。由于只考虑包覆层的弹性模量,故此可以将各个条状橡胶都等效为弹簧;在此种模态下六角芯体的振动为平动,故此可将其等效为质点。同时,由于六角芯体的质量要远大于条状橡胶,质点质量可以等效为六角芯体质量。

故此,质点质量M,弹簧质量k可分别等效为

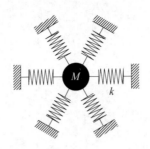

图 3.83　等效模型示意图

$$\begin{cases} M = \dfrac{\sqrt{3}}{2}\rho_{core} \cdot a^2 \\ k = \dfrac{2d}{b-a-2c} \cdot E \end{cases} \qquad (3-44)$$

式中:ρ_{core} 为六角形芯体质量;E 为硅橡胶弹性模量。

针对上述系统,可以写出如下能量方程

$$\begin{cases} U = 3kx^2 - 2kl(\sqrt{x^2+l^2-xl} + \sqrt{x^2+l^2+xl}) + 4kl^2 \\ T = \dfrac{1}{2}M\dot{x}^2 \end{cases} \qquad (3-45)$$

式中:T 为动能;U 为势能;x 为质点水平方向的位移;l 为条状橡胶长度。

可以看到 U 的式子中,有 $\sqrt{x^2+l^2-xl} + \sqrt{x^2+l^2+xl}$ 一项较为复杂,可以将其拟合为二次多项式:

$$y = P_1 x^2 + P_2 x + P_3 \qquad (3-46)$$

通过最小二乘法可以得到:

$$\begin{cases} P_1 = 184.9 \\ P_2 = -3.226 \times 10^{-16} \\ P_3 = 0.008 \end{cases} \qquad (3-47)$$

实际上,由于结构的限制质点位移 x 的取值只能存在于($-0.004,0.004$)m,分别画出原函数与拟合函数的图线,如图 3.84 所示,可以看到,两图线基本吻合。故此在这里使用拟合函数代表实际函数。

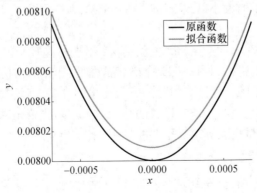

图 3.84　拟合函数曲线

在一定范围内,结构的振动可看作能量守恒,故

$$\frac{\mathrm{d}}{\mathrm{d}t}(T + U) = 0 \qquad (3-48)$$

化简可得到如下方程:

$$M\dot{x} + Kx = 0 \qquad (3-49)$$

通过势能方程可以得到 K 的值。由于拟合函数中 P_1、P_2 都很小,故此仅取拟合函数的二次项,所以可以得到 K 的值为

$$K = 2(3 - 2lP_1)k \qquad (3-50)$$

从而可以得到第一带隙频率下限为

$$f_{\text{starting}} = \frac{1}{2\pi}\sqrt{\frac{K}{M}} \qquad (3-51)$$

参照模态 Ⅴ,计算其共振频率时,其等效模型也可以看作图 3.83 所示模型。其系统刚度计算与Ⅲ模态等效刚度类似,其质点质量 m 也就是基体框的质量,可按照下述公式计算:

$$m = \frac{\sqrt{3}}{2}\rho_{\text{subs}}\left[b^2 - (b - 2c)^2\right] \qquad (3-52)$$

式中:ρ_{subs} 为基体材料密度。

故截止频率 $f_{\text{cut\_off}}$ 为

$$f_{\text{cut\_off}} = \frac{1}{2\pi}\sqrt{\frac{K}{m}} \qquad (3-53)$$

由这样的等效模型,可以估算出第一带隙的频率范围是 30.50 ~ 232.37Hz,与有限元计算结果大致相似。在建立等效模型的过程中对真实模型进行了多次简化,具体如下:①忽略了条状橡胶的剪切模量;②用拟合的方式简化了势能函数;③在计算共振频率时,假设结构能量守恒。这 3 点导致在计算固有频率时存在一定的误差。

3.10.4　结构参数对带隙的影响

为进一步优化带隙,这里分别独立改变结构的填充率与条状橡胶的宽度,以探究结构参数对带隙的影响。

1. 条状橡胶宽度对带隙的影响

这里通过改变振子的大小以改变结构的填充率,取 a 分别为 10 ~ 14mm,其第一带隙的变化如图 3.85 所示。

可以看出,随着填充率的升高,带隙起始频率出现较为轻微的下降,带隙截止频率出现较大幅度上升,带隙拓宽。同时可以看到,等效模型计算的结构与仿真结果大致吻合,进一步验证了等效模型的合理性。但是随着填充率的升高,等效模型计算误差越来越大,这是由于在等效模型中,忽略了条状橡胶的剪切模量。随着填充率的升高,硅橡胶将不呈细长条状,故其剪切模量将发挥越发重要的作用,使得计算误差升高。

2. 条状橡胶宽度对带隙的影响

图 3.86 所示为结构第一带隙随条状橡胶宽度的变化。随着其宽度的增加,带隙的起始频率与截止频率都出现一定程度的上升,但是截止频率上升更快,使得带隙变宽。

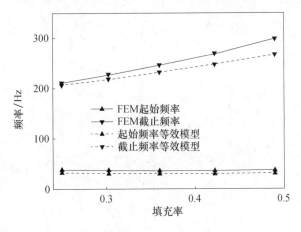

图 3.85　填充率对带隙的影响

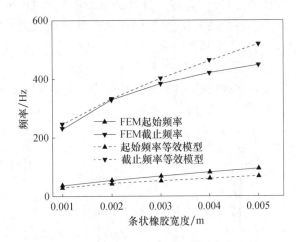

图 3.86　条状橡胶宽度对带隙的影响

　　这是由于条状橡胶的变宽使系统的弹性模量上升,从而导致了共振频率的上升。同样地,随着条状橡胶变得越来越宽,使等效模型中的假设失效,从而等效模型的误差逐步增大。

3.10.5　结构参数对传输损失的影响

　　声子晶体所独有的带隙特性,使其在减振方面具有广阔的应用前景。本节建立一个由 7 个原胞组成的结构,如图 3.87 所示,并通过有限元法分析了其传输损失。

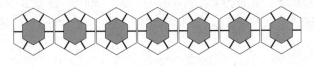

图 3.87　结构示意图

　　在有限元计算中,在结构的左侧施加频率范围在 30～1000Hz 的振动激励,在右端拾取响应,可得到其传输损失如图 3.88 所示。

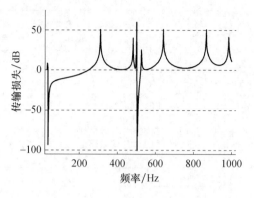

图 3.88　传输损失曲线

从图中可以观察到,在带隙范围内结构对振动的传播有抑制作用尤其在第一带隙起始频率处出现高达 93dB 的隔振峰,表现出良好的低频隔振性能,在第二带隙处也出现110dB 的隔振峰。在第一个隔振峰出现之后,结构的隔振能力急剧下降。这是由于结构的包覆层呈长条状,在振动过程中其剪切形变较少,振动的能量不能被充分耗散掉。同时由于第二带隙较窄,使得第二隔振峰覆盖的频率范围也较窄。

这里计算了不同宽度条状橡胶的结构,得到其传输损失曲线如图 3.89 所示。

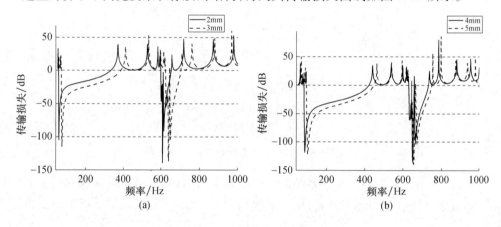

图 3.89　传输损失曲线

图 3.89(a)、(b) 所示分别为条状橡胶为 2 ~ 4mm 时结构的传输损失,从图中可以看出,随着条状橡胶变宽,结构可以产生隔振效果的频率范围变宽,与上节带隙计算的结构相印证。同时,在隔振峰出现之后,隔振量的衰减也更加平稳,使得结构整体的隔振性能更加优越。在条状橡胶宽度为 5mm 时,结构在 100 ~ 300Hz 频率范围内,隔振可以达到50dB 左右。但是随着条状橡胶变宽,结构第一带隙起始频率将上升,使结构的低频隔振性能逐渐下降。

第4章 压电数字声子晶体带隙特性研究

4.1 引　　言

本章利用压电材料设计了一维和二维数字声子晶体。我们提出了一种通过压电材料外接负电容电路来改变弹性材料的等效模量的方法。局域共振声子晶体能够产生低频带隙,但受材料模量、质量密度的影响,目前还不能实现大范围的低频带隙。我们提出了一种通过压电材料外接负电容电路来改变弹性材料的等效模量,突破了传统材料的限制,实现了可调弹性模量的声子晶体,成功产生了几赫兹的低频带隙,且带隙具有较大的可变化调节范围。数字量比模拟量更利于实现精确操控,数字材料具有模拟材料不具备的优势。通过数字化的调节能够准确控制某些参数的变化。本章提出了一维和二维数字声子晶体,利用外接电容的压电材料周期性排列在均质梁上形成数字声子晶体。能够通过比特数的变化来编辑声子晶体的原胞形态,实现原胞形状的任意可调,进而实现对带隙频率的数字化控制。数字声子晶体利用比特数表示原胞的状态,编码方式采用定长二进制编码,原胞形态数目随压电片数目变化呈指数级增长,具有比一般模拟声子晶体梁更丰富的原胞形状和带隙分布,同时能够产生不同形态的波导。

4.2　二维负电容声子晶体低频带隙特性研究

4.2.1　结构模型

单胞结构如图4.1所示,中心为边长 b 的正方形振子,通过硅橡胶连接到边长为 a 的正方形基体框,橡胶连接梁上下表面均粘贴有压电片上。由于压电片在不同方向有不同的弹性模量,为了方便处理计算结果,压电材料均按照 X 方向向外放置,压电片极化方向沿 Z 方向垂直纸面向内,每个压电片都外接负电容电路。

4.2.2　等效模量计算

如图4.1所示,压电片外接负电容形成周期结构。设坐标轴 X、Y、Z 方向对应在压电方程中用1、2、3表示,压电片的极化方向沿 Z 方向,压电片与弹性包覆层无相对滑动,忽略系统阻尼影响,假设振子向某方向振动,选取晶体单胞的横截面,分析计算等效弹性介质的弹性模量。

D 型压电方程如下:

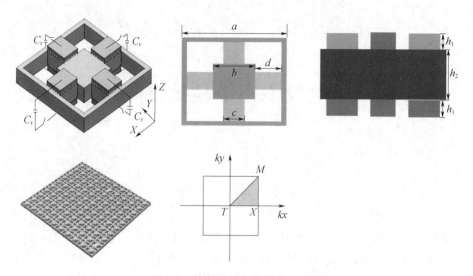

图 4.1 单胞结构和简约布里渊区

$$S_1 = s_{11}^E T_1 + d_{31} E_3 \quad\quad (4-1\mathrm{a})$$

$$D_3 = d_{31} T_1 + \varepsilon_{33}^T E_3 \quad\quad (4-1\mathrm{b})$$

式中：S_1，T_1 为压电材料 X 方向的应变和应力；E_3，D_3 为 Z 方向的电位移和电场强度；S_{11}^E 为弹性柔顺常数；ε_{33}^T 为 Z 方向自由介电常数，d_{31} 为压电应变常数。

等效电路如图 4.2 所示。

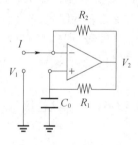

图 4.2 负电容电路

电路的复阻抗为

$$Z = \frac{1}{C_r S} \quad\quad (4-2)$$

电路公式

$$I = \frac{U}{Z} = \frac{E_3 h_p}{Z} \quad\quad (4-3)$$

$$I = -A_s D_3 s \quad\quad (4-4)$$

$$C_p = \frac{\varepsilon_{33}^T A_s}{h_p} \quad\quad (4-5)$$

式中：U 为电极之间的电势差；h_p 为压电片厚度；A_s 为电极面积；C_r 为外接负电容容值。将电位移和电场强度表达式代入式(4-1)可得应力与应变关系为

$$S_1 = \left(\frac{h_{\mathrm{p}}(1 + szC_{\mathrm{p}})}{h_{\mathrm{p}}s_{11}^{E}(1 + szC_{\mathrm{p}}) - szd_{31}^{2}A_{\mathrm{s}}} \right)T_1 \tag{4-6}$$

式中: s 为拉普拉斯算子; C_{p} 为压电材料电容; Z 为外接负电容阻抗。

把式(4-2)代入式(4-3)得到压电片等效弹性模量 E_{p}:

$$E_{\mathrm{p}} = \frac{h_{\mathrm{p}}(C_{\mathrm{r}} + C_{\mathrm{p}})}{h_{\mathrm{p}}s_{11}^{E}(C_{\mathrm{r}} + C_{\mathrm{p}}) - d_{31}^{2}A_{\mathrm{s}}} \tag{4-7}$$

$$E = \frac{E_{\mathrm{p}}A_{\mathrm{p}} + E_{\mathrm{b}}A_{\mathrm{b}}}{A_{\mathrm{p}} + A_{\mathrm{b}}} \tag{4-8}$$

式中: E_{b} 为弹性介质的弹性模量; A_{p} 为压电片与基体接触的横截面积; A_{b} 为弹性介质横截面积。

图 4.3 所示为压电片等效模量 E_{p} 随外接负电容 C_{r} 的变化曲线,图 4.4 所示为弹性介质等效弹性模量 E 随外接电容的变化曲线。由图可知,随着外部负电容的增大,压电片的弹性模量逐渐减小到负值,等效连接结构的等效弹性模量逐渐减小。因此,可以通过调节外部负电容的大小来改变等效弹性模量,进而改变带隙的频率。

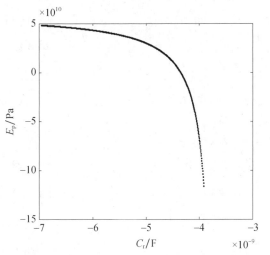 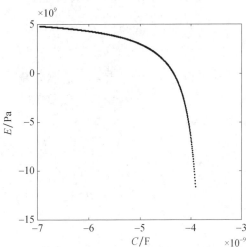

图 4.3　压电片弹性模量随外部电容变化曲线　　图 4.4　等效弹性模量随外部电容变化曲线

4.2.3　仿真计算

仿真计算所用材料如表 4.1 所列。由于声子晶体的带隙频率与弹性介质弹性模量紧密相关,通过上述分析可知,通过改变外部电容就能够在很大范围内改变弹性材料的等效弹性模量,实现一般常规材料不具有的超常低弹性模量。为了说明低频有效性,我们计算了不同介质弹性模量的带隙, A 和 B 分别为铅和环氧树脂,结构尺寸如表 4.2 所列,产生的带隙如图 4.5 所示,为了分析带隙的形成机理,分析选取了带隙边界处的振型,计算采用有限元软件 COMSOL Multiphysicals5.0。

表 4.1　材料参数

材料	弹性模量/GPa	密度/kg/m³	剪切模量/GPa
铅	4.08	11600	1.49
环氧树脂	0.435	1180	0.159
橡胶	1.175×10^{-5}	1300	4×10^{-6}

表 4.2　结构尺寸

a/mm	b/mm	c/mm	h_1/mm	h_2/mm
10	2	6	1	10

表 4.3　压电材料参数

材料	$S_{11}^E/(\text{m}^2/\text{N})$	$S_{12}^E/(\text{m}^2/\text{N})$	$d_{31}/(\text{C/N})$	$\rho/(\text{kg/m}^3)$
PZT–5H	16.5×10^{-12}	-4.78×10^{-12}	-274×10^{-12}	7500

为分析结构等效负质量密度产生，单胞等效成如图 4.6(a) 所示结构，当基体与振子运动不协调时，等效质量密度将发生变化，对振子应用牛顿第二定律，有

$$2k(U-u) = (-iw)^2 mu \tag{4-9}$$

$$u = \frac{2k}{2k - mw^2}U \tag{4-10}$$

对整个单元运用牛顿第二定律可得

$$F - 2k(U-u) = (-iw)^2 M'U \tag{4-11}$$

其中 $M' = M + m$。

$$\begin{aligned} F - 2k(U-u) &= (-iw)^2 M'U \\ &= (-iw)^2(M'U + mu) \end{aligned} \tag{4-12}$$

$$\rho_{\text{eff}} = \frac{M'}{V} + m\frac{u}{UV} = \frac{M'}{V} + \frac{m}{V}\frac{1}{1 - \left(\frac{w^2}{w_0^2}\right)}y \tag{4-13}$$

式中：V 为单元总体积；$w_0^2 = \dfrac{2k}{m}$。

图 4.6(b) 所示为动态质量密度随频率变化曲线，在频率 1.8 Hz 到 5.0 Hz 之间，动态质量密度为负值，声子晶体产生带隙，对应图 4.5 中带隙。

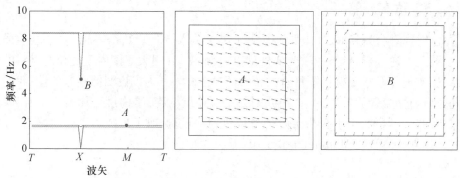

图 4.5　能带结构和带隙边界频率振型图

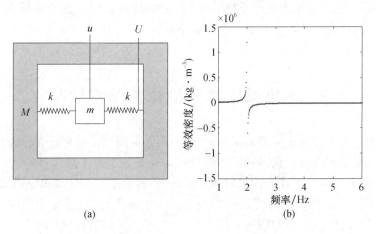

图 4.6　等效简化模型和动态质量密度变化曲线

带隙起始频率处,振子 A 向某方向运动,等效于一个单自由度系统,其振动频率为单振子系统的固有频率,固体中传播的行波与该单自由度系统产生耦合,打开了平移局域共振模式。在带隙上边界频率处,B 点的振动模式为振子与基体的同频反相位振动,基体中行波激起振子与基体平移振动模式,振动可等效为一个双自由度振动系统,同频反相位运动使得整体保持平衡,可以看到在等效弹性量较小时,固体带隙的频率很低。

为了进一步分析带隙随等效弹性模量的变化,绘制了带隙随弹性介质等效弹性模量变化曲线,变化曲线如图 4.7 所示。

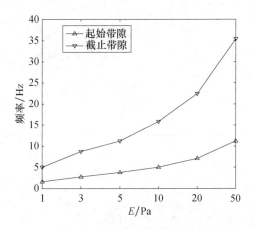

图 4.7　带隙随等效弹性模量变化

可以看到在等效弹性模量为 1Pa 时,带隙为 $1.58 \sim 5.01$Hz。外接负电容的压电声子晶体具有频率很低的带隙,在较小尺寸上实现了低频,甚至能够产生几赫兹的低频带隙,随着弹性模量的增加,带隙的上下边界频率逐渐增大,说明外接负电容声子晶体具有良好的低频带隙特性。

由于常规材料特性的限制,"小尺寸、低频带隙"声子晶体的实现目前还具有一定困难。在二维声子晶体上利用压电材料实现了低频带隙,利用外接负电容的压电片实现了对弹性介质等效弹性模量的调节,使得等效弹性介质具有常规材料不具有的小弹性模量。

随着外接电容的变化,带隙的频率也随之变化,带隙甚至能够达到几赫兹的低频范围,且带隙具有较大的可调节范围。利用负电容调节弹性介质等效弹性模量对于实现低频局域共振型声子晶体具有一定的参考价值。

4.3 一维数字声子晶体带隙特性研究

数字声子晶体比传统声子晶体具有更多优势,其原胞形态可被计算机编辑,能够根据实际需要调节原胞的形态。我们利用压电材料实现了数字声子晶体,以 N 位压电组为一个可编辑单元,采用有利于计算控制的0,1编码,原胞形态数与被编辑原胞内压电组数 N 成 2^N 指数关系。负电容的应用使带隙的调节范围更加广泛,带隙频率取决于编码序列,有利于计算机实现任意形态的原胞变化,为数字声子晶体研究提供了参考。

4.3.1 结构模型

图 4.8 所示为周期排列的压电片覆盖在均质梁两侧表面,每个压电片都外接电容电路,压电片状态在电路的通、断之间根据编码规则任意切换。压电片极化方向沿 Z 方向,各材料参数和结构参数如表 4.4 和表 4.5 所列,同一位置的上下两个压电片状态相同。

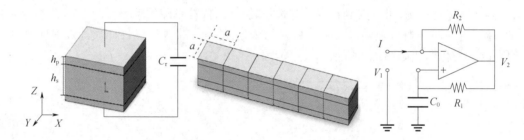

图 4.8　数字声子晶体模型与负电容电路

表 4.4　结构参数

a/mm	h_p/mm	h_s/mm
10	1	5

表 4.5　材料参数

材料	弹性模量/GPa	密度/(kg/m³)	剪切模量/GPa
环氧树脂	0.435	1180	0.159
橡胶	1.175×10^{-5}	1300	4×10^{-6}

4.3.2 等效弹性模量计算

压电片组的外接电路有两种状态,分别是"断路"和"通路"。这两种状态分别用数字"0"和"1"表示,"0"表示断路,"1"表示"通路"。这样不仅能根据每组压电片的二进制比特数得到压电片的状态,而且结构的周期性也能够调节,产生可调节的周期原胞。带隙计算方法采用传递矩阵法。根据式(4-7)可得到弹性模量随外部负电容的变化曲线。

图 4.9 所示为压电片等效弹性模量 E_p 随外接电容 C_r 的变化曲线。

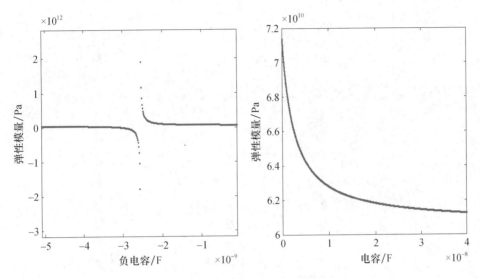

图 4.9　弹性模量随外部电容变化曲线

4.3.3　数值结果与讨论

外部电容 C_r 在正负值之间变化时,压电片弹性模量具有连续的变化量。当等效介质的弹性模量为 5×10^{10} Pa,我们以一维数字声子晶体 6 组压电片编码变化为例进行说明,其 6 位原胞编码分别为:[010101]、[001001]、[111000] 和 [000001]。结构形状如图 4.10 所示,能带如图 4.11 所示。

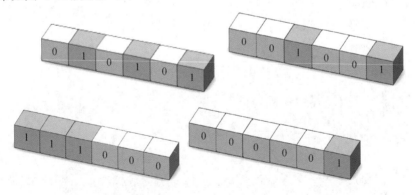

图 4.10　编码对应的结构模型

由图 4.12 可以看到,随着编码的变化,数字声子晶体的带隙随之发生变化。在某些频率处形成通带,在某些频率处产生禁带。禁带的位置随着编码的改变而变化,具有精确的可操控性。实际中我们可根据外部输入的变化,利用计算机调节编码来控制禁带的频率。

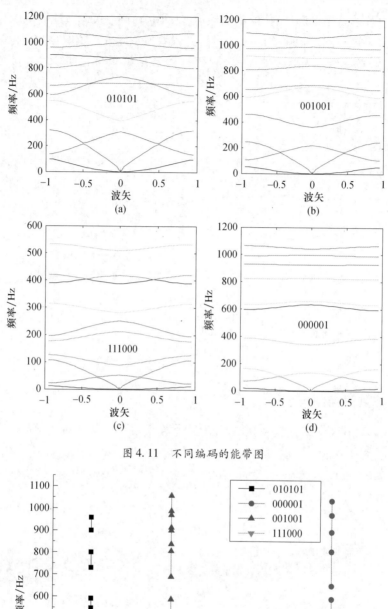

图 4.11　不同编码的能带图

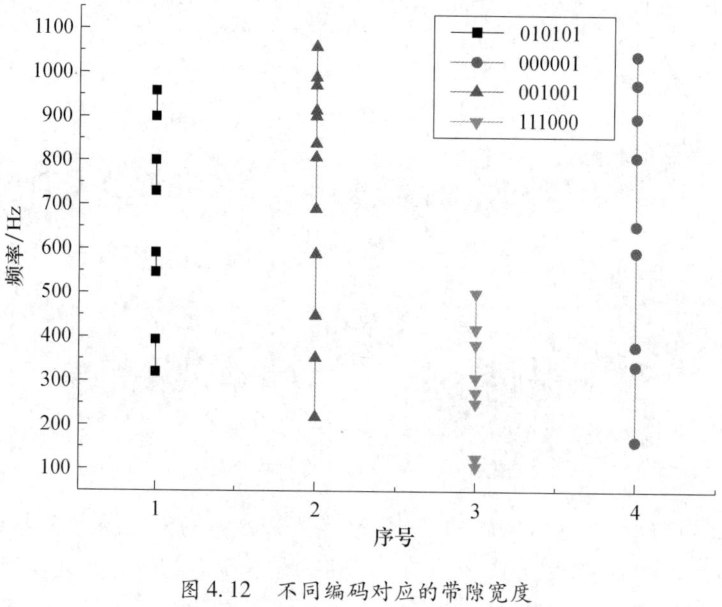

图 4.12　不同编码对应的带隙宽度

　　我们以上下 6 组压电片为一个原胞单元为例,利用比特数表示每组压电片状态,每个原胞的形式就可以被计算机编辑,包含 6 组压电片的一个原胞有 2^6 种可变换形态。原胞内压电片数目越多,原胞的可变换形态就越多,包含 N 组压电片的原胞共有 2^N 种原胞形态。数字声子晶体带隙可调范围广泛,从 125Hz 到 1038Hz 之间可调,实现了传统模拟声子晶体不具有的精确调节特性。数字声子晶体通过"0"和"1"编码,利用计算机能够实现对原胞形状的任意操控,对某些频率带隙的通断和频率能够实现任意调节。对入射弹性波的抑制能力要好于模拟声子晶体。随着编码位数 N 的增大,原胞的晶格常数随之增大,带隙的可调范围更加广泛,能够达到更低的频率。我们利用压电材料实现的一维数字声子晶体,为数字声子晶体的研究提供了参考。

4.4　二维压电数字声子晶体带隙特性研究

本节利用压电数字声子晶体实现了任意可控的带隙开关和任意形状的声波导,利用有利于计算机控制的二进制比特数"0"和"1"来表示电路状态。根据不同的编码序列,通过计算机调节二维声波导的形状,实现了传递路径的任意可调。同时编码序列的变化产生可被数字化精确调节的带隙,实现对低频带隙的通断状态控制。本节提出了一种压电数字声子晶体,它由压电材料在连接梁上周期性排列而成。

4.4.1　模型与等效弹性模量计算

铅振子通过 4 个硅橡胶梁连接到塑料框上,每个硅橡胶连接梁上下表面粘贴压电片,压电片连接电容开关电路。组成材料和结构周期排列的二维局域共振声子晶体。每个压电片外接电路,利用计算机控制每个压电单元的电路开关,每个压电片的状态可被控制。用比特数"0"和"1"分别表示电路的"短路"和"断路",这两种状态下压电片有不同的等效弹性模量。在计算机控制下,就可产生变化的周期结构原胞,进而带隙可被计算机精确调节,结构如图 4.13 所示。压电片极化方向为 Z 方向,每个压电片的 X 方向与铅振子和塑料框接触。铅的弹性模量 $E_p = 4.08\text{GPa}$,密度 $\rho_p = 11600\text{kg/m}^3$,泊松比 $\delta_p = 0.36$。塑料的弹性模量 $E_e = 0.22\text{GPa}$,密度 $\rho_e = 1190\text{kg/m}^3$,泊松比 $\delta_e = 0.37$。硅橡胶的弹性模量 $E_s = 1.175 \times 10^5\text{Pa}$,密度 $\rho_s = 1300\text{kg/m}^3$,泊松比 $\delta_s = 0.47$。压电片的密度 $\rho_a = 7500\text{kg/m}^3$,柔顺系数 $s_{11} = 16.5 \times 10^{-12}\text{m}^2/\text{N}$,压电常数 $d_{31} = -274 \times 10^{-12}\text{C/N}$,结构参数如表 4.6 所列。

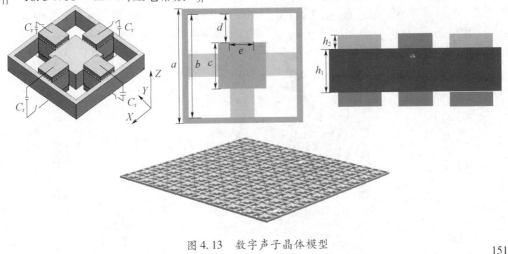

图 4.13　数字声子晶体模型

表 4.6　结构尺寸

a/mm	b/mm	c/mm	d/mm	e/mm	h_1/mm	h_2/mm
20	16	10	3	4	2	0.5

首先计算外接电容电路后压电片的等效弹性模量。覆盖压电片的软体材料相当于另外一种等效介质,其弹性模量随着外部控制电路的变化而变化,由计算的外部电容变化时等效介质梁的弹性模量变化曲线可以看到弹性模量随着电容变化具有连续变化特性,如图 4.14 所示。

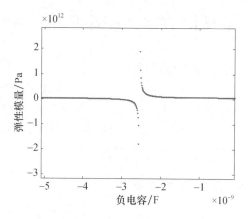

图 4.14　弹性模量随外部电容的变化曲线

4.4.2　不同编码对带隙的控制

分别改变粘贴在 4 个连接梁上的电路开关状态。合适的外部电容使压电片的等效弹性模量为 $2\times10^{10}\mathrm{Pa}$,局域共振带隙变化如图 4.15 所示,其中图 4.15(a)为开关全短路状态的能带图和对应的传递损失曲线,产生了 93～236Hz 的低频局域共振带隙。图 4.15(b)、(c)为 2 个相邻开关短路的能带图和 3 个相邻开关短路的能带图,能带图中都不存在带隙。图 4.15(d)所示在开关全断路情况下,产生了 17000～26000Hz 的高频共振带隙,而其他开关状态下均没有低频带隙产生。因此这种数字声子晶体具有带隙开关作用,能够控制 93～236Hz 的低频带隙的通断,也能够控制 17000～26000Hz 高频局域共振带隙的通断。

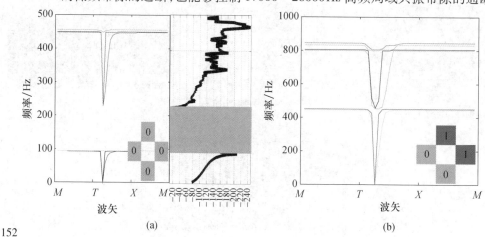

（a）　　　　　　　　　　　　　　　（b）

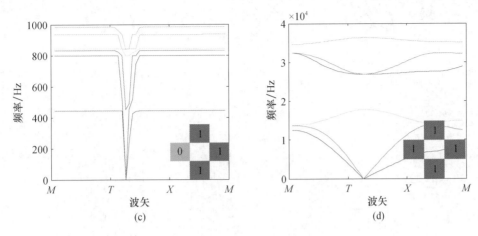

图 4.15　4 种不同原胞编码的带隙

令每个原胞内 4 个连接梁上的压电片状态相同,采用超原胞法计算了由 3×3 个单胞组成的带隙。3×3 单胞可看作一个被计算机编辑的超原胞,这样计算机就能够调节单胞的形状。原胞形状根据编码序列变化,产生变化的带隙,3×3 单胞共有 2^9 个不同编码序列,利用有限元法计算了图 4.16 所示编码的带隙频率,编码序列的变化使得带隙的频率发生变化。我们发现一个有趣的现象(图 4.17、图 4.18),即随着编码"1"所占比率的增大,带隙起始频率保持不变但带隙截止频率减小,如图 4.18(a)所示。更进一步,研究编码"1"占比相同情况下,编码"1"的排列方式对带隙的影响。我们在 3×3 超原胞内任意组合了 4 个编码"1",编码排列如图 4.17 所示。结果产生了另一个有趣的现象,带隙频率不随编码"1"的排列组合方式而改变,而仅与编码"1"所占比率有关,如图 4.18(b)所示,带隙的边界频率数值相等。

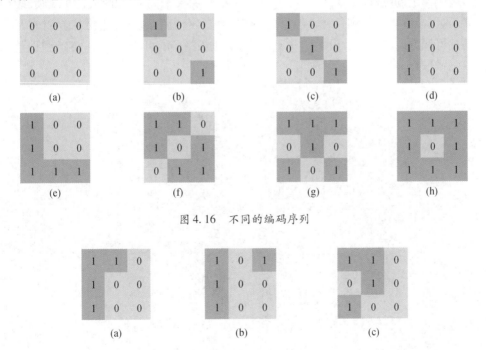

图 4.16　不同的编码序列

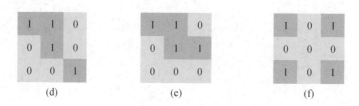

(d)　　　　　　(e)　　　　　　(f)

图 4.17　相同占比下不同的编码序列

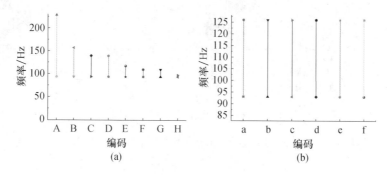

图 4.18　不同编码带隙的频率

（a）图 4.16 中编码对应的带隙频率；（b）图 4.17 中编码对应的带隙频率。

4.4.3　波导设计

波导能够引导弹性波的传播,使得弹性波沿着预定的路径传播。令每个原胞内部的开关状态相同,通过改变每个原胞内压电片的状态来控制连接梁状态,以此达到调节弹性波传播路径的目的。我们随机改变了传播路径上的编码,设置了两种任意路径,使得弹性波能够按照设定的编码"0"路径进行传播。在左侧加入不同频率的加速度激励,观察波导位移矢量。计算结果表明,弹性波沿着预定的路径传播。这种压电数字超材料是一种具有任意可调方向的波导,如图 4.19 所示,两个任意路径的可调波导,右侧的弹性波沿着设计的路径进行传播。

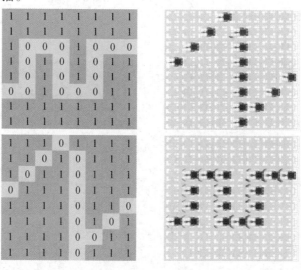

图 4.19　两种任意形状的弹性波波导

总的来说,利用外接电容的压电片粘贴在均匀连接梁上可实现一种数字声子晶体,开关状态分别用有利于计算机控制的数字"0"和"1"表示,实现了对带隙通断控制的开关作用。结合超原胞技术实现了对低频带隙的控制,不同开关状态的局域共振单胞实现了不同频率的低频带隙,超原胞内相同编码占比具有相同频率的带隙。对不同单胞开关状态的控制实现了弹性波传播路径的控制,实现了一种可调节任意方向的波导。

4.5 本章小结

本章将压电材料引入到数字声子晶体的设计中,实现了声子晶体带隙的准确控制,设计了一维、二维数字声子晶体结构,实现带隙随外部编码变化的数字声子晶体结构和波导。

首先,理论计算了外接负电容电路的压电片后结构的等效弹性模量,给出了等效弹性模量随频率的变化曲线,证明负等效模量的存在,计算了外接负电容电路的结构的带隙。

其次,将压电片粘贴在周期声子晶体梁上形成弹性模量可调的数字声子晶体梁,外部接电路开关,不同的开关状态能够影响原胞的状态,用基因编码"0"和"1"表示开关的通断两种状态,计算了不同编码的带隙,实现了对带隙的准确控制。

最后,设计了一种二维数字声子晶体,将压电片引入到原胞中,每个原胞的状态随外部电路开关状态的变化而变化,计算了原胞内不同电路状态变化的色散曲线,证明了 4 个不同的开关状态产生了 4 个不同的色散曲线,进而能够控制带隙的打开与闭合状态。在此基础上设计了 3×3 超原胞结构,计算了不同编码状态的带隙频率,超原胞的不同的编码状态能够产生多样化的带隙。比较了相同占比下不同排列方式对带隙的影响。同时,设计了随外部电路状态变化、路径可调的波导结构。

第5章 板结构的振动特性研究

5.1 折叠板型周期结构带隙特性与振动特性

5.1.1 结构模型

折叠板型周期结构是由环氧树脂薄板上周期排列的圆柱形铅柱和硅橡胶组成,其中每个原胞以铰链连接,可以进行折叠。其原胞结构及结构参数见图 5.1 和表 5.1。

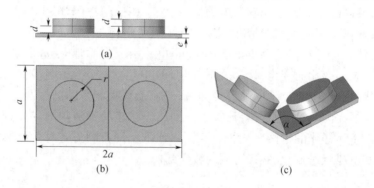

图 5.1 折叠板型周期结构

（a）折叠角度为 0° 原胞结构侧视图；（b）折叠角度为 0° 原胞结构俯视图；（c）折叠角度为 α 原胞三维结构。

表 5.1 结构参数

结构参数	晶格常数 a/mm	板厚 e/mm	圆柱体高度 d/mm	圆柱体半径 r/mm	折叠角度 α/(°)
数值	50	2.5	5	15	30

该结构材料由铅块、硅橡胶和环氧树脂板构成,其材料参数如表 5.2 所列。

表 5.2 材料参数

材料	弹性模量 E/10^{10} Pa	密度 ρ/(kg/m³)	泊松比
铅	4.08	11600	0.369
环氧树脂	0.435	1180	0.371
硅橡胶	1.175×10^{-5}	1300	0.468

为了探究该结构的能带结构和共振模态,取结构参数为晶格常数 $a = 50$mm,板厚 2.5mm,铅柱和硅橡胶半径为 15mm,折叠角度记为 30° 结构进行分析。

由于厚度有限,折叠板表现出很多不同于体结构的振动特性。因此,对于折叠板型局域共振单元声子结构的能带图,只有建立在模态分析的基础上,才能明确其中带隙产生的机理与特性。在分析带隙形成机理中,将通过板内波传播模式和局域共振模态进行分析,对带隙进行识别,并解释带隙形成的机理原因。

为了方便分析折叠后板型局域共振结构的带隙,分别做出折叠角度为 0° 的结构 A 和折叠角度为 30° 的结构 B 进行对比分析。图 5.2 和图 5.3 分别为两种结构的能带结构图。

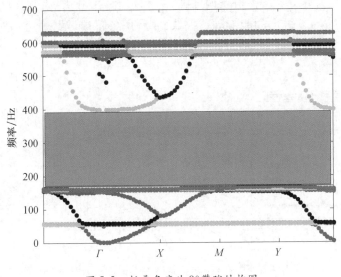

图 5.2　折叠角度为 0° 带隙结构图

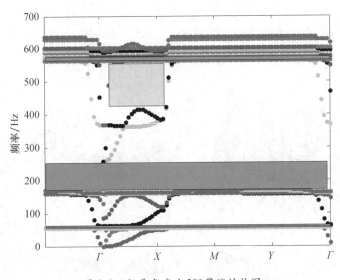

图 5.3　折叠角度为 30° 带隙结构图

通过对比折叠角不同的两种结构带隙图,可以看出,当折叠角度为 0° 时,该结构在 166 ~ 401Hz 出现低频带隙;与之不同的是,经过原胞折叠后,发现该结构在 700Hz 以下频段内,出现 3 条完整带隙以及一条方向带隙。分别为 55 ~ 68Hz,169 ~ 260Hz 以及 565 ~ 576Hz 的完整带隙和 419 ~ 556Hz 的方向带隙。从带隙结构上看,折叠结构较平面布局结构出现了更多的共振模态,特别是在低频段打开了带隙,同时在 $\Gamma-X$ 方向带隙得到了极大的扩宽。但需注意的是,在结构折叠后中频段的带隙受到了压缩,导致连续带隙范围减小。

5.1.2 折叠板型局域共振周期结构带隙机理分析

由于厚度有限板中表现出很多不同于体结构的振动特性。对于折叠板型周期结构的带隙机理分析,只有建立在模态分析的基础上,才能更好地分析折叠板型结构带隙形成机理。首先完成对 $\Gamma-X$ 方向的能带进行提取,并利用各阶局域共振模态对带隙形成机理进行分析。

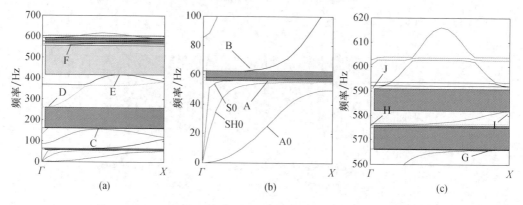

图 5.4　折叠板型局域共振结构 $\Gamma-X$ 方向能带结构
(a)折叠板型局域共振结构 $\Gamma-X$ 方向能带结构;(b) $\Gamma-X$ 方向 100Hz 以下能带结构;
(c) $\Gamma-X$ 方向 560~620Hz 能带结构。

按照能带结构图,分别提取各条带隙的起始频率与截止频率的共振模态如图 5.5 所示。

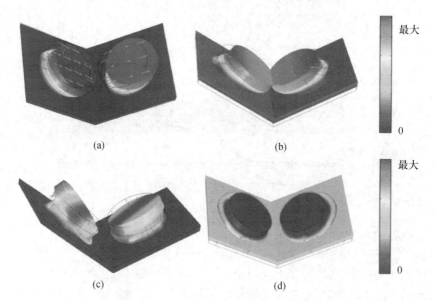

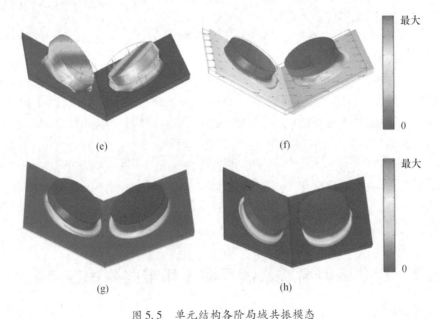

图 5.5 单元结构各阶局域共振模态

(a)模态 A；(b)模态 B；(c)模态 C；(d)模态 D；(e)模态 E；(f)模态 F；(g)模态 G；(h)模态 H。

由板中波动理论可知,弹性波在有限厚度的板中传播存在对称和反对称 Lamb 波等一系列复杂模态,分别表示为板中的纵波和弯曲波以及水平剪切波,它们包括 3 个基本的板波模态(S_0,A_0 和 SH_0 模态)。图 5.4(b)所示源于 Γ 点的 3 个能带分别表示在板中传播的弹性波模态,它们分别是反对称 Lamb 波(A_0 模态)、水平剪切波(SH_0)以及对称 Lamb 波(S_0)。在运动方向上,对称 Lamb 波沿板轴向运动,水平剪切波沿板横向运动,反对称 Lamb 波垂直于板运动。因此在板内,3 种波与单元结构进行耦合时,形成的带隙分别称为纵波带隙、剪切波带隙和弯曲波带隙。在低频段,由于波长远远大于单元结构的特征长度,对称 Lamb 波(S_0)和水平剪切波(SH_0)在板结构中传播与均匀板中没有差别。因此,它们的能带在低频表现为线性。

弹性波在板中以振动形式传播,其振动频率即为传播频率。板的振动会传递给共振单元,引起共振单元的振动。当弹性波传播频率与共振单元固有频率接近时,基体与共振单元发生强烈的耦合作用,共振单元共振模态会被激发,能量被局域在共振单元中,基体振动将会受到抑制或抵消为零。此时,板结构基本不支持振动在其中的传播,从而形成带隙。

对于频段第一带隙,带隙起始频率的共振模态如图 5.5(a)所示。图 5.5(a)对应的是单元结构沿纵向的振动,当沿纵向轴向振动的对称 Lamb 波与模态 A 在频率相一致时,对称 Lamb 波与模态 A 产生强烈的耦合作用,从而在平直带上打开了第一低频局域带隙,该带隙可以认为是纵波带隙。

对于第二带隙,其带隙起始频率由共振模态 C 决定,共振模态 C 主要有两个方向的振动,既有沿横向的振动分量又有沿垂直板方向的振动分量。因此该模态很容易被沿垂直版面运动反对称 Lamb 波和横向运动的水平剪切波激发,从而形成带隙。由于模态 C 沿板垂直方向运动比沿横向运动,位移更大,因此,可以认为在该模态中垂直运动的模态起主导作用,该带隙是弯曲波带隙。

对于第三方向带隙。带隙起始频率由共振模态 E 决定,注意其共振模态与共振模态 C 运动模式一致。该带隙也是弯曲波带隙。

第二带隙和第三带隙的激发模态一致,但两个带隙被截断。是因为结构折叠相邻单元产生了相反的位移。第二带隙的截止频率模态 D,如图 5.5(d)所示,两个相邻原胞相向运动,减弱了原胞轴向运动的能力,在板内传播的纵向弹性波纵使激发了模态 D,但由于两者运动相向,其耦合作用相当弱,导致带隙的截止。因此,在弯曲波带隙中会出现带隙中断的情况。

综上所述,折叠板型局域共振周期,可以在低频范围内分别产生较宽的弯曲波、纵波和水平剪切波带隙。它们都是由于在同一振动方向上的板波模式和局域共振模态之间的耦合作用造成的,获得带隙的宽度由它们之间的耦合强度决定。

5.2　折叠板型局域共振周期结构带隙影响因素分析

为了更深入了解折叠板型局域共振结构带隙的调节机制,下面将分别对影响带隙特性的材料和结构参数进行分析讨论。

5.2.1　材料参数对带隙特性的影响

通过带隙图发现,折叠结构虽然打开了低频带隙,但是其带隙范围较窄,在工程应用价值不大。为此更关注其主要带隙范围,主要研究折叠结构的第二、第三带隙。为方便比较,在讨论材料参数对带隙特性的影响时,对结构参数进行固定,即采用表 5.1 所用的结构参数。

1. 质量体材料对带隙结构的影响

在固定其他参数后,分别选择铅、铝、金、铜 4 种材料作为质量体材料,研究其质量体材料对带隙的影响。各质量体的物理参数如表 5.3 所列。

表 5.3　各质量体的物理参数

材料	弹性模量 $E/10^{10}\mathrm{Pa}$	密度 $\rho/(\mathrm{kg/m^3})$	泊松比
铅	4.08	11600	0.369
铝	7.76	2730	0.352
金	8.5	19500	0.421
铁	21.06	7780	0.241

从图 5.6 可以看出,当质量体采用不同材料时,带隙结构将发生变化,具体表现为:随着质量体质量增大,第二带隙的起始频率将降低,同时带隙宽度将增大;第三带隙起始频率将有所升高。这一现象也可以用局域共振等效模型解释。在第 2 章中,建立了局域共

振频率等效的数学模型,其带隙起始和截止频率为

$$f_{起始} = \frac{\omega}{2\pi} = \frac{1}{2\pi}\sqrt{\frac{k_e}{m_e}} \qquad (5-1)$$

$$f_{截止} = \frac{\omega}{2\pi} = \frac{1}{2\pi}\sqrt{\frac{m_e m_0 k_e}{m_e + m_0}} \qquad (5-2)$$

可见,当质量体 m_e 质量增大时,其带隙起始频率将降低,相应的带隙截止频率增加。为此,可以通过增加局域共振单元质量体的质量方式获得较低的局域共振带隙。

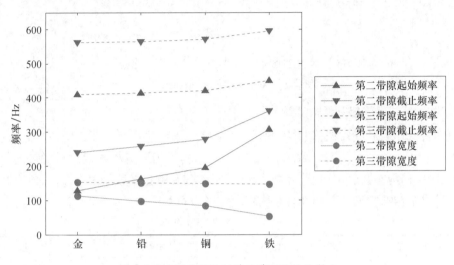

图 5.6　不同质量体材料对带隙结构的影响

2. 板材料对带隙结构的影响

板材料作为基体,将会对带隙的结构产生重要影响。为了分析板材料对带隙结构的影响,在固定其他参数后,分别选择环氧树脂、铝、有机玻璃 3 种材料作为板体材料,研究板材料对带隙的影响。各板体材料物理参数如表 5.4 所列。

表 5.4　板材料物理参数

材料	杨氏模量 $E/10^{10}$ Pa	密度 $\rho/(\text{kg/m}^3)$	泊松比
环氧树脂	0.435	1180	0.371
铝	7.76	2730	0.352
有机玻璃	0.2	1142	0.389

由图 5.7 可知,板材料对带隙的起始频率没有影响,但对截止频率影响较大。这是由于带隙截止的原因是板与共振结构一起振动,使弹性波能在板内传播,导致带隙的截止。同理也可以由式(5-1)给出的局域共振结构带隙截止的等效模型来解释,当板结构质量较大时,其截止频率将会相应降低。

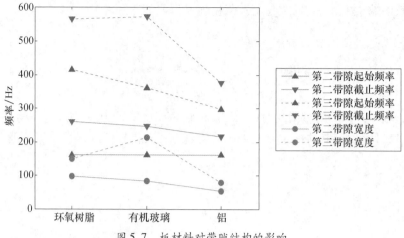

图 5.7　板材料对带隙结构的影响

3. 弹性材料对带隙结构的影响

弹性材料作为局域共振周期结构"质量－弹簧"体系的重要一环,其材料参数的不同将直接影响共振单元的共振频率,从而影响带隙结构。为了分析弹性材料对带隙结构的影响,在固定其他参数后,分别选择硅橡胶,丁腈橡胶和硫化橡胶作为弹性体,研究弹性体材料对带隙结构的影响。其弹性材料物理参数如表 5.5 所列。

表 5.5　弹性体材料物理参数

材料	弹性模量 $E/10^{10}$ Pa	密度 $\rho/(\mathrm{kg/m^3})$	泊松比
硅橡胶	1.175×10^{-5}	1300	0.468
丁腈橡胶	1.2×10^{-3}	1300	0.5
硫化橡胶1	1×10^{-4}	1300	0.47
硫化橡胶2	7.7×10^{-5}	1300	0.134

由图 5.8 可知,弹性体对带隙的影响较强。当采用较软的弹性体时,局域共振单元共振的位移更长,振动模态越明显,能增强与板内传播的弹性波耦合强度,从而使带隙频率下降,得到频率更低的低频带隙。

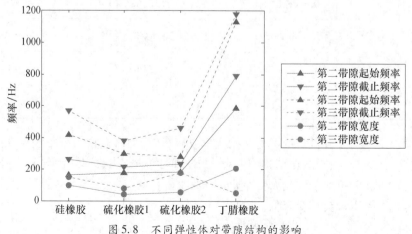

图 5.8　不同弹性体对带隙结构的影响

162

5.2.2　结构参数对带隙特性的影响

在分析结构参数对带隙结构的影响时,首先固定材料参数,其选用的材料物理参数如表 5.2 所列。

1. 折叠角度对带隙结构的影响

共振单元折叠角发生变化时,其带隙结构变化如图 5.9 所示。由图 5.9 可以看出,单元体进行折叠时当折叠角较小时,共振体相距还较远,共振体单元之间的耦合振动不强烈,带隙没有发生分离,但当折叠角增大时,共振体之间的耦合共振越发强烈,使带隙截断,并扩展带隙的宽度。从带隙结构图上可以看出其带隙效果变差,但是受共振体耦合共振触发的倏逝场作用,在带隙隔断的频率段内,结构仍具有较强的隔振作用,这将在下节的传输特性分析中给出具体的分析说明。

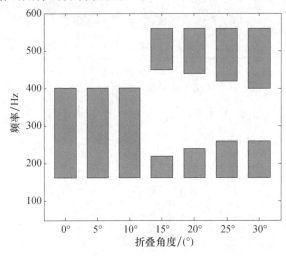

图 5.9　局域共振单元体折叠角度对带隙结构的影响

2. 质量体半径对带隙结构的影响

在控制材料参数后,改变质量体半径,分析其对带隙结构的影响,如图 5.10 所示。

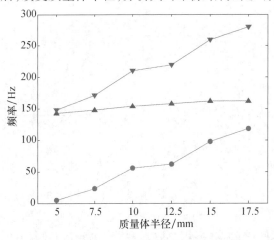

图 5.10　质量体半径对带隙结构的影响

由图 5.10 可以看出,当质量体半径增加时,带隙的起始频率略微增加,但是带隙的截止频率不断地上升,带隙宽度增加。主要原因是,半径增加相当于质量的增加,由式(5 - 1)和式(5 - 2)可知,其带隙起始和截止频率将增大。

5.3 折叠板型局域共振周期结构传输特性分析

采用有限元法对折叠板型局域共振周期结构的传输特性进行分析。建立 5 × 1 排列的计算结构。其折叠板型局域共振结构周期排列如图 5.11 所示。

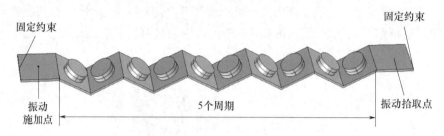

图 5.11 折叠板型局域共振周期结构传输特性计算模型

在计算中,两端采用固定边界,在一端施加位移量为 1mm,垂直于板,频率从 1Hz 到 700Hz 变化的简谐力,在结构末端监测其位移变化量。

传输频谱为

$$TL = 20\lg \frac{|d_{out}|}{|d_{in}|} \tag{5-3}$$

得到折叠角度为 30° 时的传输频谱如图 5.12 所示。

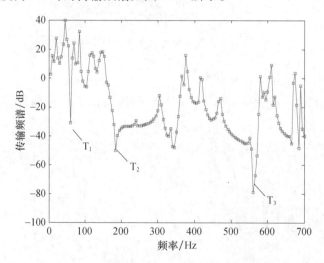

图 5.12 折叠角度为 30° 传输频谱图

由图的传输频谱图可以看出,在带隙频段内出现较大的振动衰减。其中,在 58Hz、162Hz,以及 560Hz 出现了最大的衰减,如图中 T_1、T_2、T_3 所示,而这些点正好在局域共振带隙起始点附近,在这里,局域共振耦合强度最强,单元体与板内传播的弹性波形成了共振,弹性波传播能量被共振单元极大地耗散掉,使弹性波不能在板内传播,表现在传输频谱中,则为响应函数值降低。这与带隙结果分析是一致的。

为了进一步验证折叠板的带隙特性,对带隙频率内外的结构的位移响应进行计算,分别计算了 T_1、T_2 点处位移响应图,以及带隙范围外的 400Hz 的位移响应图,如图 5.13 所示。

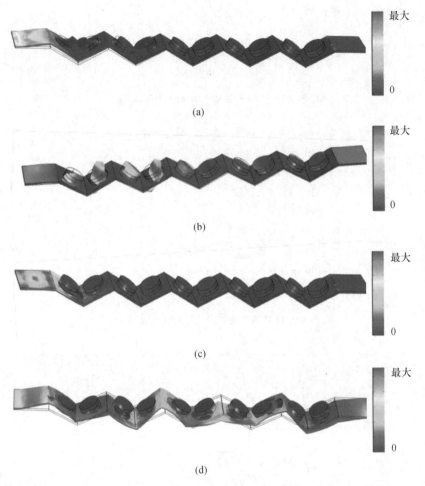

图 5.13　部分特征点位移响应图

(a)T_1 处位移响应图;(b)T_2 处位移响应图;(c)T_3 处位移响应图;(d)400Hz 位移响应图。

从图中 5.13 可以看出,当外部激励频率在带隙范围外时,激励所产生的弹性波将从板的一端传递到另一端,引起板剧烈的振动,如图(d)所示。然后在带隙范围内,外部激励所产生的弹性波在与局域共振结构相互耦合作用后,其振动能量被局域共振结构局域耗散掉,弹性波被不断地衰减耗散掉,使弹性波不能继续在结构中传播,从图(a)、(b)、(c)可以看出,经过两个结构单元的作用后,其位移几乎近于零,说明该结构对弹性波抑制作用还是很强的。

进一步地,对不同折叠角度的传输特性进行分析,分别作出折叠角为 0°、15°、30° 的传输频谱,如图 5.14 ~ 图 5.16 所示。

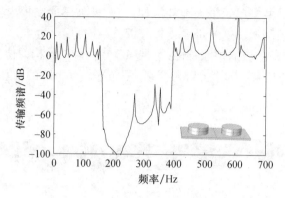

图 5.14　折叠角度为 0° 的传输频谱图

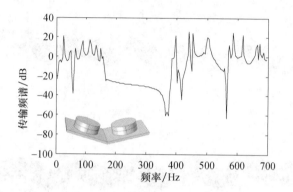

图 5.15　折叠角度为 15° 的传输频谱图

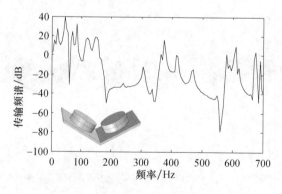

图 5.16　折叠角度为 30° 的传输频谱图

　　通过对比不同折叠角的传输频谱图,可以发现通过增大折叠角,可使传输频谱衰减区间增加,同时注意到当结构折叠后,对弹性波衰减的明显减小。当单元结构进行折叠时,相邻共振单元间隔减小,单元间振动耦合加强。局域共振带隙产生的原因是当弹性波与共振单元的共振频率相近时,激发共振模态,同时共振模态与弹性波强烈耦合,打开带隙。当激发频率稍有偏移时,弹性波会在共振单元附近激发倏逝场,当单元结构小于倏逝场衰减的距离时,相邻单元会参与共振,从而产生周围多个共振体单元集体共振的情况,使带隙增宽。从能量的角度讲,共振单元激发倏逝场使周围共振单元参与振动中来,在增加带隙宽度的同时势必减小了其耗散弹性波的能量,弹性波与共振单元耦合作用减弱,导致弹性波衰减减小。

5.4 声子晶体复合板结构隔声特性

"低频、宽带、轻质、小尺寸"一直是声子晶体在工程应用中所要求的特点,也是制约声子晶体工程应用的重要影响因素,也是众多学者一直研究的热点与难点之一。而对于期望应用于密闭舱室隔声的板结构而言,对上述特点的需求更加迫切。对于一维声子晶体板结构,由于布拉格散射机理的限制,其带隙频率往往较高,这也使这种结构的应用受到限制。对于二维声子晶体板结构,尽管其隔声频率范围有了明显的降低,但其仍然存在板厚度过大、隔声频率范围较窄的问题。目前对声子晶体复合板结构隔声性能方面的报道还不是很多,而且能够达到低频宽带且尺寸较小、质量较轻的报道也比较少。

在上一章的研究中,通过对具有不同带隙频率结构的复合,在低频宽带方面做了一定程度的工作,并有了一定的效果。但由于上一章的研究中只考虑了二维声子晶体截面方向的尺寸,也就是声波入射方向结构的厚度,并没有考虑非声波入射方向尺寸;而且上一章是在自由边界条件下,研究二维声子晶体结构的隔声特性。然而在工程应用中,此类隔声结构的长度是必须考虑的因素。考虑到结构的轻质特点,不改变声波入射方向结构的厚度,在非声波入射方向将具有不同带隙频率的结构相复合,期望能改善结构的隔声特性。同时,此类结构边界处往往需要与其他部件连接,因此有必要研究不同载荷边界条件下板结构的隔声性能。本节在不改变结构厚度的前提下,将具有不同带隙频率的结构复合构成板结构,研究了板结构的复合方式以及载荷边界条件对板结构隔声量的影响。

5.4.1 声子晶体板的复合方式对隔声量的影响

本节在图 3.34 所示的四振子结构的基础上,考虑其 z 方向的尺寸大小,原胞结构尺寸在 x、y 和 z 方向均为 2cm,其结构如图 5.17 所示,本节中振子材料分别为钢和铝,原胞结构及其他参数均保持不变,材料参数见表 3.10。

图 5.18 为板结构示意图,在构建板结构模型时,在 y 和 z 方向分别有 4 个原胞,为尽量减小板厚度,板结构在 x 方向由单层原胞构成,其中声波沿 x 方向入射经过板结构,整个板结构尺寸为 2cm × 8cm × 8cm。

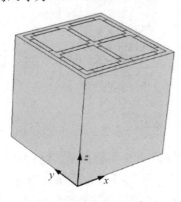

图 5.17 原胞结构示意图

图 5.18 板结构示意图

为了不增加板结构在 x 方向的厚度,保持该方向尺寸不变,在 y 方向分别将具有不同带隙频率的结构复合,期望能够改善整个板结构的隔声效果。在 4.3 节中已经讨论过,当四振子结构散射体材料分别为钢和铝时,其分别在 300~500Hz 和 600~800Hz 频率范围内对声波衰减作用较明显,且两种结构在声波入射方向复合以后能有效拓宽结构隔声范围。本节仍然在这两种结构的基础上,研究非声波入射方向结构复合对板隔声量的影响。在结构复合时,本节主要研究 3 种复合方式,分别为区域复合、间隔复合以及交叉复合。

5.4.2 区域复合板结构的隔声特性

具有 $1 \times 4 \times 4$ 个原胞的板结构在 y 方向上分别由钢振子原胞结构和铝振子原胞结构两部分组成,即可构成复合板结构。图 5.19 所示为区域复合板结构在声波入射方向(x 方向)的截面图,即图 5.18 所示板结构的左视图。在非声波入射的 y 方向,该结构由左、右两部分区域组成,其中 M_1 表示图 5.17 所示原胞结构的振子材料为钢,M_2 表示图 5.17 中原胞结构的振子材料为铝。

图 5.20 所示为区域复合板结构的隔声量,钢振子板结构和铝振子板结构分别在 350Hz 和 600Hz 频率附近存在明显的隔声峰值,但二者通过区域复合的方式复合以后,复合板结构并没有体现出明显的隔声峰值,仅仅是在 400~600Hz 频率范围内出现了 3 个相对较低的隔声峰。可见,两种不同结构的复

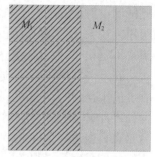

图 5.19　区域复合板
结构示意图

合不仅是隔声量的简单叠加,对于区域复合板结构而言,更像是对两种不同结构隔声量的"平均"。

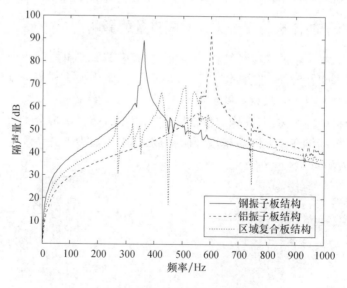

图 5.20　区域复合板结构隔声量

在 500Hz 频率以下频率范围内,复合板结构的隔声量介于钢振子板结构和铝振子板结构隔声量之间,根据质量密度定理,这是因为复合板结构的等效质量密度介于二者之间;而在 500Hz 以上的频率范围内,复合板结构隔声曲线的局部谷值频率与铝振子板结构

隔声曲线的局部谷值频率基本吻合,说明该频率段内复合板结构主要体现铝振子板结构的特征;在 200~600Hz 频率范围内,复合板结构隔声曲线具有多个隔声峰,这是由结构的共振特性所决定的,多个隔声峰意味着更佳的隔声量,但同时出现了更多的吻合效应辐射,这也导致了隔声谷的存在。

综上所述,区域复合板结构隔声曲线分别体现出两种结构的特征,但隔声峰并没能体现出来,而是在两个隔声峰之间存在多个较小的峰值。分析其原因,这是由于在这种区域复合方式下,两部分不同结构在交界处存在相互作用,导致整个板结构的振动模态发生变化,在多个频率处存在不同程度的局域共振模态,因此,隔声曲线上表现为多个较低的隔声峰。

5.4.3　间隔复合板结构的隔声特性

图 5.21 所示为间隔复合板结构在 x 方向的截面图(左视图),该板结构在 y 方向上分别由钢振子原胞结构和铝振子原胞结构按行间隔复合组成。

从图 5.22 所示间隔复合板结构隔声量可以看出,这种间隔复合的方式仍然具有区域复合方式下对板结构隔声量的"平均"作用。但间隔复合方式更能体现出两种原胞结构各自的隔声特性,在 300Hz 及 400Hz 频率附近,间隔复合板结构存在多个相对较高的隔声峰;在 500~600Hz 频率段内,同样也存在多个相对较高的隔声峰。间隔复合与区域复合相比,由于不同结构交替排列,会出现更多的振动耦合,因此具有更多的共振峰值。

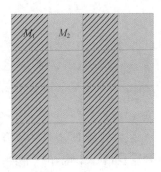

图 5.21　间隔复合板
结构示意图

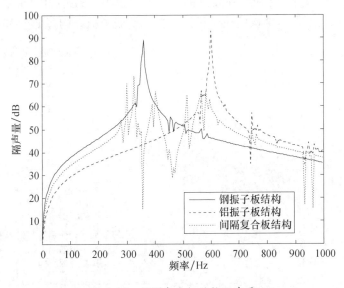

图 5.22　间隔复合板结构隔声量

但可以看到,间隔复合板结构在 350Hz、450Hz、930Hz、960Hz 频率附近都存在明显的隔声衰减,这是由于入射声波激发了板结构的本征弯曲波,引起结构声辐射,从而使衰减增大。

5.4.4 交叉复合板结构的隔声特性

图 5.23 所示为交叉复合板结构在 x 方向的截面图(左视图),该板结构在 y 方向上分别由钢振子原胞结构和铝振子原胞结构交叉组成;同时,在该种交叉复合方式下,复合板结构在 z 方向上同样是由两种原胞结构交叉组成的。

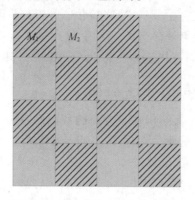

图 5.23 交叉复合板结构示意图

从图 5.24 所示交叉复合板结构的隔声量可以看出,这种复合方式相当于是对两种不同板结构的一个很好的融合,复合板结构的隔声量介于两种板结构隔声量之间,而且其隔声峰也并没有出现前两种复合方式下的拆分现象,而是介于两个隔声峰之间,峰值也达到了 80dB 以上。而且前两种复合方式下存在的隔声量局部衰减也明显减少,在 300Hz、600Hz、700Hz 频率附近,复合板结构隔声曲线仍然存在局部的波动。相比于前两种复合方式,在交叉复合方式下,这种局部衰减幅度已大大减小。另外,由于铝振子结构质量较轻,因此相同体积的复合板结构的质量相比于整个钢振子板结构降低了 30.2%。

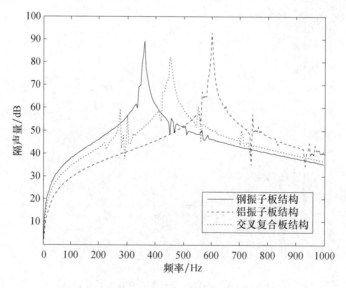

图 5.24 交叉复合板结构隔声量

5.4.5　应力分析

为进一步分析复合板结构隔声量在不同复合方式下发生变化的原因,选取 3 种复合方式下,隔声量曲线上的隔声峰频率与隔声谷频率,分析其应力分布情况。通过对应力分布情况的分析,能够得到声波在板中的传播模态,进而分析出隔声量变化的原因。

由于区域复合板结构与间隔复合板结构隔声特性差别不是很大,因此本节只选择了间隔复合板结构和交叉复合板结构进行应力分析。

图 5.25 所示为间隔复合板结构的部分隔声峰及隔声谷频率处的应力分布图,由图可知,由于间隔复合板结构隔声峰较多且分布频率范围较广,在本节中只选择了 301Hz、401Hz 及 596Hz 三个峰值频率以及 356Hz、461Hz、931Hz 三个谷值频率作为研究。由图 5.25 可见,在不同频率处,复合板结构中的应力分布不同,说明声波在复合板结构中的传播模态也不同。

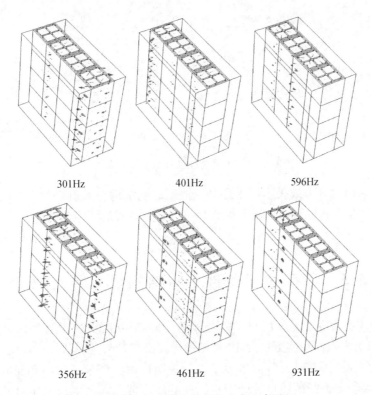

301Hz　　　　　　401Hz　　　　　　596Hz

356Hz　　　　　　461Hz　　　　　　931Hz

图 5.25　间隔复合板结构应力分布图

由图 5.25 可知,在隔声峰频率处,应力在板结构的不同位置都发生了集中,各原胞散射体的振动导致板结构在 x 方向存在位移,从而引起入射声波被复合板结构局域在相应的位置,与散射体发生了共振,导致隔声峰的存在,局域化程度越高,相应的隔声峰值越大。在 301Hz 频率处,复合板结构第一排钢振子结构振动模态为散射体沿顺时针方向在 x 方向的平移模态,各种振动模态相互耦合作用,使声波主要被局域在第一排与第二排结构之间,与散射体发生共振导致了隔声峰的存在。在 401Hz 及 596Hz 频率处,同样存在声波与散射体的局域共振作用。

在隔声谷频率处,尽管也存在应力集中的现象,但由于散射体的振动模态为扭转振动或者相向平移振动,这些模态都无法在 x 方向与入射声波发生耦合作用,从而导致散射体与入射声波不能产生局域共振作用,因此在隔声曲线上体现为隔声谷。在 356Hz 频率处,板结构振动模态为 x、y 两个方向的相向平移振动模态,但整个结构仍然没能存在这两个方向的作用力,因此入射声波与散射体不能发生局域共振作用。在 461Hz 及 931Hz 频率处,结构振动模态分别为相向平移振动和扭转振动,仍然不能发生局域共振作用,导致某些频率处入射声波能够几乎无损地穿过结构。

图 5.26 所示为交叉复合板结构应力分布图,在 276Hz 及 451Hz 频率处,结构散射体与入射声波相互耦合,导致入射声波被局域化,从而导致隔声峰的出现。而在 291Hz 及 561Hz 频率处,结构散射体仅对基体产生扭矩作用,并没有 x 和 y 方向的合力存在,入射声波难以与该模式下散射体的振动相耦合,因此在隔声量曲线上体现为局部衰减。

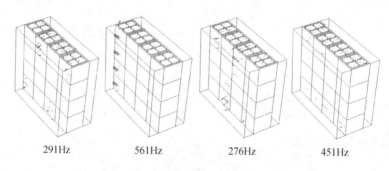

|291Hz | 561Hz | 276Hz | 451Hz |

图 5.26　交叉复合板结构应力分布图

可见,板结构的隔声效果本质上还是取决于原胞结构与入射声波之间的局域共振作用,但结构的复合方式也对该局域共振作用发生的频率范围乃至局域化程度有着很重要的影响。

5.5　载荷边界条件下板结构隔声特性研究

5.4 节在自由边界情况下研究了复合板结构的隔声性能,并没有考虑载荷边界对板结构隔声的影响。然而在实际情况中,板结构边界必然是与其他部件连接的,完全自由边界几乎是不存在的,因此研究载荷边界条件下板结构的隔声量是非常必要的。本节以钢振子板结构为例,研究载荷边界条件下板结构的隔声特性以及载荷大小对其隔声量的影响,通过分析应力分布情况,说明板结构隔声量发生变化的原因。

5.5.1　两边载荷的板结构隔声特性

本节分别研究在 y 和 z 方向的两边具有大小为 4Pa 的载荷,而另外两边自由的情况下板结构的隔声量。图 5.27 所示为两边载荷板结构在声波入射方向,即 x 方向截面图(图 5.18 所示板结构图)。

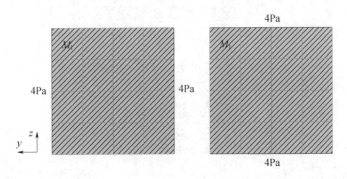

图 5.27　两边载荷板结构在 x 方向截面图

图 5.28 所示为两边载荷板结构的隔声量。由图 5.28 可知,载荷边界的引入仅仅对隔声量峰值处造成了较大的影响,而在 200Hz 以下及 600Hz 以上隔声量几乎不变。对于 z 方向两边载荷的情况,其板结构隔声量与自由边界条件下几乎没有发生变化,说明板结构在该方向上的波传播模态较少,在该方向施加边界载荷不会对板结构的隔声量造成太大影响。而对于 y 方向两边载荷的情况,其隔声量曲线与自由边界条件下相比,隔声峰值向低频方向移动,在 350Hz 以下频率范围内,隔声量有所增加;在 350Hz 以上频率范围内,隔声量有所降低。同时,单一隔声峰也变为 3 个隔声峰,峰值有所降低。这是由于载荷边界的引入改变了相应频率处板结构的振动模态,导致隔声量的变化。

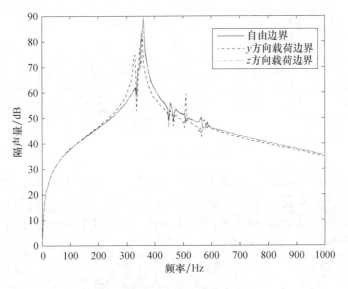

图 5.28　两边载荷板结构隔声量

5.5.2　四边载荷的板结构隔声特性

为了进一步验证上节得到的 z 方向两边载荷对板结构隔声量的影响,本节在四边均引入大小为 4Pa 的载荷边界。图 5.29 所示为四边载荷板结构在声波入射方向,即 x 方向截面图。

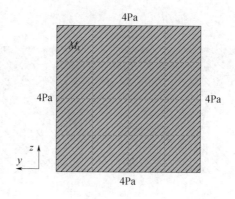

图 5.29　四边载荷板结构在 x 方向截面图

图 5.30 所示为四边载荷板结构的隔声量。由图 5.30 可知，y 方向两边载荷的情况下，板结构的隔声量与四边载荷情况下板结构隔声量几乎保持一致，这也验证了上节所得到的结论，即 z 方向两边载荷对板结构隔声量几乎没有影响。

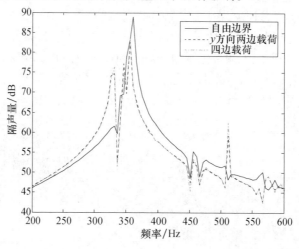

图 5.30　四边载荷板结构隔声量

为进一步说明边界载荷对板结构振动模态的改变，在隔声谷频率 336Hz 处，分别分析自由边界、y 方向两边载荷、z 方向两边载荷及四边载荷条件下板结构的应力分布情况，载荷边界的压力大小均为 4Pa。图 5.31 所示为不同边界条件下板结构应力分布情况。

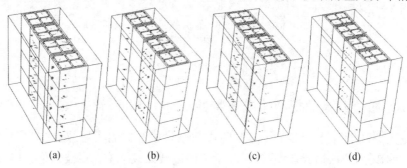

图 5.31　不同边界条件下板结构应力分布图

(a)自由边界;(b)y方向两边载荷;(c)z方向两边载荷;(d)四边载荷。

根据图 5.31 所示的应力分布可知,这 4 种边界条件下,在隔声量曲线谷值频率 336Hz 处,板结构的振动模态为扭转振动模态,整体上在声波入射方向均不存在作用力,因此也无局域共振作用。对比图 5.31(a)、(c)可知,这两种边界条件下,该谷值频率处,两种板结构的振动模态基本一致,应力主要集中在板的中间,各原胞散射体的振动模态为沿顺时针方向的扭转振动模态,尽管在声波入射方向局部存在平移振动,但由于板两侧平移振动方向相反,二者相互抵消,仍然无法存在局域共振作用。而对于图 5.31(b)、(d),在这两种边界条件下,板结构的振动模态依然是扭转振动模态,在 y 方向上,板结构两边原胞的振动模态为沿逆时针方向的扭转振动模态,而中间两排原胞则是沿顺时针方向的扭转振动模态,该振动模态同样无法与入射声波发生局域共振作用。对于图 5.31(d)所示的四边载荷的情况,由于载荷分布较均匀,板结构的应力相对两边载荷也分布得相对较分散,但通过隔声量曲线可知,起主导作用的依然是 y 方向上的载荷。

5.5.3　边界载荷大小对板结构隔声量的影响

通过在板结构边界施加载荷,可以改变板结构中的应力分布状况,从而改变其振动模态,导致隔声量曲线发生变化。那么边界载荷的大小也必然会影响板结构的振动模态。本节通过改变四边载荷板结构的载荷大小,研究载荷大小对板结构隔声量的影响。图 5.32 所示为四边载荷板结构的边界载荷大小分别为 1Pa、4Pa、8Pa、12Pa 时板结构的隔声量。

由图 5.32 可知,当边界载荷为 1Pa 时,四边载荷板结构的隔声量与自由边界板结构的隔声量几乎保持一致,只是在 340Hz 频率处存在一个较小的隔声峰,可见边界载荷的引入对隔声峰具有一种拆分的作用,通过应力分析可知,这是由于在此频率处,板结构发生弯曲波振动,无法与入射声波发生局域共振作用,导致了对声波抑制作用的减弱,隔声量曲线上表现为局部的隔声量强衰减,从而使隔声峰出现了被拆分的情况。

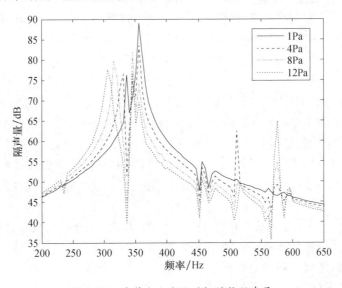

图 5.32　载荷大小变化时板结构隔声量

随着边界载荷的增大,这种拆分作用更明显,两个隔声峰均向低频方向移动,同时隔声量曲线上的局部衰减程度变大。而且随着边界载荷的增大,板结构在低频段的隔声量逐渐增加,但相对高频段的隔声量逐渐减低。可见,通过增加边界载荷的大小,可以增强板结构低频段的隔声效果,但需要牺牲一定的相对高频段的隔声能力,改变边界载荷的大小也是一种控制隔声峰位置的有效方法。

本节在非声波入射方向(y方向)上,将具有不同振子材料的两种4振子结构复合形成板结构,通过改变复合方式,分别构建区域复合、间隔复合以及交叉复合板结构。计算复合板结构的隔声量可知,复合板结构能够发挥出两种原胞结构各自的隔声优势,但由于二者之间的相互作用,复合板结构隔声峰较分散,峰值较小,其中,交叉复合板结构由于两种原胞分布较均匀,其隔声量在450Hz频率处存在一个较大的隔声峰,可看作对所含两种原胞结构隔声量的"中和"。考虑到板结构边界往往会存在约束,研究了载荷边界条件下板结构隔声特性。结果表明,z方向两边载荷对板结构影响不大,而y方向两边载荷对板结构的应力分布、振动模态及隔声量影响较明显。通过增大施加的四边载荷,隔声峰向低频方向移动,同时单一的隔声峰被"拆分",板结构低频段的隔声效果增强,但也牺牲了一定的相对高频段的隔声能力。

5.6　阻抗效应声子晶体板结构带隙特性研究

本节首先介绍具有阻抗效应的弹性声子晶体结构的设计方法,计算结构的本征频率和传递损失曲线,分析带隙影响因素。两种不同波速的弹性材料周期性排列,形成了二维阻抗效应的声子结构。在阻抗效应的影响下,弹性波只在一个固定的传播层中传播,形成了一系列的离散能级,在离散能级之间形成带隙,传播层的材料和结构参数对带隙有影响。弹性模量和约束层宽度对本征频率谱有影响。我们定义了用来描述这种阻抗效应的阻抗效应因子L。随着L的增大,阻抗效应增大,基态本征频率随约束层宽度的增大而变化,第一带隙是一个超宽频率带,带隙在238Hz到19857Hz之间,这种超材料板在噪声和振动衰减方面有潜在的应用价值。基于阻抗效应,本节设计了阻抗效应板结构,通过理论和实验验证的方法计算了阻抗效应板的隔声特性。其次,提出并研究了一种由周期性铁块和橡胶组成的局域驻波声子晶体结构,利用有限元法计算了它的色散关系和位移矢量场。由于非波导材料的约束作用,局域驻波频散曲线为直线,大大增加了中低频的带隙宽度,局域驻波节点位于半波长的整数倍处,对能带结构的几何参数和材料参数作了进一步的研究。等效约束边界是局域驻波产生的关键。局域驻波的产生受橡胶尺寸和铁材料尺寸的影响,局域驻波形成若干离散的能量级,计算了4个周期结构的透射损耗。结果表明,这种新型的局域驻波声子晶体具有离散的能级,并且可以用于小尺寸的声子晶体和声学设备当中。

本节设计了一种二维阻抗效应声子晶体结构,讨论了结构参数和材料参数对结构本征频率的影响,由于相邻传播层间耦合减弱,产生了一系列的离散能量流。弹性波出现在传播层中,在离散能级之间形成新的带隙。简谐振子只能沿与刚性壁平行的方向运动,而刚性壁垂直方向的运动受到限制,使弹性波仅限于传播层,通过求解二维方程计算了结构的本征频率,计算结果与等效共振模型进行了比较。为了验证计算结果的正确性,计算了$8×8$周期结构的传递损失曲线。

1. 声学超材料模型和能带计算方法

结构模型如图 5.33 所示,A 部分和 B 部分是不同的材料,A 部分是传播层,B 部分是限制层。结构参数和材料参数分别如表 5.6 和表 5.7 所列。

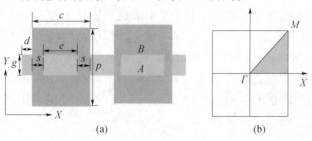

图 5.33　结 构 模 型

(a)二维周期结构板模型;(b)第一布里渊区。

表 5.6　材料参数

材料	密度/(kg/m^3)	弹性模量/Pa	剪切模量/Pa
A	1300	1×10^5	4×10^4
B	7780	2.1×10^{11}	8.1×10^{10}

表 5.7　结构参数

c/mm	d/mm	e/mm	g/mm	p/mm	s/mm
8	0.1	0.8	1	15	1.3

平面模式下弹性结构中的控制场方程为

$$-\rho(\boldsymbol{r})\omega^2 u_i = \nabla \cdot (\mu(\boldsymbol{r})\nabla u_i) + \nabla \cdot \left(\mu(\boldsymbol{r})\frac{\partial}{\partial x_i}\boldsymbol{u}\right) + \frac{\partial}{\partial x_i}(\lambda(\boldsymbol{r})\nabla \cdot \boldsymbol{u}) \quad (i=x,y)$$

$$(5-4)$$

式中:$\boldsymbol{r}=(x,y)$ 定义了位置矢量;ω 为角频率;ρ 为质量密度;$\boldsymbol{u}=(\boldsymbol{u}_x,\boldsymbol{u}_y)$ 为传播平面的位移矢量;λ、μ 为拉梅常数和剪切模量,$\nabla=\left(\dfrac{\partial}{\partial x},\dfrac{\partial}{\partial y}\right)$ 为二维矢量微分算子。

周期弹性系统的形式如下:

$$\boldsymbol{u}(\boldsymbol{r})=\boldsymbol{u}_k(\boldsymbol{r})\exp(\mathrm{i}\boldsymbol{k} \cdot \boldsymbol{r}) \qquad (5-5)$$

式中:$\boldsymbol{k}=(k_x,k_y)$ 为不可约布里渊区的布洛赫波矢;$\boldsymbol{u}_k$ 为一个周期向量函数,具有与周期弹性系统相同的空间周期性。时间谐波位移矢量的空间部分为

$$\boldsymbol{u}(\boldsymbol{r}+\boldsymbol{p})=\boldsymbol{u}(\boldsymbol{r})\exp(\mathrm{i}\boldsymbol{k} \cdot \boldsymbol{p}) \qquad (5-6)$$

式中:$\boldsymbol{p}$ 为声子晶体结构的空间周期向量。

COMSOL 是用于实现上述声子晶体的本征频率模型。传输函数定义为

$$H=10\lg\left(\frac{p_o}{p_i}\right) \qquad (5-7)$$

式中:p_o,p_i 分别为传输加速度和入射加速度的数值。

波沿 X 方向传播,同时在结构两侧加上完美匹配层吸收反射弹性波,保证了结果的准确性。

2. 带隙形成机理分析

本征频率谱如图 5.34 所示。图 5.35(a) ~ (d) 是固有频率的位移矢量图。为了便于观察,图 5.35(e) ~ (h) 分别是图 5.35(a) ~ (d) 橡胶的位移矢量放大图,通过控制场方程计算结构的前 9 阶本征频率。结果表明,第 4 阶到 9 阶的本征频率曲线是直线,可以看出,在不同的波矢量方向上,前 3 条本征频率线是连续的曲线(图 5.34 中的小图所示),在图 5.34 所示的本征频率谱中,第 4 阶到第 9 阶是相同的频率或微带。第 3 阶和第 4 阶本征频率之间会产生非常宽的带隙。从图 5.35(a) 中的振动位移可以看出,第 4 阶到第 9 阶本征频率的振动是传播的振动。在 A 层,本征频率的振动仅限于传播层 A 当中,第 4 阶本征频率是传播层 A 的基态本征频率。

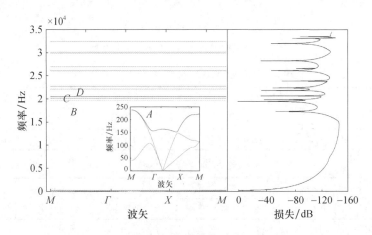

图 5.34　本征频率曲线和传输损失曲线

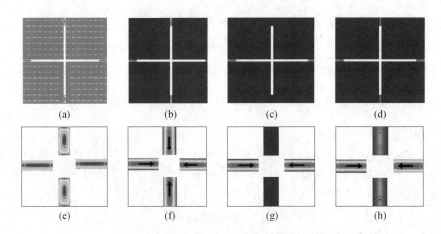

图 5.35　第 3 阶本征频率到第 6 阶本征频率的单元位移矢量图和局部橡胶的位移放大图

在图 5.35(a) 中,振动的位移是大质量振子 B 之间的反向运动,相同质量的振子做相同频率的反相位共振,图 5.35(b) 是布里渊区点的第 5 阶本征频率位移矢量,可以看出振动发生在传播层 A 中,等效振子平行于刚性壁运动,其垂直方向的传播受到限制,图 5.35(c) 和图 5.35(d) 分别显示了传播层 A 在 X 方向的相同运动和反向运动,图 5.36 中橡胶位移放大图在下方。图 5.36 所示为不同波矢量方向上 5 阶本征频率的振动位移。可以看出,在布里渊区的所有高点都有相同的位移。由于振子在 X 方向移动,因此振子的加速度和等效刚度在波矢量的各个方向上都是一致的,弹性波的局域化使弹性波传播受到限制,在其他波矢量方向上没有波传播的振动模式,从而使能量级被分离出来,出现了带隙。由于橡胶与钢之间的阻抗差异,弹性波被局域化,经典的局域共振结构一般含有大质量振子和软材料,而约束局域共振结构没有大质量振子,但有一个约束刚度大的层结构,橡胶传递层被限制层隔开,使得橡胶层之间没有耦合,振动不能在橡胶层之间传递,而是局限于单层橡胶,因此形成离散直线。根据布拉格散射定理,可以推导出带隙截止频率的公式:

$$v = \lambda f \tag{5-8}$$

$$v = \sqrt{\frac{E}{2\rho(1+\sigma)}} \tag{5-9}$$

$$\lambda = 2d \tag{5-10}$$

式中:E 为橡胶的弹性模量;ρ 为橡胶的密度;σ 为橡胶的泊松比;v 为弹性波波速;c 为橡胶层的宽度。

带隙的截止频率可通过以下公式估算:

$$f = \frac{1}{2d}\sqrt{\frac{E}{2\rho(1+\delta)}} \tag{5-11}$$

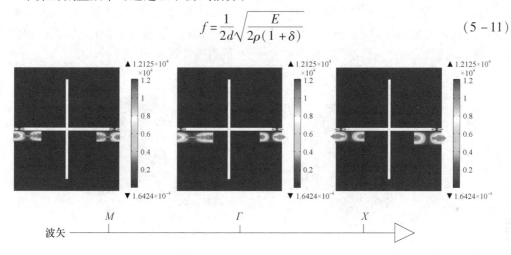

图 5.36　第 5 阶本征频率在不同波矢量方向的位移和局部橡胶的位移放大

本征频率随橡胶厚度的变化如图 5.37 所示。可以看出,橡胶厚度 d 对带隙截止频率有很大的影响。带隙截止频率的变化符合式(5-11)。

3. 材料和结构参数对带隙的调控

接下来讨论结构参数和材料参数对本征频率的影响。传播层 A 中出现了第 4 阶到第 9 阶本征频率的位移,形成了一系列离散能级。根据图 5.38(a),第一带隙的起始频率和截止频率随材料 B 的弹性模量增大而增大。图 5.38(b)中,第一带隙的起始频率随传播层 A 密度的增加而保持不变,但截止频率随传播层 A 密度增加而减小。图 5.38(c)中,随着厚度 d 的增加,起始频率和截止频率都减小。第一带隙的宽度随厚度 d 的不同而变化很大,d 越大,截止频率越小。

在图 5.38(d)中,Q 是限制层 B 的弹性模量与传播层 A 的弹性模量之比。随着限制层 B 的弹性模量的增加,本征频率逐渐增加,带隙宽度增加,本征频率由曲线变为直线。

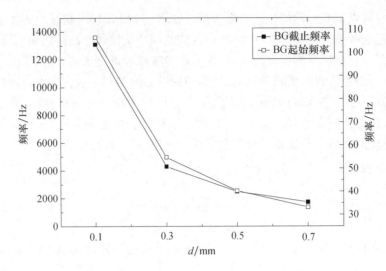

图 5.37　第一带隙随不同 d 的变化(见彩图)

因为相邻传播层 A 之间的耦合逐渐减小,位移只发生在传播层 A 中,使能级线由曲线变为直线,能级分离更明显,约束作用更强。由于两个材料的差异较大,在介质的表面弹性波被反射和透射,阻抗效应越强,透射弹性波越少,反射弹性波越多。

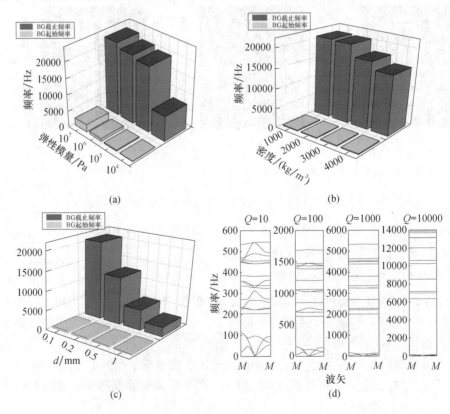

图 5.38　第一带隙参数变化

(a)第一带隙随弹性模量变化;(b)第一个带隙随材料 A 密度变化;
(c)第一带隙随材料 A 厚度 d 的变化;(d)不同 Q 的本征频率谱线。

为了进一步研究限制层 A 的宽度对 X 方向本征频率的影响,我们改变了限制层 B 的宽度 c,保持材料参数和结构参数不变,X 方向结构如图 5.39(a)所示,由于结构在 X 方向和 Y 方向具有对称性,我们仅改变 X 方向的限制层 B 宽度。由图 5.39(b)可以看出,随着 c 的增加,本征频率谱逐渐由曲线变为直线,相邻传播层之间的耦合减小。随着 c 的增加,传播层的基态频率(红线段)增大,传播层的基频出现"蓝移"现象,第一带隙宽度增大。红色本征频率谱向上移动,曲线逐渐变成直线,带隙宽度增加。结果表明,弹性波在不同方向上的耦合作用减小。

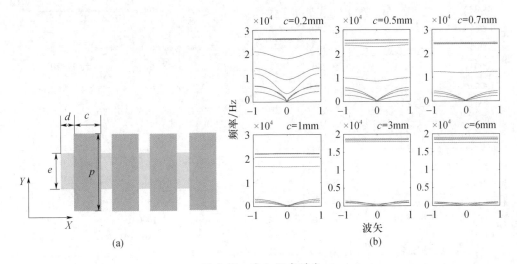

图 5.39　本征频率谱线

(a)X 向结构;(b)不同 c 的本征频率谱线。

4. 约束因子的定义

A 部分和 B 部分的阻抗相差很大,弹性波从小阻抗材料传播到大阻抗材料时,会在材料表面发生反射。因此,大阻抗的材料会限制在小阻抗的材料中传播的弹性波。为了揭示阻抗差异对弹性波的限制作用,我们定义约束因子 L,用 L 表示传播层和限制之间的差异。

$$L = \frac{ME'}{mE'} = \frac{\rho_B \cdot p \cdot c \cdot E}{\rho_A \cdot d \cdot e \cdot E'} \qquad (5-12)$$

式中:M,m 为结构中两种材料的质量;E,E' 分别为两种材料的弹性模量;ρ_B,ρ_A 为材料 A 和 B 的密度;p,c,d,e 分别为结构参数。

从图 5.38(d)可以看出,不同材料的弹性模量差异越大,带隙的宽度就越大,阻抗效应就越强。从图 5.39(b)可以看出,宽度 c 越大,质量 M 越大,阻抗效应越强,带隙宽度就越宽。我们计算了表 5.8 中不同材料参数的结构约束因子,其色散曲线如图 5.40 所示,可以看出约束因子越大,本征频率谱线的弯曲度越小,随着 L 的增大,阻抗效应越强,带隙就越宽。L 越大,阻抗效应越强,相邻传播层之间的耦合越小,带隙也就越宽。

表 5.8　不同参数的约束因子

$L = 4.6 \times 10^5$	$L = 2.3 \times 10^5$	$L = 0.77 \times 10^5$	$L = 4.6 \times 10^3$	$L = 4.6 \times 10^2$	$L = 4.6 \times 10$
$\rho_B = 6000\text{kg/m}^3$	$\rho_A = 3000\text{kg/m}^3$	$\rho_A = 1000\text{kg/m}^3$	$\rho_B = 6000\text{kg/m}^3$	$\rho_B = 6000\text{kg/m}^3$	$\rho_B = 6000\text{kg/m}^3$

续表

$L = 4.6 \times 10^5$	$L = 2.3 \times 10^5$	$L = 0.77 \times 10^5$	$L = 4.6 \times 10^3$	$L = 4.6 \times 10^2$	$L = 4.6 \times 10$
$\rho_A = 1300\text{kg/m}^3$	$\rho_A = 1300\text{kg/m}^3$	$\rho_A = 1300\text{kg/m}^3$	$\rho_A = 1300\text{kg/m}^3$	$\rho_A = 1300\text{kg/m}^3$	$\rho_A = 1300\text{kg/m}^3$
$E = 1 \times 10^{10}\text{Pa}$	$E = 1 \times 10^{10}\text{Pa}$	$E = 1 \times 10^{10}\text{Pa}$	$E = 1 \times 10^8\text{Pa}$	$E = 1 \times 10^7\text{Pa}$	$E = 1 \times 10^6\text{Pa}$
$E' = 10^5\text{Pa}$	$E' = 10^5\text{Pa}$	$E' = 10^5\text{Pa}$	$E' = 10^5\text{Pa}$	$E' = 10^5\text{Pa}$	$E' = 10^5\text{Pa}$

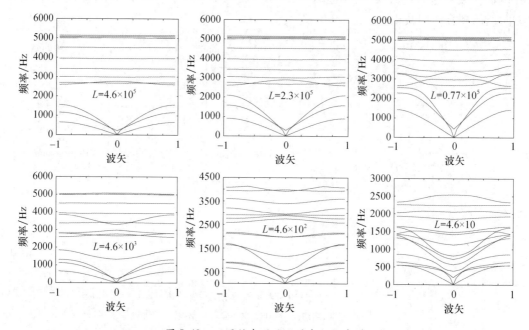

图 5.40　不同约束因子 L 的本征频率谱

5. 弱耦合板隔声特性研究

板结构是工程上常用的结构,研究板结构的隔声特性具有较高的实用价值,本节基于阻抗效应理论,设计了宽频隔声板结构,如图 5.41 所示,在正方形轻质铝板上均匀布满了橡胶块,铝板沿 X 方向周期排列。铝板的长和宽都是 $H = 60\text{mm}$,厚度为 $L = 4\text{mm}$,正方橡胶块的长和宽为 $d = 4\text{mm}$,单层结构的厚度是 $K = 5\text{mm}$。利用有限元软件 COMSOL Multiphysics 5.1a 计算了 4 层板结构的本征频率和传递损失曲线。材料参数如表 5.9 所列。带隙如图 5.42 所示,可以看到,在 787Hz 以上的频率范围,具有大范围带隙,结构在中频范围具有非常多的平直带,极大地拓展了带隙的范围。

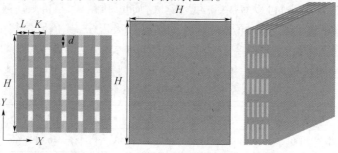

图 5.41　结构模型

表 5.9　材料参数

材料	密度/(kg/m³)	弹性模量/GPa	剪切模量/GPa
铝	2730	7.76	2.87
橡胶	1300	1.175×10^{-5}	4×10^{-6}

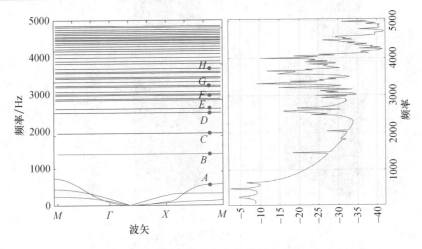

图 5.42　色散曲线和传递损失曲线

　　计算结构的色散曲线,可以看到在三阶本征频率之后的色散曲线都是直线,波的群速度为 0,弹性波没有传播。铝材料相当于约束层,橡胶块是传播层。选取色散曲线上的 3 个点,即低频上的 A 点,中频上的 B 点和较高频率的 C 点,分别计算这 3 个点的位移矢量图,如图 5.43所示,红色为位移矢量较大的部分,蓝色为位移较小部分。低频的 A 点处,由于长波长的长程作用,长波长的低频弹性波与大尺寸结构板发生作用,使得铝板产生位移。B 点处,铝板没有位移,而振动都发生在橡胶块上,弹性波的能量集中在橡胶块上,能量在位能与势能之间来回转换,产生阻抗效应。我们计算了多点处的位移矢量,可以看到在阻抗效应的作用下,能量都集中在橡胶块上,整个铝板基本保持不动。在高频处,C 点到 H 点的位移矢量图表明弹性波的能量集中在橡胶块上,阻抗效应使得弹性波的传播被局域化。

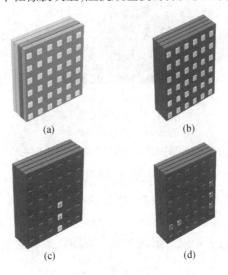

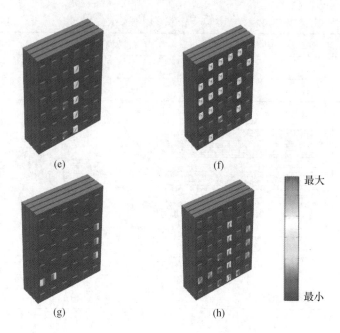

图 5.43　位移矢量图(见彩图)

(a)A 点位移矢量图;(b)B 点位移矢量图;(c)C 点位移矢量图;(d)D 点位移矢量图;

(e)E 点位移矢量图;(f)F 点位移矢量图;(g)G 点位移矢量图;(h)H 点位移矢量图。

为了验证计算结果的准确性,我们制作了与仿真计算相同的样品,在消声室内进行测试。图 5.44(a)所示为多层结构样品图,图 5.44(b)所示为测试图,将板结构固定在形状和尺寸与铝板一致的窗口上,外部为平面波声源,内部为声压采集器,测试结果如图 5.44(c)所示。可以看到在 800Hz 以上的频率范围隔声量较大,与理论计算结构吻合较好,验证了理论结果的正确性。

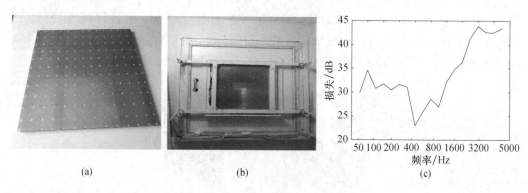

图 5.44　板结构样品测试

(a)板结构;(b)样品测试图;(c)隔声量测试曲线。

本节设计研究了一种离散声子晶体结构的阻抗效应,用有限元方法计算了超材料板的能带结构和透射谱。用二维波动方程计算了结构的本征频率,并对其结构进行了分析。该结构具有许多宽频带隙,第一带隙的频率为 238～19857Hz。通过研究带隙边缘特征模的位移矢量场,进一步分析了带隙的形成机理。在阻抗效应的基础上,设计了宽频阻抗效应板结构,铝与橡胶周期排列形成了具有阻抗效应的结构。弹性波被限制在限域层内无法传播,这种弹性板的结构简单,质量较轻,能够有效抑制 800Hz 以上的频率范围,具有较高的应用价值。得出如下结论:

(1)带隙的截止频率比初始频率高两个数量级,随着弹性模量比值 Q、约束层 c 的宽度和约束因子 L 的增大,能级分离现象更加明显。

(2)传播层 A 的弹性模量和结构宽度对带隙有很大的影响,第一带隙的截止频率与传播层 A 的厚度 d 成反比。

(3)定义了阻抗效应因子 L,阻抗效应因子 L 越大,阻抗效应越强。L 越大,本征频率谱的弯曲度越高,带隙宽度就越宽。

第6章 薄膜声学超材料隔声特性研究

6.1 引　言

薄膜因其打破了质量密度定律,具有低频隔声量大、质量较轻等优点,被国内外研究者广泛关注,研究者们利用薄膜设计了各种形式的声学结构[183,196-199]。Yang 等利用薄膜膜板的堆叠实现了 50~1000Hz 的范围,传递损失达到 40dB[200];Fan 等利用在薄膜板上穿孔,隔声覆盖下限达到 20Hz,发现周期性排列的薄膜具有比固体板更好的隔声特性[201];Lee 等利用弹性薄膜制作了一维声子晶体,该结构在 0~734Hz 之间具有负的加速度[202];Mei 等设计了薄膜结合钢片的结构,该结构能够有效吸收频率在 100~1000Hz 的声波,钢片的拍动模式导致了较大的弹性曲率能量密度,薄膜总的能量密度比低频入射声波的能量密度大 2~3 个数量级,本质上相当于一个开放的共振腔[203];Ma 等利用薄膜设计了一种轻型声子晶体结构,该结构具有良好的低频弯曲波带隙[142]。

下面从薄膜的厚度、面积、边框因素等方面,对边界固定薄膜声子晶体的隔声特性进行研究,并给出一些有价值的结论。

6.2　边界固定的圆形薄膜隔声特性研究

当薄膜受到一定扰动后,薄膜张力使薄膜恢复到平衡位置。假设在整个平面内,薄膜所受张力为 F,当薄膜受到某一方向扰动发生形变,会在张力作用下迅速恢复到平衡状态。

如图 6.1 所示,在薄膜上取一微元面 $dxdy$,假设薄膜微元受到任意方向的张力 F,则力 F 在 x 和 y 方向的分量为 $F_x = F\cos a, F_y = F\sin a$。

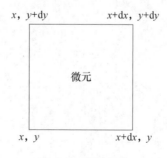

图 6.1　薄膜微元

当薄膜受到的扰动较小,可以取 $\sin a \approx \tan a$,设 h 为离开平衡位置的垂直方向的位移,则有 $\tan a = \left(\dfrac{\partial h}{\partial x}\right)_x$,作用在 $\mathrm{d}y$ 的垂直方向的力为 $F\left(\dfrac{\partial h}{\partial x}\right)_x \mathrm{d}y$,在 $x + \mathrm{d}x$ 处的垂直方向的力为 $F\left(\dfrac{\partial h}{\partial x}\right)_{x+\mathrm{d}x} \mathrm{d}y$。微元的 $\mathrm{d}x$ 和 $x + \mathrm{d}x$ 边界上垂直方向的合力为

$$F\left(\frac{\partial h}{\partial x}\right)_{x+\mathrm{d}x} \mathrm{d}y - F\left(\frac{\partial h}{\partial x}\right)_x \mathrm{d}y = F\left(\frac{\partial^2 h}{\partial x^2}\right)\mathrm{d}x\mathrm{d}y \tag{6-1}$$

同理,在 y 和 $y + \mathrm{d}y$ 边界垂直方向的合力为

$$F\left(\frac{\partial h}{\partial y}\right)_{y+\mathrm{d}y} \mathrm{d}x - F\left(\frac{\partial h}{\partial y}\right)_y \mathrm{d}x = F\left(\frac{\partial^2 h}{\partial y^2}\right)\mathrm{d}x\mathrm{d}y \tag{6-2}$$

微元所受的总力为

$$F_z = F\left(\frac{\partial^2 h}{\partial x^2} + \frac{\partial^2 h}{\partial y^2}\right)\mathrm{d}x\mathrm{d}y \tag{6-3}$$

式中:ρ 为薄膜面的密度,微元质量为 $\rho\mathrm{d}x\mathrm{d}y$。

由牛顿第二定律可得微元的运动方程为

$$F\left(\frac{\partial^2 h}{\partial x^2} + \frac{\partial^2 h}{\partial y^2}\right)\mathrm{d}x\mathrm{d}y = \rho\mathrm{d}x\mathrm{d}y\left(\frac{\partial^2 h}{\partial t^2}\right) \tag{6-4}$$

整理,得

$$\nabla^2 h = \frac{1}{c^2}\frac{\partial^2 h}{\partial t^2} \tag{6-5}$$

式中:$c = \sqrt{\dfrac{F}{\rho}}$;$\nabla^2 = \dfrac{\partial^2}{\partial x^2} + \dfrac{\partial^2}{\partial y^2}$ 为拉普拉斯算子。

6.2.1　吸声性能影响因素分析

圆形薄膜钳定在刚性边框上组成薄膜吸声结构,能够有效吸收低频声波。研究发现,薄膜超材料具有优异的低频隔声特性,打破了质量密度定律的限制。

薄膜吸声类似于共振吸声器,简化模型如图 6.2 所示。

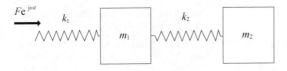

图 6.2　薄膜共振吸声模型

外部激励 $F\mathrm{e}^{\mathrm{j}\omega t}$ 作用在 m 上引起质量块 m_1 和弹簧 k_1 振动,当激励频率等于单独由 m_2 和 k_2 组成的单自由度系统的固有频率时,m_1 保持静止,此时薄膜起到了隔声作用。m_1 可看作引起薄膜振动的空气,m_2 可看作薄膜。此时,原空气振动可看作由薄膜的振动代替,空气在声压下的强迫振动消失。

为研究薄膜吸声的影响因素,本节从薄膜厚度、薄膜半径、薄膜弹性模量方面的变化研究薄膜的吸声性能,材料特性如表 6.1 所列,薄膜为硅橡胶,刚性边框为铝。

表 6.1　材料参数

材料	密度/(kg/m³)	弹性模量/GPa	剪切模量/GPa
铝	2730	7.76	2.87
硅橡胶	1300	1.175×10^{-5}	4×10^{-4}

薄膜厚度为 1mm，半径为 15mm，边框的外半径为 15mm，内半径为 14mm，高度为 5mm，薄膜吸声单元结构如图 6.3 所示。

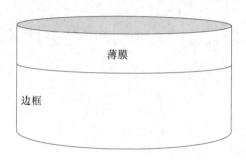

图 6.3　圆形薄膜单胞模型

圆形薄膜覆盖在圆环形铝框上构成单胞结构，利用 COMSOL 计算其对应的声波传输损失（TL）。

当薄膜半径变为 15mm、10mm、5mm，其余均不改变，对应的传递损失曲线如图 6.4 ～图 6.6 所示。

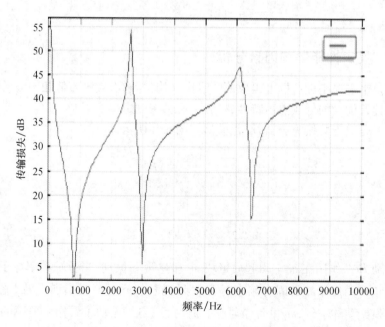

图 6.4　15mm 半径圆形薄膜传输损失曲线

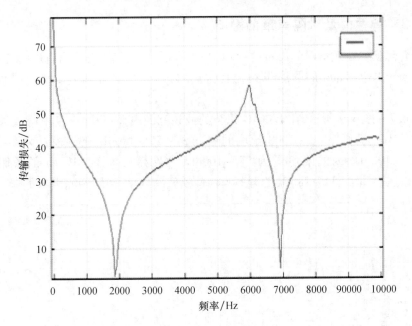

图 6.5　10mm 半径圆形薄膜传输损失曲线

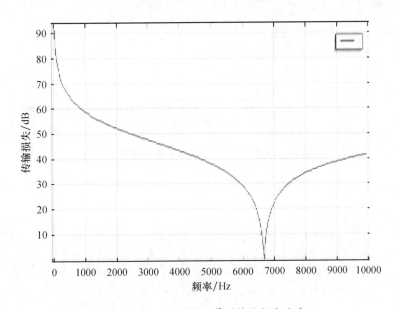

图 6.6　5mm 半径圆形薄膜传输损失曲线

　　以图 6.4 为例,500Hz 以下薄膜声子晶体的隔声量达到了 40dB 以上,薄膜具有优异的低频吸声效果。在 10～10000Hz 之间,20dB 以上的隔声量占到 90% 以上。

　　对比图 6.4、图 6.5 和图 6.6 可以看到,在 10Hz 到 10000Hz 之间,半径 10mm 的薄膜隔声量在 40dB 以上的区域占 40%,半径 15mm 的薄膜隔声量在 40dB 以上的区域占 29%,半径 5mm 的薄膜隔声量在 40dB 以上的区域占 52%。隔声效果随着圆形薄膜半径的减小而增强,半径越小,隔声量越大。特别在 500Hz 以下的低频,薄膜隔声量随着薄膜半径的减小而显著增大。由于半径的减小,使得薄膜的局域化刚度增大,吸声性能增强。

6.2.2 弹性模量对隔声量的影响

为研究薄膜弹性模量对隔声量的影响,改变薄膜弹性模量,观察隔声量的变化。薄膜为半径 10mm、厚度 1mm 的圆形包膜,刚性边界为内外半径分别为 10mm 和 9mm 的铝圆环。

如图 6.7 ~ 图 6.9 所示,在 1000Hz 以下的低频范围内,薄膜隔声量下降较大,弹性模量为 8×10^8 Pa 的薄膜在 10 ~ 1000Hz 内的隔声量为 77 ~ 120dB,弹性模量为 1×10^8 Pa 的薄膜在 10 ~ 1000Hz 内的隔声量为 57 ~ 100dB,弹性模量为 1×10^7 Pa 的薄膜在 10 ~ 1000Hz 内的隔声量为 34 ~ 78dB,随着薄膜弹性模量的减小,薄膜的隔声量下降。

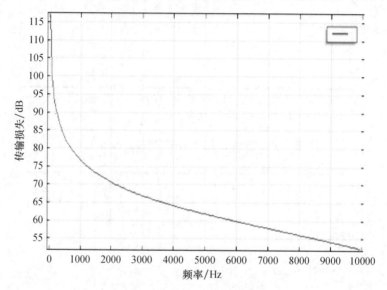

图 6.7　弹性模量为 8×10^8 Pa 的传输损失曲线

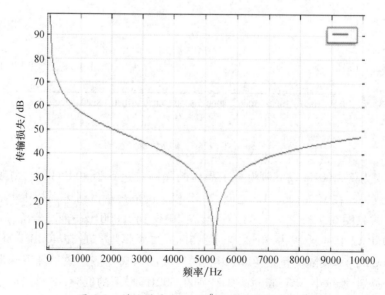

图 6.8　弹性模量为 1×10^8 Pa 的传输损失曲线

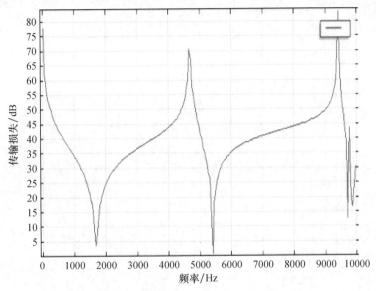

图 6.9　弹性模量为 $1 \times 10^7 \mathrm{Pa}$ 的传输损失曲线

6.2.3　薄膜厚度的影响

模型采用半径 10mm 的薄膜,刚性边框为外半径 10mm,内半径 9mm 的铝边框,改变薄膜的厚度,观察薄膜隔声量的变化。

图 6.10~图 6.12 所示为薄膜厚度为 2mm、3mm 和 4mm 时的传输损失曲线。由曲线可知,当薄膜厚度为 2mm 时,10~1000Hz 的隔声量为 110~70dB。当薄膜厚度 3mm 时,10~1000Hz 的隔声量为 120~78dB。当薄膜厚度为 4mm 时,10~1000Hz 的隔声量为 83~125dB。可以看到,随着薄膜厚度的增加,薄膜隔声量增加,尤其是在低频范围内,这种变化尤为明显。

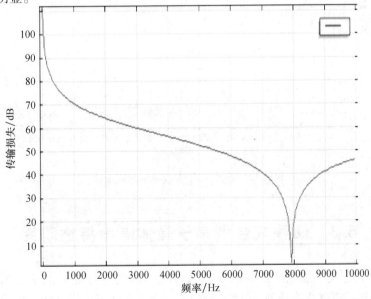

图 6.10　厚度 2mm 薄膜传输损失曲线

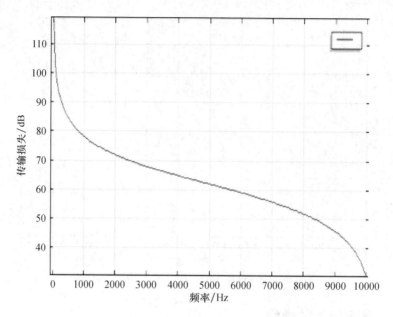

图 6.11 厚度 3mm 薄膜传输损失曲线

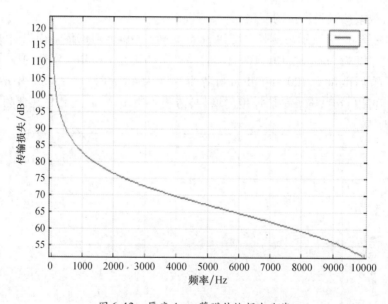

图 6.12 厚度 4mm 薄膜传输损失曲线

6.3 薄膜复合型声子晶体隔声特性研究

传统材料由于受质量密度定律的限制,如果要增加结构的隔声量,必须增加材料的面密度,特别是对低频声波的抑制,传统材料构成的声子晶体很难满足实际需求。与传统材料构成的周期性结构相比,薄膜材料对低频声波具有优异的隔声性能,使低频声波得到了有效抑制,但是薄膜却对高频声波的抑制作用不强。

下面结合薄膜材料和传统声子晶体的优势,组合成了一种结合薄膜的声子晶体,该结构既有薄膜材料优异的低频隔声性能,又有传统材料组成的声子晶体较高频带隙的隔声优势,实现了在较宽频率具有较高的隔声量。

声子晶体原胞和布里渊区如图6.13所示,结构的材料参数和结构参数如表6.2和表6.3所列。

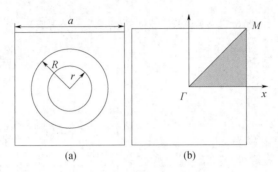

图6.13　单胞结构和不可约布里渊区

(a)声子晶体单胞结构;(b)不可约布里渊区(深色部分)。

表6.2　材料参数

材料1	密度/(kg/m³)	弹性模量/Pa	剪切模量/Pa
有机玻璃	1062	3.2×10^9	1×10^{10}
硅橡胶	1300	1.175×10^5	4×10^4
钢	7780	21.06×10^{10}	8.1×10^{10}

表6.3　结构参数

a/m	R/m	r/m
0.02	0.008	0.005

如图6.14所示,由于局域共振型声子晶体带隙由局域共振的单胞特性决定,在声子晶体结构上,周期性地加入薄膜材料,薄膜固定在正方边框上,薄膜的厚度 $d = 1\text{mm}$。该结构既有经典声子晶体的带隙特性,又有薄膜材料的低频隔声优势。为进一步分析该结构的隔声特性,计算该结构的带隙和隔声量曲线,计算声子晶体的带隙如图6.15所示,声子晶体能带曲线之间存在带隙(深色部分),其带隙的频率为683~902Hz。带隙边界的振动模态如图6.16所示,在带隙的起始频率处,s_1 和 s_2 点的模态为振子向某方向平移振动,相邻的振子同频反相位振动,使整体保持平衡状态。在带隙截止频率处,s_3 和 s_4 的模态为振子与基体的同频反相位振动,基体中传播的行波与结构的振动模式发生耦合而产生带隙。

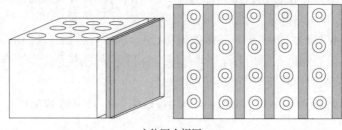

立体图   上视图

图 6.14   加薄膜声子晶体(深色部分为薄膜)

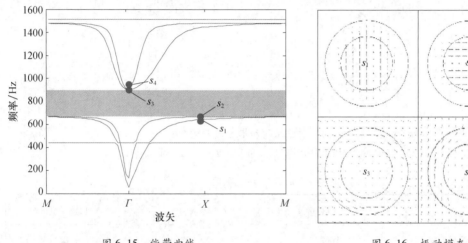

图 6.15   能带曲线   图 6.16   振动模态

　　如图 6.17 所示,在带隙内,弹性波有较大衰减,该结构能够有效抑制弹性波的传播。薄膜材料的隔声量曲线如图 6.18 所示,薄膜材料为硅橡胶,厚度为 1mm,固定在周期性的声子晶体结构上,组成加薄膜的复合声子晶体结构。

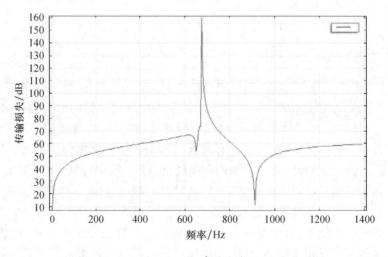

图 6.17   隔声量曲线

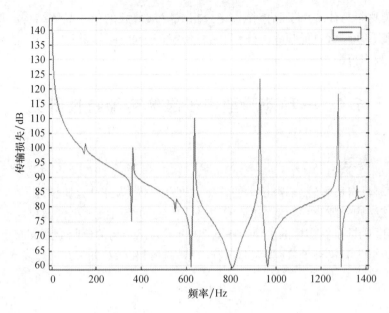

图 6.18　薄膜隔声量曲线

薄膜材料在低频范围具有优异的吸声特性,在 127Hz 以下的隔声量达到 100dB 以上,具有优异的低频吸声特性,但对较高频率弹性波的衰减能力较弱,隔声能力不强。因此,本节提出了一种薄膜与声子晶体结合的结构,该结构结合了薄膜的低频隔声特性和传统声子晶体的高频隔声特性优势,在较高频率范围内具有良好的隔声性能。

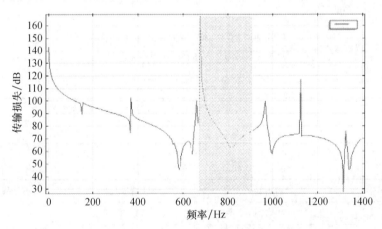

图 6.19　复合结构隔声量曲线

在该复合结构的隔声量曲线中,如图 6.19 所示,既有薄膜的低频优势,又有传统声子晶体相对较高频率的优势。在 683~809Hz,由于声子晶体带隙的作用,使弹性波有较大衰减,其隔声量大于薄膜材料的隔声量。但在 809~902Hz,由于带隙内弹性波衰减幅度没有薄膜材料的衰减幅度大,所以复合结构隔声量为 809~902Hz 时,结构隔声量主要是受薄膜隔声的作用。

对于传统局域共振声子晶体,带隙主要受单胞特性影响,在低频范围隔声量较小,而薄膜材料在低频范围具有良好的隔声特性,能够弥补传统声子晶体在低频隔声的缺陷。

因此,将薄膜材料与传统声子晶体结构结合组成附加薄膜的声子晶体结构。仿真结果表明:该结构既有薄膜材料低频隔声优势,又有传统声子晶体带隙隔声优势,能够有效增加结构的隔声频率范围。

6.4　一种薄膜型声子晶体带隙特性研究

6.4.1　模型

薄膜材料具有质量轻、隔声量大的特点,以薄膜材料为弹性介质设计了一种薄膜声子晶体结构,该结构带隙频率较低,其结构质量比传统的结构质量小,这对具有严格质量要求的飞行器来说具有更实用的价值。图 6.20 所示为该结构的单胞形状和布里渊区,圆形振子为钢,边框为有机玻璃,薄膜为硅橡胶。结构材料和参数如表 6.4 和表 6.5 所列。

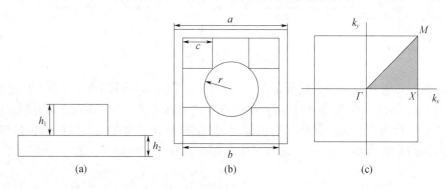

图 6.20　单胞形状和不可约布里渊区

(a)俯视图;(b)侧视图;(c)不可约布里渊区。

表 6.4　结构参数

a/mm	b/mm	c/mm	r/mm	h_1/mm	h_2/mm
20	18	6	4	2	0.5

表 6.5　材料参数

材料	密度(kg/m³)	弹性模量/GPa	剪切模量/GPa
钢	7780	4.08	1.49
有机玻璃	1142	0.2	0.072
硅橡胶	1300	1.175×10^{-5}	4×10^{-6}

6.4.2　带隙机理分析

该薄膜声子晶体能带结构如图 6.21 所示,弯曲波带隙的频率为 11 ~ 26Hz,可以看到带隙具有较低频率。为进一步研究该结构带隙特性,根据带隙边界频率处高对称点的模态对带隙形成机理做进一步分析。图 6.22 所示为能带图中对应点的振动模态。由于结构在 Z 方向的尺寸参数很小,因此可看作薄板。

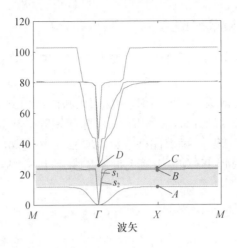

图 6.21　能带结构图

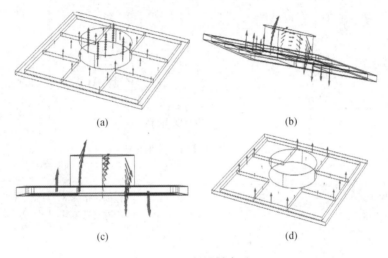

图 6.22　振动模态图

对于有限厚度的薄板,其中存在对称兰姆波、反对称兰姆波和水平剪切波模式,结构的带隙是由基体中传播的行波与结构单元的不同共振模式互相作用产生的。

由能带图可以看到,在低频段内的 Γ 点附近,由于低频弹性波的波长较长,结构在低频弹性波下呈线性性质。因此,s_1 和 s_2 为近似直线。而在远离 Γ 点的其他方向,结构在水平和垂直方向的振动模式相互等效。因此,能带曲线发生了简并。A 点模态为圆形振子和薄膜沿 Z 方向振动,由 A 点的振动模态可以看出,反对称兰姆波与 A 点模态都在 Z 方向振动。因此,模态 A 很容易被激发而产生弯曲波带隙。D 点模态为 A 点振动的倍频模式,带隙由反对称兰姆波与 D 点在 Z 方向振动的互相作用而产生。

B 点和 C 点的振动模态为 Z 方向上绕不同的轴旋转共振模式,而基体外框保持不动,因此基体外框可看作刚性基础,薄膜可看作弹性的介质,由于刚性边框的存在,使振动被局域化在一个局域共振单元结构内,振动能量被振子和薄膜的运动耗散掉。对于平行于薄膜的 XY 模式,圆柱形振子受力发生扭转,薄膜出现的弹性畸变使振子在 XY 方向受拉压力作用而产生微小位移。

6.4.3 参数对带隙的影响

为进一步分析结构参数对带隙的影响,改变晶格常数 a,圆柱振子高度 h_1 和薄膜厚度 h_2。

如图 6.23 所示,随着薄膜厚度的增加,带隙起始和截止频率均增加,但带隙宽度变化不大。图 6.24 中,圆柱高度增加,面密度增大,带隙起始频率和截止频率均随之减小,但带隙宽度逐渐增大。图 6.25 中,随着晶格常数的增加,带隙起始频率和截止频率减小,带隙宽度也随之减小。通过以上分析,为增大带隙宽度,可以适当减小晶格常数,增加圆柱振子面密度。

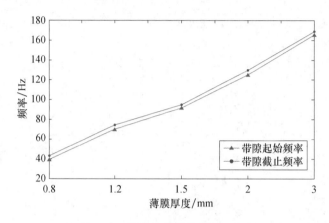

图 6.23 带隙随薄膜厚度变化曲线

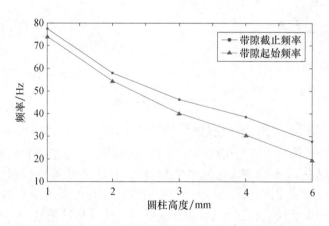

图 6.24 带隙随圆柱高度变化曲线

本节研究了边界固定的薄膜的隔声特性,研究了不同结构尺寸和材料特性对带隙的影响,设计了传统声子晶体附加薄膜的组合式结构和一种以薄膜为弹性介质的薄膜声子晶体。研究表明:薄膜材料具有优异的低频隔声特性,能够有效吸收低频段的声波。组合式的声子晶体结构结合了薄膜材料与传统声子晶体的优势,在较宽频率范围内具有良好隔声特性。以薄膜材料为弹性介质的薄膜型声子晶体具有较低频率的带隙,能够有效抑制低频弹性波的传播。

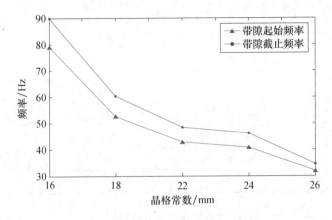

图 6.25　带隙随晶格常数变化曲线

6.5　三维薄膜声学超材料隔声特性研究

6.5.1　薄膜型声学超材料单元结构

该薄膜声学超材料单元结构由附加重物的弹性张紧薄膜固定在有机玻璃结构上组成,如图 6.26 所示。其中晶格常数为 a,厚度为 h,A 为圆形质量块,半径为 R,B 为薄膜,半径为 R_1,C 为有机玻璃。质量块和薄膜对应的材料参数特性和尺寸大小如表 6.6 ~ 表 6.8 所列。薄板超材料的隔声特性一般是由无限周期结构计算而来,常用的计算分析方法有模态分析法、兰索斯方法及有限元法等。其中,模态分析法是一种高效的数值计算方法。

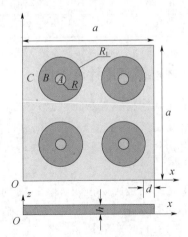

图 6.26　薄膜型声学超材料的隔声特性分析模型

表 6.6　质量块材料参数特性表

材料	密度 ρ/(kg · m^{-3})	杨氏模量 E(体积弹性模量 k)/10^{10} Pa	剪切模量 μ/10^{10} Pa
环氧树脂	1180	0.435	0.159
硅橡胶	1300	1.175×10^{-5}	4×10^{-6}

续表

材料	密度 ρ/(kg·m⁻³)	杨氏模量 E(体积弹性模量 k)/10^{10}Pa	剪切模量 μ/10^{10}Pa
硅橡胶2	1300	1.37×10^{-5}	4.68×10^{-6}
丁脂橡胶	1300	1.2×10^{-3}	4×10^{-4}
硫化橡胶	1300	1×10^{-4}	3.4×10^{-5}
有机玻璃1	1142	0.20	0.072
有机玻璃2	1062	0.32	0.12
塑料	1190	0.22	0.08

表 6.7　薄膜材料参数特性表

材料	密度 ρ/(kg·m⁻³)	杨氏模量 E(体积弹性模量 k)/10^{10}Pa	剪切模量 μ/10^{10}Pa
金	19500	8.5	2.99
pb	11600	4.08	1.49
Cu	8950	16.46	7.53
Ti	4540	11.70	4.43
Al_2O_3	3970	39.64	15.98
Al	2730	7.76	2.87
C	1750	23.01	8.85

表 6.8　薄膜型声学超材料结构单元尺寸

a/mm	R/mm	R_1/mm	h/mm
60	1.5	10	5

6.5.2　薄膜型声学超材料隔声量计算方法

　　根据薄膜声学超材料的单元结构材料参数特性及尺寸,应用模态分析的解析方法,对该复合结构的基本声学结构单元的隔声性能进行分析。从薄膜的振动方程出发,推导该结构单元的隔声特性的解析表达式,为薄膜型声学超材料设计和特性研究提供一种快速、有效的计算方法。

　　薄膜型声学结构超材料单元结构是由质量块、薄膜及固定支撑板复合而成,可以简化成"薄膜 – 质量块"系统,如图 6.27 所示。

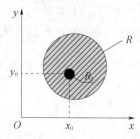

图 6.27　薄膜型声学超材料的单个原胞示意图

薄膜型声学超材料的模态分析中,运用以下假设:①薄膜上任意一点产生的声扰动不影响其他点的振动;②忽略薄膜表面的声压叠加;③薄膜被均匀拉伸且横向振动位移很小;④忽略薄膜的弯曲刚度;⑤质量块接触处的薄膜不受质量块的刚度的影响。薄膜型声学超材料原胞处于 $x-y$ 平面内,薄膜在该平面内所有方向均匀拉伸,单位长度上的薄膜所受的拉力为 T,薄膜的半径和单位面积的质量分别 R、ρ_s。将具有一定尺寸和重量的质块粘贴在矩形薄膜上,质块的半径和单位面积的质量分别为 R_1 和 ρ_{mass} 表示,点 (x_0,y_0) 表示质块中任意一点的坐标。

由经典薄膜理论可知,均匀薄膜附加质量块结构的运动方程为

$$\rho_s\frac{\partial^2\omega}{\partial t^2}+\rho_{mass}\hbar\ (x,y,x_0,y_0,r)\frac{\partial^2\omega}{\partial t^2}-T\,\nabla^2\omega=p_{inc}+p_{ref}-p_{tr} \tag{6-6}$$

$$\nabla^2=\frac{\partial^2}{\partial x^2}+\frac{\partial^2}{\partial y^2} \tag{6-7}$$

式中

$$\hbar\ (x,y,x_0,y_0,r)=[\,H(x-x_0)-H(x-x_0-r)\,]\cdot[\,H(y-y_0)-H(y-y_0-r)\,] \tag{6-8}$$

其中:$T,r,\rho_{mass},p_{inc},p_{ref},p_{tr},R,\rho_s,H,\omega(x,y,t)$ 分别为薄膜所受的拉力、薄膜半径、薄膜表面面密度、入射声压、反射声压、投射声压、质量块的半径,质量块的表面面密度、海维赛德(Heaviside)函数(阶跃函数)及薄膜上的点 (x,y) 在时间 t 上的横向位移。

设入射声能为平面声波,从 $z<0$ 区域入射,其具体表达式为

$$P_{inc}(x,y,z)=P_{inc}e^{i(\omega t-kz)} \tag{6-9}$$

则入射声强 I_{inc} 为

$$I_{inc}=\frac{P_{inc}^2}{2\rho_1c_1} \tag{6-10}$$

式中:ρ_1,c_1 分别为空气密度和声速。

入射声功率 Π_{inc} 为

$$\Pi_{inc}=\frac{\pi R^2P_{inc}^2}{2\rho_1c_1} \tag{6-11}$$

忽略薄膜表面的声压叠加效应,则反射和投射声压的简化形式为

$$P_{ref}(x,y,t)=P_{ref}(x,y)e^{i(\omega t+kz)},P_{tr}(x,y,t)=P_{tr}(x,y)e^{i(\omega t-kz)} \tag{6-12}$$

薄膜空气接触面($z=0$),声压由薄膜表面的振动速度决定,有

$$\frac{\partial(P_{inc}+P_{ref})}{\partial z}=-i\omega\rho_1\frac{\partial\omega}{\partial z},z=0^- \tag{6-13}$$

$$\frac{\partial P_{tr}}{\partial z}=-i\omega\rho_1\frac{\partial\omega}{\partial t},z=0^+ \tag{6-14}$$

整理,得

$$\rho_s\frac{\partial^2\omega}{\partial t^2}+\rho_{mass}\hbar\ (x,y,x_0,y_0,r)\frac{\partial^2\omega}{\partial t^2}-2\rho_1c_1\frac{\partial\omega}{\partial t}-T\,\nabla^2\omega=2p_{inc} \tag{6-15}$$

由于入射声压为简谐波,薄膜做简谐振动,其位移的稳态解为

$$\omega(x,y,t)=W(x,y)e^{i\omega t} \tag{6-16}$$

采用模态叠加理论，$\omega(x,y,t)$ 可以表示模态振型 $W_n(x,y)$ 与模态坐标 $q_n(t)$ 的乘积，即

$$\omega(x,y,t) = \sum_{n=1}^{N} W_n(x,y)q_n(t), q_n(t) = q_n e^{i\omega t} \tag{6-17}$$

由于薄膜四周固定，其模态函数可以表示为

$$W_n(x,y) = \sin\left(\frac{r\pi}{x_0}x\right)\sin\left(\frac{r\pi}{y_0}y\right) \tag{6-18}$$

式中：$r=1,2,\cdots,N_x$；$s=1,2,\cdots,N_y$；$n=N_y(r-1)+s$。

将式(6-17)代入式(6-15)，并将方程两边乘以 $W_m(x,y)$，然后在整个薄膜面上 $(0\leqslant x\leqslant x_0,0\leqslant y\leqslant y_0)$ 积分，得

$$-\omega^2 M_{mn}\tilde{q}_n - \omega^2\sum_{n=1}^{N}Q_{mn}\tilde{q}_n + i\omega C_{mn}\tilde{q}_n = 2P_{inc}H_m, m=1,2,\cdots,N \tag{6-19}$$

式中

$$M_{mn} = \rho_s\int_0^x\int_0^y W_m\sum_{n=1}^N W_n dxdy, Q_{mn} = \rho_{mass}\int_0^{x+x_0}\int_{y_0}^{y_0+y}W_m W_n dxdy$$

$$C_{mn} = 2\rho_1 c_1\int_0^x\int_0^y W_m\sum_{n=1}^N W_n dxdy, K_{mn} = T\int_0^x\int_0^y W_m\nabla^2\sum_{n=1}^N W_n dxdy$$

$$H_m = \int_0^x\int_0^y W_m dxdy$$

式(6-19)可以进一步表示为如下矩阵形式：

$$-\omega^2\{[M]+[Q]\}\{\tilde{q}\} + i\omega[C]\{\tilde{q}\} - [K]\{\tilde{q}\} = 2P_i\{H\} \tag{6-20}$$

式中：$[M]=\rho_s\begin{bmatrix}M_{11}&&&0\\&M_{22}\\&&\ddots\\0&&&M_{NN}\end{bmatrix}, [Q]=\rho_m\begin{bmatrix}I_{1,1}&I_{1,2}&\cdots&I_{1,N}\\I_{2,1}&I_{2,2}&\cdots&I_{2,N}\\\vdots&\vdots&&\vdots\\I_{N,1}&I_{N,2}&\cdots&I_{N,N}\end{bmatrix}$

$$[C]=2\rho_1 c_1\begin{bmatrix}C_{1,1}&&&0\\&C_{2,2}\\&&\ddots\\0&&&C_{N,N}\end{bmatrix}, [K]=T\begin{bmatrix}K_{1,1}&&&0\\&K_{2,2}\\&&\ddots\\0&&&K_{N,N}\end{bmatrix}$$

$$\{H\}=\begin{bmatrix}H_1\\H_2\\\vdots\\H_N\end{bmatrix}, \{W\}=\begin{bmatrix}W_1\\W_2\\\vdots\\W_N\end{bmatrix}, \{\tilde{q}\}=\begin{bmatrix}\tilde{q}_1\\\tilde{q}_2\\\vdots\\\tilde{q}_N\end{bmatrix}$$

由式(6-20)可以得到

$$\{\tilde{q}\} = \frac{2P_{inc}}{-\omega^2\{[M]+[Q]\}+i\omega[C]-[K]}\{H\} \tag{6-21}$$

通过式(6-17)可以得到薄膜振动位移的幅值：

$$\tilde{w}(x,y) = \sum_{n=1}^N W_n(x,y)\tilde{q}_n = \{W\}^T\{\tilde{q}\} \tag{6-22}$$

通过以上模态分析法,得到薄膜的振动位移幅值后,可以得到薄膜振动速度的幅值:

$$\tilde{v}(x,y) = i\omega \{W\}^{\mathrm{T}} \{\tilde{q}\} \tag{6-23}$$

通过在整个薄膜面上积分可以得到薄膜的平均速度:

$$\langle \tilde{v} \rangle = \frac{1}{\pi R^2} \iint_s i\omega \{W\}^{\mathrm{T}} \{\tilde{q}\} \mathrm{d}x\mathrm{d}y = \frac{i\omega}{\pi R^2} \{H\}^{\mathrm{T}} \{\tilde{q}\} \tag{6-24}$$

板振动引起的声幅值产生投射声压,声压的幅值与薄膜表面的速度关系为

$$P_{\mathrm{tr}} = \rho_1 c_1 \frac{\partial w}{\partial t} \tag{6-25}$$

由式(6-12)、式(6-13)和式(6-6)可以得到投射声压的幅值:

$$P_{\mathrm{tr}} = \rho_1 c_1 v(x,y) , z = 0 \tag{6-26}$$

由式(6-26)可知,膜结构表面投射声压为声阻抗率 $\rho_1 c_1$ 与膜结构表面振动速度的乘积,而膜结构不同位置处的振动速度不同。对于小尺寸膜结构,为使得计算得到简化,可以用膜结构表面振动平均速度幅值来求解平均投射声压幅值,即

$$\langle P_{\mathrm{tr}} \rangle = \rho_1 c_1 \langle \tilde{v} \rangle = \frac{i\omega \rho_1 c_1}{\pi R^2} \{H\}^{\mathrm{T}} \{\tilde{q}\}$$

于是,声压投射系数为

$$t_{\mathrm{p}} = \frac{|\langle P_{\mathrm{tr}} \rangle|}{P_{\mathrm{inc}}} = \left| \frac{i2\rho_1 c_1 w}{\pi R^2} \{H\}^{\mathrm{T}} \frac{1}{-\omega^2 \{[M] + [Q]\} + i\omega[C] - [K]} \{H\} \right| \tag{6-27}$$

由此可以计算出用于表征薄膜型声学超材料隔声性能的传声损伤 STL 为

$$\mathrm{STL} = 20\lg(1/t_{\mathrm{p}}) \tag{6-28}$$

为了验证以上算法的有效性,图 6.28 比较了由以上模态分析法算得的薄膜型声学超材料的传声损失和 Naify 等用 COMSOL 有限元软件计算的结果。本计算结果采用表 6.9 作为初始条件进行仿真。采用模态分析法计算时,模态数 $N > 9$ 就能够给出满意的结果,此处选择 $N = 15$。对比结果表明,本算法与有限元仿真结果能够很好地吻合,证明本算法要远远高于有限元仿真方法。

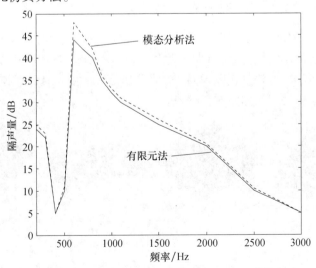

图 6.28　薄膜型声学超材料的传声损失

对比结果表明,模态分析法与有限元仿真结果能够很好地吻合,证明本算法可以用来预测薄膜型声学超材料的声振特性。值得指出的是,本算法的计算效率要远远高于有限元仿真方法。

表 6.9 薄膜型声学超材料算例材料和结构参数

薄膜张力 $T/(N/m)$	薄膜密度 $\rho_s/(kg/m^3)$	薄膜尺寸 R/mm	质量块质量 m/g	质量块半径 r/mm
486.4	0.0912	1.5	0.32	1.93

6.5.3 薄膜型声学超材料机理分析和隔声量影响因素

薄膜型声学超材料平板可以简化为"质量 – 弹簧"系统,如图 6.29 所示。当弹性波传播到薄膜型声学超材料平板时,该系统在谐振力 $F(t) = F_0 e^{j\omega t}$ 作用做简谐振动,其等效刚度为

$$\tilde{k}_1 = \frac{F_0}{\mu_1} = k_1 + \frac{k_2}{1 - \omega^2/\omega_0^2} \tag{6-29}$$

$$\omega = \sqrt{\frac{k_2}{m_2}} \tag{6-30}$$

式中:t, ω_0, ω 分别为时间、激励频率、该系统的局域共振频率。

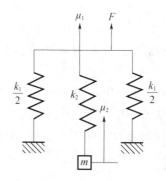

图 6.29 "质量 – 弹簧"模型

当薄膜超材料平板振动处于光学模式下($\mu_1(t)$ 和 $\mu_2(t)$ 反向时,$\omega < \omega_0$ 且 $k_1 > 0$),弹性波的频率在此模式下,平板的振动与声波就会互相作用抵消,从而阻止弹性波继续向前传播。由于薄膜型声学超材料平板阻尼特性,使得弹性波的能量逐渐消耗掉。薄膜型声学超材料的前 4 阶模态振型图如图 6.30 所示。

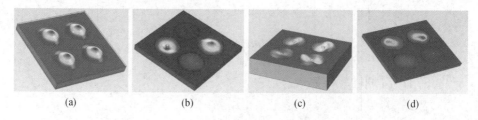

| (a) | (b) | (c) | (d) |

图 6.30 薄膜型声学超材料的前 4 阶振动模态

从图 6.30 可知,薄膜型声学超材料的两个隔声谷的频率分别对应的是薄膜型声学超材料的第一阶和第四阶模态频率。在第一隔声谷的频率(第一阶模态频率)处,质量块随

着薄膜同向振动;在第二隔声谷的频率(第四阶模态频率)处,质量块的振幅值为零,而系统的振动位移主要集中在质量块四周的薄膜上。观察第一阶和第四阶模态频率处的振型,易知膜的平均振动位移不为零,因此在这两阶固有频率的声波作用下,膜的振动可以导致强烈的声投射,相应的隔声量非常弱小,由此产生了隔声谷值。在隔声峰的频率处,薄膜声学超材料的振动形态如图 6.30(c)所示,质量块附近的薄膜振动位移与其余四周处的薄膜振动位移反向。通过在整个面上叠加,可以得出,整个结构的平均振动位移约等于 0,由此引起的声投射也几乎为 0,得到隔声量非常大,由此便产生了隔声峰值。通过对振型分析表明,相邻原胞具有不同的隔声特性,能够提高低频隔声性能。

　　为了进一步研究薄膜型声学超材料单元结构参数和材料参数对其隔声性能的影响,通过改变质量块和薄膜的材料、尺寸大小及质量块距薄膜中心的距离,计算了 3 × 3 结构的隔声量,如图 6.31 ~ 图 6.38 所示。

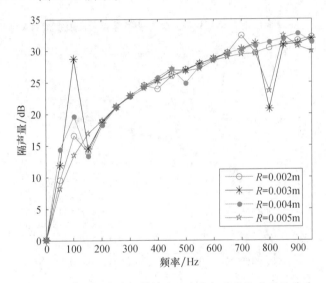

图 6.31　薄膜型声学超材料的隔声量与质量块半径的关系

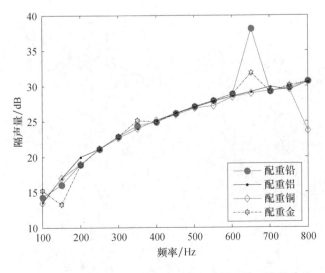

图 6.32　薄膜型声学超材料的隔声量与质量块配重的关系

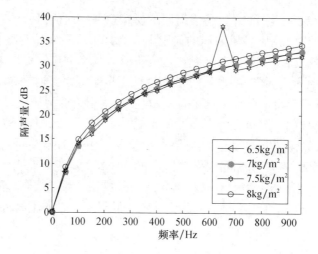

图 6.33　薄膜型声学超材料的隔声量与薄膜表面面密度的关系

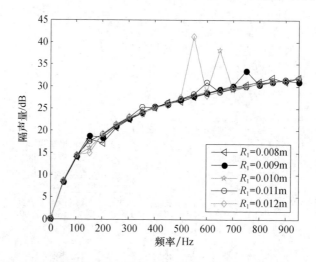

图 6.34　薄膜型声学超材料的隔声量与薄膜表面半径的关系

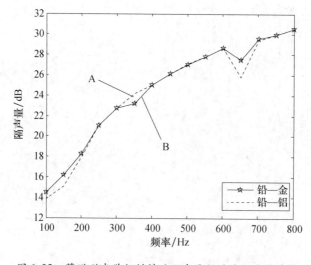

图 6.35　薄膜型声学超材料的隔声量与对称配重的关系

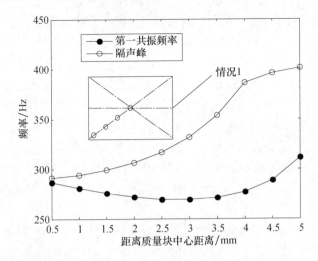

图 6.36 薄膜型声学超材料的隔声量与质量块中心位置的关系

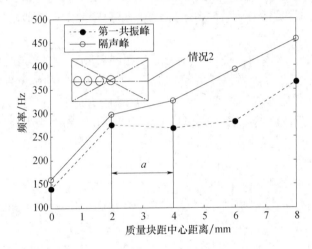

图 6.37 薄膜型声学超材料的隔声量与质量块中心位置的关系

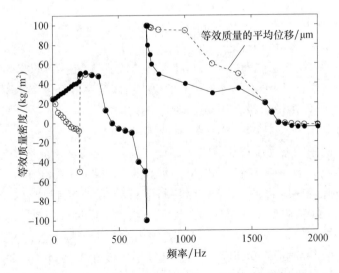

图 6.38 薄膜型声学超材料平板结构等效质量密度和平均位移曲线

薄膜型声学超材料单元结构的隔声量与质量块的半径的关系图(图 6.31)表明,随着质量块的半径的增大,整个结构的第二隔声谷的频率向高频移动,而第一隔声谷的频率几乎不变,在低频范围,隔声峰处的隔声量呈现减小的趋势。这是由于弹性波传播到"弹簧 - 质量"系统时,低频范围内,该系统的振动的频率低,能量衰减速度慢,大部分弹性波穿过模型声学超材料的平板结构,仅有少量弹性波被隔绝掉,因此隔声效果不佳。质量块的半径大小适中,可以达到良好的低频范围并具有良好的隔声性能。

图 6.32 分析了质量块表面面密度对薄膜声学超材料隔声性能的影响。从图中可以看出,随着质量块表面面密度的增加,第一隔振峰处的频率范围位置向低频移动;同时,隔振峰处的隔声量提高至 37.5dB,可以得出隔声峰的位置与质量块表面面密度呈现反比例关系。

从图 6.33 分析了薄膜表面面密度对薄膜型声学超材料隔声性能的影响,从图中可以看出,随着薄膜密度增加,整个结构的隔声峰或隔声谷频率基本保持不变,都是随着弹性波的入射频率增大而缓慢增大,最大至 35dB。这是由于薄膜的密度的大小不会影响"薄膜 - 质量块"系统的谐振的频率,而影响该系统的谐振频率因素为薄膜的弹性模量和质量块的表面面密度。

图 6.34 分析了薄膜表面半径对薄膜型声学超材料隔声量的影响,从图中可以看出,随着薄膜的半径增大,整个薄膜型单元结构的第一隔声峰处的频率位置向低频位置移动,而第一隔声谷的频率基本保持不变,频率约为 14.5Hz;同时,隔声峰处的隔声量达到了 42dB。整体而言,当弹性波传播到薄膜型平板单元结构时,频率增大,隔声量逐渐提高,频率范围为 500 ~ 600Hz 时隔声量最大,隔声效果最佳。这是由于薄膜可以等效为"质量 - 弹簧"系统中的弹性模量,根据共振频率与弹性模量成正比,与质量成反比,因此弹性模量越小,该系统的共振频率越低,在低频范围隔声性能就越好。

图 6.35 分析了薄膜型平板结构对角不同分配方式对其隔声性能的影响。薄膜型平板结构对角分别为"铅 - 金"和"铅 - 铝"两种分配方式,即 A 和 B。从图可以看出,A 模式下,在低频范围(100 ~ 400Hz)隔声量大于采用 B 模式。这说明弹性波在此频率范围内,与"薄膜 - 质量块"系统的谐振频率基本接近或相等,发生共振现象,此时振动主要集中在中心位置以外,同时,质量块的位移和薄膜其余位置的位移反向。由此可知,A 模式下的隔声特性能够提高低频隔声性能。

图 6.36 和图 6.37 分析了薄膜型声学超材料的特征频率随着质量块的位置移动变化规律。从图中可以看出,两种不同情况对应的隔声量跟第一共振频率和质量块位置有关。在情况 1 下,与中心距离增大,隔声峰频率在很小的频率范围基本保持不变,而第一共振峰对应的频率逐渐增大,最大至 400Hz;并且薄膜对角线上的振动位移,在隔声峰频率处,靠近质量块一边的膜的振动位移与质量块振动同向,这与质量块放在中心时的振动位移情况不同。在情况 2 下,位于位置 a 处,隔声峰频率几乎没有变化,第一共振峰频率小于 350dB,而第一共振峰对应的频率随着质量块与中心距离的增大呈现逐渐增大的趋势。由此可知,在情况 2 下,薄膜型声学超材料单元平板结构中质量块距离中心越近,越可以获得良好的低频隔声效果。通过分析薄膜型声学超材料单元结构参数和材料参数对其隔声性能的影响,易知增大质量块和薄膜的半径、表面面密度,同时减小与中心距离,适当调整对称位置的质量块的材料,可以使薄膜型超材料单元平板结构达到良好的隔声性能,低频

低至 160Hz,最大隔声量为 43.6dB。

从图 6.38 可知,"薄膜 – 质量"系统在声压作用下往复振动,根据牛顿第二定律,膜结构的加速度 a_z 正比于膜结构受到的应力 σ_{zz},比例常数即为等效质量 m_{eff}。如果等效质量为正,说明膜结构的加速度方向与应力方向相同;如果等效质量为负,说明膜结构的加速度方向与应力方向相反。负的等效密度出现在局域共振频率的位置,随着频率的升高,等效质量接近于整个系统的实际质量密度。

本节提出一种薄膜型声学超材料平板结构模型,采用模态分析法理论分析薄膜型声学单元结构隔声特性,运用有限元对平板结构模型的隔声机理、隔声量影响因素进行了深入研究。结果表明:该结构模型在低频范围具有良好的隔声效果,并且具有小尺寸、轻质、强衰减等特性,在大型军机舱室降噪中具有重要的理论意义和潜在价值。

6.6　环形局域共振弹性膜结构低频隔声特性研究

结合有限元法和仿真实验对环形弹性膜结构带隙生成机理、带隙宽度影响因素及隔声特性进行分析。仿真实验结果显示:带隙是由共振单元与弹性波耦合的结果,耦合强度直接影响共振频率和带隙宽度;带隙宽度和共振频率受薄膜尺寸和表面面密度的影响,即内环半径越大,表面面密度越大,带隙越宽,共振频率越高;隔声量取决于薄膜面密度、圆环面密度及中心质量环的位置。所得结果:通过优化结构参数,使其在低频范围具有良好的隔振效果,有效地抑制振荡,显著改善飞行品质。本节从理论上提出一种环形局域共振膜结构模型。基于局域共振机理,采用有限元对环形弹性膜结构带隙生成机理、带隙宽度影响因素及隔声特性进行分析。结果显示:共振带隙的产生是由共振单元与弹性波相互耦合作用的结果,耦合强度直接影响共振频率和带隙宽度;带隙受薄膜尺寸和表面密度影响,即内环半径越大,表明面密度越大,带隙越宽,共振频率越高;隔声量取决于薄膜表面面密度、圆环表面面密度及中心质量圆环的位置。所得结果:这种结构的设计能够在低频范围内具有良好的隔声效果,在大型军机舱室低频降噪中具有重要的理论意义和潜在的应用价值。

本节设计了一种环形局域共振弹性膜结构,具有质量轻、隔声效果好、针对性强的特点。在 400~512Hz 具有良好的隔声效果,带隙的共振频率是由共振单元与行波之间相互耦合作用的结果。带隙宽度与膜尺寸和表面密度相关,薄膜半径越小,表面面密度越大,带隙越宽;其隔声效果与薄膜表面面密度、圆环表面面密度及中心质量环的位置有关。本节对薄膜型局域共振声子晶体机理、带宽影响因素及隔声特性进行了深入分析。

6.6.1　局域共振单元模型

该声子晶体由环形局域共振膜结构基本单元组成,其中图 6.39(a)、(b) 分别为局域共振单元和第一布里源区;局域共振单元是由 1(内径为 e、厚度为 d 及质量为 m 的圆环)、2(半径为 b 的薄弹性膜薄)及 3(晶格常数为 a 的有机玻璃板)组成,其中 1 依附在 2 上,镶嵌在 3 中。对应的材料和尺寸如表 6.10 和表 6.11 所列。

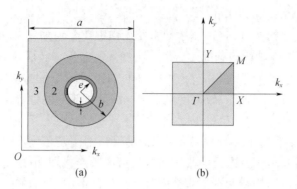

图 6.39　局域共振声子晶体结构

（a）共振单元结构示意图；（b）第一布里渊区。

表 6.10　材料参数

材料	密度 ρ /（kg·m^{-3}）	杨氏模量 E（体积弹性模量 k）/10^{10}Pa	剪切模量 μ /10^{10}Pa
铅	11600	4.08	1.49
硅橡胶	1300	1.175×10^{-5}	4×10^{-6}
有机玻璃	1142	0.20	0.072

表 6.11　结构尺寸

d /mm	b /mm	e /mm	a /mm
60	1.5	10	5

环形局域共振结构和实心结构如图 6.40（a）和（b）所示。

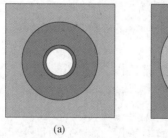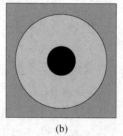

图 6.40　环形局域共振结构和实心结构

（a）环形局域共振薄膜结构示意图；（b）实体质量–薄膜结构示意图。

假设图 6.40（a）和图 6.40（b）中晶格常数、薄膜半径以及空心和实心振子的面积相等，根据结构的特性参数和尺寸参数，结合散射体占整个晶胞面积的比例 u，生成的带隙中心频率位置随 u 变化的曲线如图 6.41（a）、（b）所示。

由图 6.41 可知，随着占空比 u 的增大，局域共振单元结构中心频率位置呈现增大趋势，并先缓慢增大后迅速上升，这是由于散射体的面积增大，谐振特性增强，当弹性波传播至该结构时，绝大部分能量被局域在共振单元中被消耗掉，仅有小部分穿过。同时，由

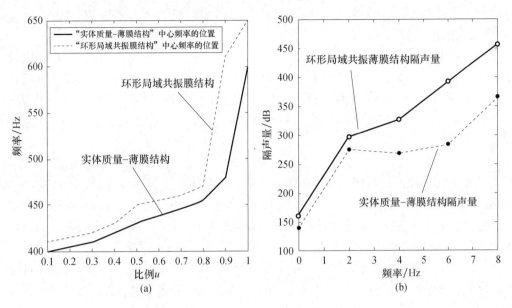

图 6.41　两结构频率和隔声量变化图

图 6.41 可知"环形局域共振薄膜"中心频率位置总大于"实体质量 – 薄膜"结构,这是由于环形弹性膜不但可以减小共振单元的质量,而且还增大散射体占整个晶胞面积的比例 u,增大带隙的宽度,即中心频率提高,其隔声量也相应增大,达到"轻质,小尺寸,强衰减能量",满足实际工程需要。

6.6.2　局域共振带隙分析

根据以上共振单元结构、材料参数及尺寸参数,采用有限元计算出该结构的能带图如图 6.42 所示。

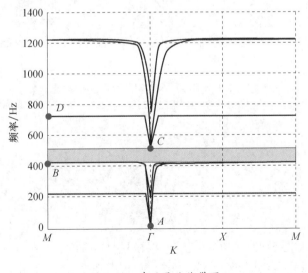

图 6.42　声子晶体能带图

从图 6.42 可以看出,该局域共振声子晶体膜结构在频率范围 400 ~ 512Hz 具有完全带隙,为了进一步研究其产生带隙机理,选取第一布里渊区的高对称点 A、B、C 和 D 点的振动模态进行分析,图 6.43 为 $A \sim D$ 振形图。

A 点为平移共振模式,此时基体框主要受到拉压变形,并且为相邻振子之间以相同频率反向运动,相互抵消,保证基体框静止,内部相当于单自由系统,该共振单元结构可简化为由中心环-硅橡胶薄膜组成的"质量-弹簧"系统,如图 6.44 所示。共振带隙的固有频率,可根据单元结构简化"质量-弹簧"系统提供的等效质量和刚度来进行估算:

$$f = \frac{\omega}{2\pi} = \frac{1}{2\pi}\sqrt{\frac{k_e}{M_e}} \qquad (6-31)$$

式中:M_e,K_e 分别为振子等效质量、弹簧的等效刚度。内环半径越大,环的厚度 d 不变,则环的相对面积增大,即散射体面积增大,带隙下边界频率下降,上边界上升,带隙宽度增大,这是由于中心环共振及基体间的相互作用增强所引起的。而薄膜表面面密度增大,根据式(6-31),可知局域共振频率增大。

B 点为扭转共振模式,如图 6.43(b)所示,该模态为自旋局域共振模态,铅芯体自旋振动,带动周围橡胶包覆层主要受拉自旋变形,对基体产生扭转作用,该共振模式没有对基体产生 x、y 方向合力作用,基体中的长波很难与之发生相互耦合作用,故不能打开共振带隙。这是由于噪声以弹性波的形式传播到该结构单元时,会对基体产生力 F 作用,而振子 M_e 运动会对基体产生一个反用力 f,基体在两个作用力下振动。当基体在外激振力的频率与局域共振单元的固有频率接近时,两个作用力反向叠加,基体合外力为零,因而基体趋于静止状态,弹性波被局域化,振动无法传播,仅限于共振单元中,能量被共振单元消耗掉,因此,此频段的弹性波不能继续传播。

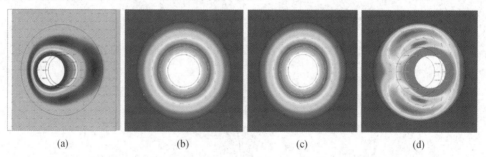

图 6.43　$A \sim D$ 振形图(箭头表示位移的相对大小和方向)
(a)A 点振形图;(b)B 点振形图;(c)C 点振形图;(d)D 点振形图

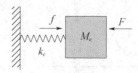

图 6.44　等效"质量-弹簧"系统

如图 6.43(c)和图 6.43(d)为双扭转共振模式,共振单元整体向右运动,基体框主要受到拉压变形。在第一布里渊区离 Γ 最远的 M 点处,简约波矢 k 最大,基体中的行波更容易激起横向局域共振模态,横向和纵向两模式叠加,将以横向振动为主,这种叠加形式的局域共振模式将与基体行波存在更强烈的耦合作用,进而能打开较宽的低频共振带隙,阻止低频范围弹性波的传播,从而达到降噪的目的。

　　该局域共振声子晶体能带结构,共振带隙的产生是由共振单元与弹性波相互耦合作用的结果,耦合强度直接影响共振频率和带隙宽度,带隙受薄膜尺寸影响,内环半径增大,环的厚度 d 不变,环的相对面积增大,即散射体面积增大,带隙下边界频率下降,上边界上升,带隙宽度增大。综上所述,局域共振声子晶体的带宽不仅与共振单元与弹性波相互耦合有关,而且与共振单元的材料和尺寸有关。

6.6.3　带隙宽度、隔声量的影响因素

1. 带隙宽度的影响因素

　　为了进一步分析局域共振薄膜单元结构参数和材料参数对其带隙宽度、隔声性能的影响因素,通过改变单元结构中薄膜表面面密度、中心环的半径,观察带隙及隔声量的变化,如图 6.45 所示。

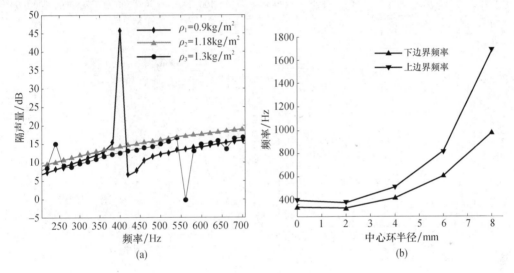

图 6.45　带隙宽度的影响因素

(a)薄膜密度;(b)中心环半径。

　　从图 6.45(a)可以看出,随着薄膜表面面密度的增大,整个结构的第一隔声峰的频率向低频移动,在低频范围,隔声峰处的隔声量呈现减小的趋势。这是由于弹性波传播到"弹簧－质量"系统时,在低频范围内,该系统的振动的频率低,能量衰减速度慢,大部分弹性波穿过局域共振单元膜结构,仅有少量弹性波被隔绝掉,因此隔声效果不佳。从图6.45(b)可以看出,质量块的半径大小适中,在低频范围具有良好的隔声性能。在低频300～500Hz 范围,具有良好的隔声效果,但在高频段隔声效果会略微低些,根据圆膜振动吸收原理,基频与面密度成反比,面密度越小,基频越大隔声效果相对差点;随着中心环内径增大,带隙上边开始缓慢增大,之后迅速上升,下边界开始基本不变,而后缓慢增大,相对带隙宽度逐渐增大。从以上分析可知,带隙的宽度由中心环半径、面密度决定。

2. 局域共振声子晶体膜结构隔声特性

　　噪声以弹性波的形式入射到该声子晶体膜结构表面时,入射声能的一部分被该结构

中薄板吸收,一部分被局域化,只有很少一部分穿过声子晶体继续向前传播。

为了研究该结构的中心环半径变化以及密度变化对隔声量的影响,结合表 6.10 和表 6.11 的材料和尺寸参数,计算 3×3 结构的隔声量如图 6.46 所示。

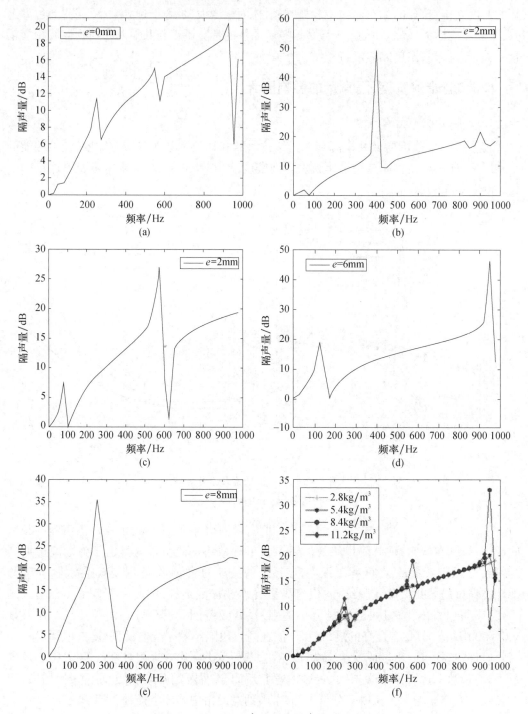

图 6.46　声子晶体隔声量

(a)~(e)不同半径的隔声量;(f)不同密度的隔声量。

由图 6.46(a)~(e)可知,中心环厚度 d 不变,随着中心环的内径增大,环的相对面积增大,第一共振频率减小,能量衰减快,隔声量增大,因此,声衰减特性增强。在低频段 0~410Hz,隔声量先缓慢增大,随后基本保持不变;在高频段 410~1000Hz,先一直增大后迅速减小,主要是由于在简化"质量-弹簧"模型中,等效质量增大,等效的弹簧刚度降低,以至于局域共振系统能量损耗降低,隔声量下降;当达到弹簧刚度极限时,系统就会失去局域共振特性,因此,中心环的内径在一定范围时具有良好的隔声效果。

由图 6.46(f)可以看出,随着中心环质量表面面密度成倍增大,隔声量也呈现正线性增加。在频率范围 0~200Hz 时,隔声量随着频率的变化率为 0.05;在频率范围 230~600Hz 时,变化率为 0.02;在频率范围 600~950Hz 时,变化率为 0.017。从以上分析可得,中心环质量表面面密度越大,即等效的质量越大,则第一共振频率越小,能量衰减程度(透射能量)越小,隔声量增大,隔声效果就越好。从而验证了隔声量取决于薄膜表面面密度、圆环表面面密度及中心质量环的位置。通过分析薄膜型声学超材料单元结构参数和材料参数对其隔声性能的影响,易知增大中心环和薄膜的半径、表面面密度,可以使局域共振单元结构达到良好的隔声性能,低频低至 300Hz,最大隔声量为 45.6dB。

本节提出了一种环形局域共振膜结构,结合有限元对带隙产生机理、带隙宽度及隔声量进行了分析,结果显示这种结构具有良好的低频隔声特性。在低频范围,隔声量大小由薄膜表面面密度、中心圆环表面面密度及中心质量环的位置决定,通过研究材料参数对带隙宽度、隔声量的影响,可知薄膜表面面密度越小,带隙越宽,共振频率越高。薄膜表面面密度越大,中心环表面面密度越大,中心环内径越大,则隔声效果越好;反之,隔声效果越差。这种环形局域共振膜结构声子晶体具有良好的低频宽带隙,为获得低频隔声特性提供理论依据和方法指导。

6.7　基于压电材料的薄膜声学超材料隔声性能研究

6.7.1　结构设计与计算方法

通过以往的研究可知,在声学超材料中加入偏心质量单元,并进行合理的参数设置,可以显著提升材料的性能。故此,在这里提出一种附加偏心质量块的薄膜声学超材料,如图 6.47 所示,该材料由压电质量块嵌入张紧弹性膜,并固定在金属外框上构成,压电材料的上下表面接有电极,与外部电路连接。其中 A 为压电材料,其长为 $b=8mm$、宽为 $a=5mm$、厚度为 $e=2mm$;B 为方形膜,其边长为 $c=20mm$,厚度为 $f=0.2mm$;C 为正方形边框,其外边长为 $d=25mm$,厚度为 $f=0.2mm$,$m=2mm$、$n=7.5mm$ 分别为压电质量块与边框上边界和左边界的距离。压电质量块材料为 PZT-5H,方形膜材料为硅橡胶,金属外框材料为钢。表 6.12 为所涉及的压电材料参数,其中 s_{11}^E 为弹性柔顺系数,ε_{33}^T 为垂直膜面方向的自由介电常数,d_{31} 为压电应变常数,其余材料参数参照表 3.16。

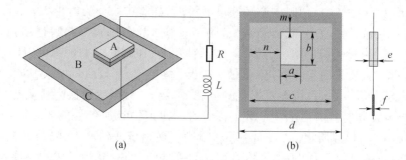

图 6.47　材料结构

表 6.12　压电材料参数

$\rho/(\mathrm{kg \cdot m^{-3}})$	$s_{11}^{E}/(\mathrm{m^3 \cdot N^{-1}})$	$d_{31}/(\mathrm{C \cdot m^{-2}})$	$\varepsilon_{33}^{T}/(\mathrm{F \cdot m^{-1}})$
7500	1.65×10^{-11}	-2.74×10^{-10}	3.01×10^{-8}

在材料中,由于金属框厚度较小而且受到的激励垂直于版面,在计算中可将其看作薄板发生横向振动,振动方程为

$$D_0\left(\frac{\partial^4 w}{\partial x^4} + 2\frac{\partial^4 w}{\partial x^2 \partial y^2} + \frac{\partial^4 w}{\partial y^4}\right) + \rho h \frac{\partial^2 w}{\partial t^2} = p(x, y, t) \qquad (6-32)$$

式中:w 为板的横向位移;D_0 为金属板的抗弯刚度;ρ 为板的密度;h 为板厚度;$p(x, y, t)$ 为薄板受到的横向激励,x、y 和 t 分别为位置坐标和时间。

材料中膜的振动方程为

$$\nabla^2 \eta = \frac{1}{c^2}\frac{\partial^2 \eta}{\partial t^2} \qquad (6-33)$$

式中:$c = \sqrt{\dfrac{T}{\sigma}}$,$T$ 为薄膜张力,σ 为薄膜面密度;$\nabla^2 = \dfrac{\partial^2}{\partial x^2} + \dfrac{\partial^2}{\partial y^2}$ 为二维直角坐标拉普拉斯算符。

对于压电材料来说,其压电本构方程、动力学方程和准静态电荷方程分别为

$$\begin{cases} T_{1j} = c_{1jk1}^{E} u_{k,1} + e_{11j}\varphi_1 \\ D_i = e_{1k1} u_{k,1} + \varepsilon_{11}^{s}\varphi_1 \\ T_{1j,1} = \rho \ddot{u}_i \\ D_{1,1} = 0 \end{cases} \qquad (6-34)$$

式中:T_{ij},u_j,φ_i,D_i 分别为应力、位移、电势和电位移;ρ,c_{ijkl}^{E},e_{ijk},ε_{ij}^{s} 分别为材料密度、弹性常数、压电常数和介电常数,下标 i、j、k、l 分别取 1,2,3。

那么就得到压电晶体中的振动方程为

$$\bar{c}_{1jk1} u_{k,1} - \rho \ddot{u}_i = 0 \qquad (6-35)$$

通过 COMSOL 有限元计算软件计算结构的传输损失曲线与特征频率,将结构四周的边界条件设置为固定,将压电片上边界设置为悬浮电位,与电路模块耦合,将压电片下边界设置为接地。在有限元计算中,设置 D 型压电方程作为压电片的本构方程,D 型压电方程为

$$\begin{cases} S_1 = s_{11}^E T_1 + d_{31} E_3 \\ D_3 = d_{31} T_1 + \varepsilon_{33}^T E_3 \end{cases} \qquad (6-36)$$

式中：T_1，S_1 分别为压电片垂直于膜面方向的应力与应变；D_3，E_3 分别为压电材料上下表面的电场密度与电势。

外界电路结构如图 6.47(a) 所示，其中 R 为电阻，L 为电感，二者串联。在计算结构传输损失曲线时，构建如图 6.48 所示的腔体结构。整个腔体长为 400mm，介质为空气，空气中的声速 $c_0 = 343 \text{m/s}$，空气密度为 $\rho_0 = 1.25 \text{ kg/m}^3$。在腔体结构的左侧边界垂直入射平面波激励，并在结构的右侧边界上拾取响应，计算两者的差值得到结构的传输损失（Transmission Loss，TL），其单位为分贝。

$$\text{TL} = 10\lg\left(\frac{W_{\text{in}}}{W_{\text{out}}}\right) \qquad (6-37)$$

式中：W_{in}，W_{out} 分别为入射声能与出射声能，即为

$$\begin{cases} W_{\text{in}} = \displaystyle\int_{S_1} \frac{p_{\text{inc}}^2}{2\rho_0 c_0} \mathrm{d}S \\ W_{\text{out}} = \displaystyle\int_{S_2} \frac{p_{\text{tr}}^2}{2\rho_0 c_0} \mathrm{d}S \end{cases} \qquad (6-38)$$

其中：S_1，S_2 分别为图 6.48 所示腔体结构的左侧边界与右侧边界。

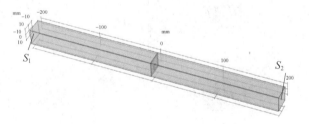

图 6.48　腔体结构

6.7.2　结果分析

在设置串联电阻 $R = 0$，串联电感 $L = 200\text{H}$ 的情况下，使用上节所述方法计算结构的特征频率与传输损失曲线。表 6.13 所列为结构前 14 阶特征频率与其模态，图 6.49 所示为 $20 \sim 1000\text{Hz}$ 频率范围的传输损失曲线。

表 6.13　模态图

阶数	频率/Hz	模态图	阶数	频率/Hz	模态图
1	111.77		8	689.74	

阶数	频率/Hz	模态图	阶数	频率/Hz	模态图
2	135.84		9	793.01	
3	147.67		10	835.10	
4	185.63		11	842.97	
5	201.65		12	945.92	
6	231.21		13	981.43	
7	458.62		14	1148.40	

通过分析模态图可知,包含质量块振动的模态都集中于 500Hz 以下,500Hz 以上则展现了丰富的薄膜振动的模态。材料的传输损失曲线如图 6.49 实线所示。作为对照组,计算了不嵌入压电质量块时材料的传输损失曲线,如图 6.49 虚线所示。

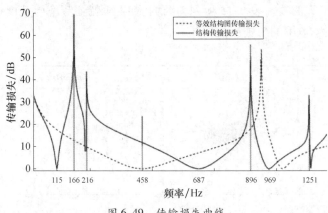

图 6.49　传输损失曲线

材料在 200～1200Hz 频率范围内具有较为良好的隔声性能。虽然在嵌入压电质量块后,传输损失在 100Hz 附近出现衰减,但总体上看,材料的隔声性能有了较大提升,并在 458Hz 处出现压电隔声峰。

结构的共振点已在图 6.49 中表示出,尤其值得注意的是在 216Hz、1251Hz 频率处出现非对称的共振峰,即为传输损失的"突变"。在下一节中,将结合特征频率与振动模式图,进一步讨论结构的隔声机理。

观察传输损失曲线可以发现,一些特征频率处并未出现共振点,这是由于在计算传输损失曲线时,仅仅考虑了平面波垂直膜面入射的情况,而一些模态难以与此方向上的行波发生耦合作用,故此不出现共振点。此外,大量的工程实践也证明,并不是所有的共振模态都可以被激起。

6.7.3 实验验证

为了验证有限元计算的可靠性,这里使用 AWA6290T 型吸声测量系统测试声学超材料结构的隔声性能,由于此测量系统的阻抗管呈圆形,设计圆形结构如图 6.50 所示。

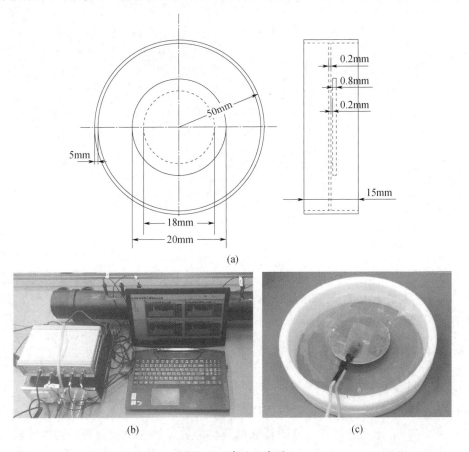

图 6.50 实验示意图
(a)样件结构;(b)实验装置;(c)样件实物图。

其中环形外框材质为类 ABS 白色 SLA 树脂,其密度为 $1.13g/cm^3$,弹性模量为

2600MPa,泊松比为0.37,薄膜材质为硅橡胶,张力为1.5MPa,所贴压电材料为镀银电极PZT-5A压电陶瓷附加铜质基板。压电陶瓷与硅橡胶间使用氰基丙烯酸酯胶黏剂连接。压电片外部串联0~1H可调电感与10Ω电阻。由于在电路中所需电感值较大,这里使用Antoniou电路来模拟大电感,如图6.51所示。由于采样精度有限,通过调节电感可以更方便地检测到压电隔声峰的存在。

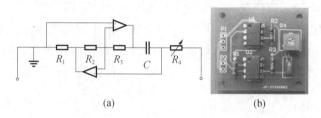

(a)　　　　　　　　　(b)

图6.51　大电感
(a)电路图;(b)实物图。

分别使用实验方法与有限元计算方法得到结构的传输损失曲线,如图6.52所示。实验数据由500次采样求均值得到。

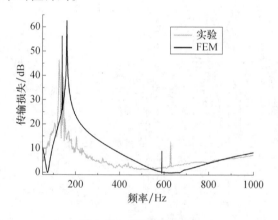

图6.52　传输损失曲线

可以看出,实验虽然存在一些误差,但两条曲线基本吻合。在实验中调节电感,在630Hz出现一尖锐隔声峰,与有限元计算得到的583Hz压电隔声峰相印证,验证了压电隔声峰的真实性。

6.7.4　隔声机理分析

1. 等效模型

一般来说,薄膜声学超材料的首阶特征频率对其低频隔声性能有极大的影响,更高的首阶特征频率,往往意味着更好的低频隔声性能。虽然这里设计的结构性能较好,但是由于其结构形状较为不规则,难以进行分析。为进一步揭示薄膜附质量块结构的隔声机理,这里对实验中的结构进行了解析建模,最后构建了"弹簧-振子"等效模型来估算其首阶特征频率。同理,由于此简化与前面所设计的结构相似,有理由相信二者隔声机理相同。

由于首阶特征频率不涉及压电材料。可以将结构简化为如图 6.53 所示,其中小圆部分为薄膜,材质为硅橡胶,其余部分为附加质量块,薄膜张力为 44N/m,边缘固定。其结构尺寸如图 6.53 所示。

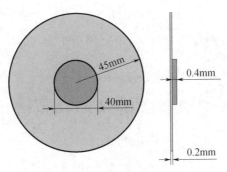

图 6.53   简化结构示意图

设一不附加质量块的薄膜,其振动方程为

$$\nabla^2 \xi = \frac{1}{\varphi^2} \frac{\partial^2 \xi}{\partial t^2} \qquad (6-39)$$

式中:ξ 为薄膜的纵向位移;$\nabla^2 = \dfrac{\partial^2}{\partial x^2} + \dfrac{\partial^2}{\partial y^2}$ 为二维坐标拉普拉斯算符;$\varphi = \sqrt{\dfrac{T}{\sigma}}$,$T$ 为膜表面张力,σ 为膜的面密度。

已知首阶共振模态为圆对称情形,故可将振动方程的解写为径向距离 γ 与时间 t 的函数,即

$$\xi(\gamma, t) = A J_0(\kappa \gamma) e^{j\omega t} \qquad (6-40)$$

式中:J_0 为零阶贝塞尔函数;$\kappa = \dfrac{\omega}{\varphi}$。

设原膜的半径为 R,则边界条件为 $\xi_{(\gamma=R)} = 0$,代入解中可得,$J_0(\kappa R) = 0$。

在 MATLAB 调用 besselj 函数,可以画出贝塞尔函数在 $[0,1]$ 区间上的图线,如图 6.54 所示。

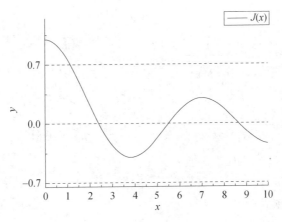

图 6.54   贝塞尔函数曲线

通过最小二乘法搜索得到 $J_0(\mu)=0$ 的解,精确到 3 位小数得到 $\mu=2.405$。根据 $\kappa R = \mu$,可得首阶特征频率 f 为

$$f = \frac{\mu}{2\pi R}\sqrt{\frac{T}{\sigma}} \qquad (6-41)$$

在圆膜上取微元,其径向距离为 $(r, r+\mathrm{d}r)$,其动能为 $\mathrm{d}E$,有

$$\mathrm{d}E = \frac{1}{2}(2\pi\sigma r\mathrm{d}r)\left(\frac{\mathrm{d}\xi}{\mathrm{d}t}\right)^2 \qquad (6-42)$$

将运动方程代入式(6-42)并取其实部可得此模态下的平均动能为

$$\overline{E} = \frac{1}{4}\pi A^2 J_1^2(\mu)\omega^2 R^2\sigma \qquad (6-43)$$

式中:J_1 为一阶贝塞尔函数。

若将此薄膜的振动等效为"弹簧-振子"结构,设振子的位移为薄膜中心的位移,可以得到振子速度 v 的值为

$$v = \left(\frac{\partial\xi}{\partial t}\right)_{(r=0)} = -A\omega\sin(\omega t-\phi) \qquad (6-44)$$

设 M 为系统等效质量,则系统在一个周期内的平均动能为

$$\overline{E}_{\mathrm{sys}} = \frac{1}{T}\int_0^T \frac{1}{2}Mv^2\mathrm{d}t = \frac{1}{4}M\omega^2 A^2 \qquad (6-45)$$

令 $\overline{E}_{\mathrm{sys}}=\overline{E}$,则

$$M = mJ_1^2(\mu) \qquad (6-46)$$

式中:m 为薄膜的质量,从而得到如图 6.55(a)所示"弹簧-振子"系统,其中 K 为等效弹簧的质量。此系统的特征频率 $f_{\mathrm{sys}} = \frac{1}{2\pi}\sqrt{\frac{K}{M}}$,令 $f_{\mathrm{sys}}=f$,得

$$K = \omega^2 mJ_1(\mu) \qquad (6-47)$$

现考虑在原膜中心附加质量块的情况,其等效模型如图 6.55(b)所示,即在原先质量 M 之上再附加质量 M_{add}。在附加质量块之后,可知系统的等效弹性模量也会发生变化,但可以近似地认为 $K_1 = K$。

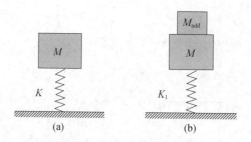

图 6.55　等效模型示意图

故此,简化结构的首阶特征频率为

$$f_1 = \frac{1}{2\pi}\sqrt{\frac{K}{M+M_{\mathrm{add}}}} \qquad (6-48)$$

分别使用有限元法与等效模型方法,计算了简化模型的首阶特征频率,取附加质量块的密度为 $1000 \sim 5000\mathrm{kg/m^3}$,结果如图 6.56 所示,两种方法可以基本吻合,但是仍存在一定误差,这是由于简化模型所附加的质量块底面积较大,对薄膜的等效弹性模量产生了影响。

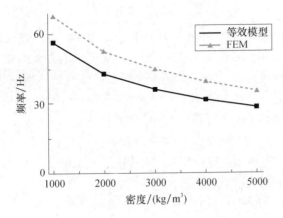

图 6.56　首阶特征频率随质量块密度的变化

2. 模态分析

为了进一步研究结构的隔声机理,这里计算了各隔声峰、隔声谷和传输损失"突变"处的振动模式图。

首先对隔声峰出现的机理进行分析。图 6.57(a) 所示为结构在 185Hz 处隔声峰处的振动模式图,此处的传输损失高达 69.5dB。当材料受到此频率声波激励时,压电质量块与薄膜反向振动,呈现出"拍动"模式,其消声原理如图 6.58 所示,由于二者振幅相等,相位相反,使得在远场处,薄膜振动产生的声波与压电片振动产生的声波干涉相消,从而使得入射声波得到极大的衰减。同时,材料本身也发生了极大的形变,将声波的能量局限在材料之中。

这一振动模式未体现在共振模态中,之所以出现这样的现象,一是由于在计算传输损失时考虑了空气阻尼,二是由于声波入射的方向垂直于膜面,致使多个平行于膜面的模态难以展现。但这种模态仍可以看作多个共振模态的叠加。

位于 485.62Hz 的压电隔声峰的带宽只有 0.59Hz,这一频率下的传输损失为 23.65dB,相较于其左右 1Hz 频率范围内,此处传输损失上升了 12dB,其振动模式图如图 6.57(b) 所示。从图中可以看出,此模态下压电质量块横向压缩形变,行波的能量被压电片所吸收。

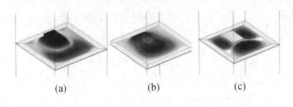

(a)　　　　　(b)　　　　　(c)

图 6.57　隔声峰处的振动模式图

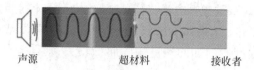

声源 　　　　　超材料 　　　　接收者

图 6.58　消声原理图

在材料中,压电片可看作电容(电容值可通过 COMSOL 有限元软件求得)连接外接电路中的电感与电阻,共同组成了 LC 振荡电路。由 D 型压电方程可知,当压电片受到一定频率声波激励时,其上、下表面的电荷密度发生同频率的改变。当压电片两端电荷密度变化频率接近 LC 振荡电路的共振频率时,电路就会发生强烈的振荡,声波的能量被转化为电能并消耗。这一隔声峰的存在,是本结构的重要特性。

图 6.57(c)为 896Hz 隔声峰处结构的振动模式图,对应于第 13 阶特征频率,此振动模式表现为薄膜分两部分发生"振幅相等,相位相反"的振动,形成"拍动"模式,这一隔声峰形成机理与 185Hz 隔声峰类似。

图 6.59(a)所示为结构在 115Hz 隔声谷处的振动模式图,对应于首阶特征频率,图 6.59(b)为对照组在 457Hz 隔声谷处的振动模式图。从以往的研究可知,结构的首阶特征频率会对其低频隔声性能产生极大的影响。在附加质量块的结构中,115Hz 隔声谷处的传输损失几乎下降至 0,此时材料发生强烈的横向共振,声波的大部分能量得以透过薄膜。未附加质量块的薄膜结构出现隔声谷的机理与之类似,但是由于未附加质量块薄膜的等效质量更小,根据 $f = \dfrac{1}{2\pi}\sqrt{\dfrac{K}{M}}$,其首阶特征频率会更高。根据有限元计算可知,其首阶特征频率为 456Hz,因此未附加质量块薄膜在低频范围内传输损失衰减得更慢。但也由于未附加压电材料,其隔声性能较为平庸。

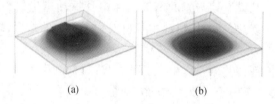

(a)　　　　　　　　(b)

图 6.59　隔声谷处的振动模式图

图 6.60(a)所示为 687Hz 隔声谷处结构的振动模式图,对应于第 8 阶特征频率,可以看出,其与图 6.59(b)的振动模式类似,隔声谷产生机理也类似,但由于压电片的存在,膜的振动面积较小,使其频率更升高。图 6.60(b)所示为 969Hz 隔声谷处结构的振动模式图,可以看出,其振动模式与 896Hz 隔声峰处的振动模式极其类似,表现为压电片长边侧两边与短边一侧的振动,但是在 896Hz 隔声峰处,此两部分的振幅与膜的振动面积大致相等,因此在远场处其波动可以相互抵消,但是在 969Hz 隔声谷处,长边两侧振动的振幅与膜的振动面积要远大于其短边侧的振幅,使其在远场处其波动难以干涉相消,因此在传输损失曲线上表现为隔声谷。与之机理类似的还有处于 1129~1136Hz 频率范围内的突变,图 6.60(c)为 1129Hz 处的振动模式图,图 6.60(d)为 1136Hz 处的振动模式图,在 1129Hz 处结构表现出高达 33dB 的传输损失,紧接着在 1136Hz 急剧下降,造成这样突变的原因也

是由于膜上不同部位振动的细微差别导致,当不同振动相位相反的两部分的振动面积与振幅大致相等时,则表现为传输损失上升,反之,则表现为传输损失的下降。

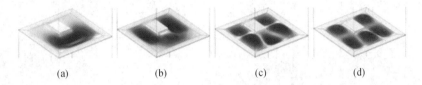

图 6.60　隔声谷与传输损失突变处的振动模式图

在 229～235Hz 附近也出现了一次突变,其中 229Hz 的振动模式图如图 6.61(a)所示,235Hz 的振动模式如图 6.61(b)所示。从传输损失曲线中可以看出在 229Hz 时,结构传输损失迅速衰减,但在 235Hz 时急剧升高。从图中可以看到,两者的振动模式图极其类似,都表现为压电片以平行于短边的线为转轴的转动振动,但是也可以明显看出,在 235Hz 时,结构的转轴更加靠近压电片的中轴线,这意味着,在 235Hz 时,结构的振动更加接近于"拍动"的模式,而在 228Hz 时,压电片两端的振幅不同,使得在远场处二者难以相互抵消,传输损失下降。

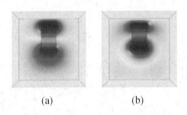

图 6.61　传输损失突变处的振动模式图

3. Fano 共振对结构隔声性能的影响

综合分析特征频率与传输损失曲线,可以发现,结构在各特征频率处的传输损失表现出不同的特征,例如出现"隔声峰""隔声谷",以及"突变"等。上面已经从模态分析的角度讨论了其产生机理,这里从 Fano 共振的角度,解释在不同特征频率处传输损失曲线表现出不同特征的原因。

根据共振机理不同,共振可以分为洛伦兹共振与 Fano 共振。其中洛伦兹共振只涉及一种模态,在频谱中呈现对称的谱线形状,如前面所述的"隔声峰""隔声谷"等一类情况。当涉及多种模态的耦合,则会出现 Fano 共振,即在频谱中表现出非对称的谱线形状,例如前面所述的"突变"。

Fano resonance(FR)概念起源于量子物理领域,于 1961 年被 Ugo Fano 提出[204],并得到了 Fano 谐振的公式:

$$I(\omega) = \frac{q + \varepsilon^2}{1 + \varepsilon^2} \qquad (6-49)$$

式中:$I(\omega)$ 为频率响应;q 为 Fano 参数,其定义为两种互相干涉模态的强度比值,影响着 Fano 共振频谱的非对称性,ε 为归一化的调谐频率。

图 6.62 所示为 Fano 参数不同时,特征频率附近的频率响应曲线。从图中观察可得,当 $q=0$ 时,在特征频率附近的频率响应呈现洛伦兹共振模式,这时由于 $q=0$,两种模态有

一种的强度为 0,故不存在干涉的情况;当 $q = \pm 1$ 时,此时两种模态的能量最为接近,频率响应呈现标准的 Fano 共振的非对称特性。同理,当 q 值逐渐趋向于无穷时,频率响应又会变为洛伦兹共振模式。

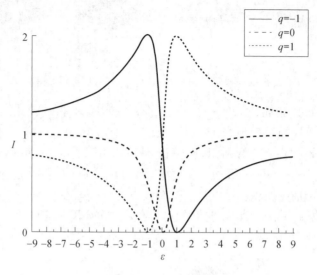

图 6.62　Fano 共振

由于两个模态的相位响应不同,当二者互相影响时,其谱线并不是简单的强度叠加,当两种模态存在相位差时,会出现干涉相消的情况,在谱线中表现为谷值,或者当两种振动模态的相位响应随入射波频率变化的速率差别较大时,则会出现类似于上面所述的传输损失"突变"的情况。

在对薄膜声学超材料的研究过程中发现,当薄膜受到较高频率声波激励时,薄膜的振动往往被"分割"开来,例如第 10 阶模态、第 14 阶模态,薄膜的各个部分表现为相互独立的振动,可以看作分立的模态,在薄膜后的传播过程中,各分立模态发生干涉作用。

类比于光学领域,由于各振动模态的 Fano 参数不同,相位响应也不同,导致在不同特征频率处展现出不同的共振模式。例如,在各隔声峰与隔声谷处表现为洛伦兹共振模式,在 216Hz、1251Hz 表现为非对称的 Fano 共振模式,同时 896Hz 隔声峰与 969Hz 隔声谷也可以看作 Fano 参数适中的 Fano 共振。

6.7.5　结构参数对结构隔声性能的影响

1. 压电片偏心量对材料性能的影响

图 6.63 所示为压电片偏心量 m 不同时,在 $20 \sim 1200\text{Hz}$ 频段内结构的传输损失曲线。从图中可知,压电片的偏心量对结构的低频隔声性能影响较小,但是对结构的高频隔声性能影响较大,并且,无论 m 值如何变化,在 458Hz 处,结构的传输损失都会有约 12dB 的上升。

之所以传输损失曲线出现这样的变化,是由于低频特征频率对 m 值较敏感,高频特征频率对 m 值较为不敏感。如图 6.64 所示为 m 值不同时材料的各阶特征频率。

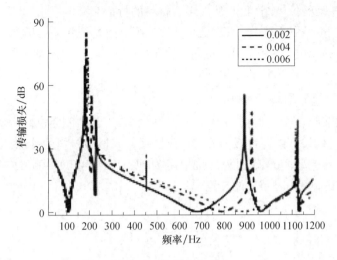

图 6.63　传输损失曲线

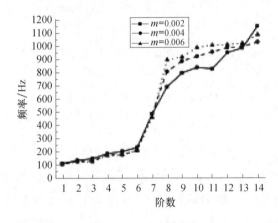

图 6.64　特征频率

如图 6.63 所示,压电片的偏心量对 300Hz 以下的特征频率影响甚小,这是因为 300Hz 以下的共振模态表现为"弹簧－振子"模式,膜的面积较大,压电片的偏心量对"弹簧－振子"系统的等效刚度影响不大。例如图 6.65 所示为 m 值不同时第五阶特征频率的模态图,其振动表现为压电片带动周围一部分膜进行振动,压电片的位置对其影响较小。

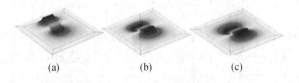

图 6.65　第五阶共振模态

(a)$m = 0.002$m;(b)$m = 0.004$m;(c)$m = 0.006$m。

但是嵌入压电片的位置对 500Hz 以上的特征频率影响较大。从前面的分析可知,500Hz 以上的共振模态表现为薄膜的振动,嵌入薄膜的压电片则会在一定程度上"分割"

薄膜,改变薄膜振动的位置与面积,从而影响材料的特征频率。

从图 6.64 中也可以看到,m 值改变对结构的第七阶特征频率影响很小。这是由于第七阶特征频率是由压电片外接的 LC 电路所决定的,与压电片的位置无关。这也使得无论 m 值如何变化,在 458Hz 附近总会出现隔声峰。

2. 电路参数对隔声性能的影响

对于一般的薄膜声学超材料来讲,一旦其结构固定,其性能便也同时固定。但是在材料中加入了压电材料,可以通过改变外接电路的系数来调节材料的性能,使其能够更好地满足需求。图 6.66(a)、(b)分别为外接电阻为 1Ω、10Ω、100Ω、1000Ω 时与外接电感为 200H、201H、202H、203H 时结构的传输损失。

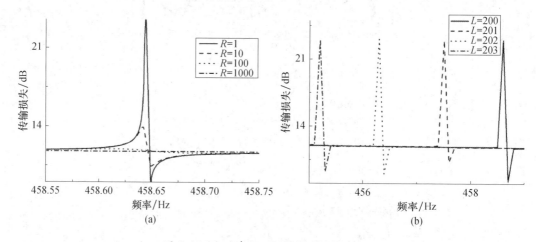

图 6.66 电路参数不同时传输损失的变化
(a)不同电阻;(b)不同电感。

从图 6.66(a)可以看出,随着电阻的增大,隔声峰的峰值逐渐减小(此时设定 $L = 200H$),而隔声峰的位置不发生改变。峰值减小的原因主要是电阻的增大使电磁振荡作用减弱。从图 6.66(b)中可以看出,随着电感增大(此时 $R = 1\Omega$),隔声峰逐渐向低频移动。这是由于 LC 振荡电路的谐振频率 f_r 为

$$f_r = \frac{1}{2\pi}\sqrt{\frac{1}{LC}} \tag{6-50}$$

随着电感值的增大,谐振频率 f_r 逐渐变小。

6.7.6 小结

本节设计了一种基于压电材料的薄膜声学超材料,得到结论如下:

(1)使用有限元方法计算了结构的特征频率与 20～1200Hz 频段的传输损失,发现材料在 20～1200Hz 频率范围内隔声性能良好,存在两个 50dB 以上的隔声峰和一个可调隔声峰。并在实验中验证了有限元计算的真实性。

(2)建立了简化结构首阶共振模态等效模型,并且使用有限元法验证了其合理性;综合分析材料的传输损失曲线与共振模态,讨论了材料的隔声机理,并通过 Fano 共振理论解释了传输损失"突变"出现的机理。

（3）探究了压电片偏心量对结构性能的影响，通过调整电路参数，实现了材料性能的可调性。

6.8　亥姆霍兹腔 – 薄膜声学超材料研究及性能主动调控

本节将设计一种薄膜底面亥姆霍兹腔声学超材料，该超材料由薄膜底面亥姆霍兹腔附加质量单元构成。使用有限元法，计算了超材料 20 ~ 1200 Hz 频段内的传输损失曲线与各阶共振频率，并在实验中验证了数值计算的真实性。相较于单一的亥姆霍兹腔、薄膜声学超材料或传统材料，本超材料的隔声性能有了较大提升。结合共振频率与隔声峰处的振动模式图，进一步分析了超材料的隔声机理。计算了超材料的透射系数与反射系数，使用等效参数提取法，得到了超材料的等效模量与等效密度，在隔声峰处发现了负等效密度，同时等效模量接近于零，并由能量角度进一步分析了异常等效参数的产生机理。通过等效电路法，得到了超材料的声阻抗，较精确地计算了超材料的首阶共振频率，并分析了产生误差的原因。研究了附加偏心质量单元对超材料隔声性能的影响，发现附加偏心质量单元可以抑制反对称共振模态的出现，同时大大增加了超材料的隔声峰数量。

6.8.1　结构设计与计算方法

通过以往的研究可知，在特定频段内，亥姆霍兹腔结构和局域共振结构可分别呈现负等效模量和负等效质量。故此，在这里提出一种亥姆霍兹腔复合薄膜的声学超材料。如图 6.67 所示，图中 A 为圆柱体质量块，高 $a = 3\,\mathrm{mm}$，直径 $\phi_2 = 20\,\mathrm{mm}$；B 为薄膜，其厚度 $b = 0.2\,\mathrm{mm}$，直径 $\phi_1 = 90\,\mathrm{mm}$，C 为一端开孔、一端无底的亥姆霍兹腔，其长度 $d = 110\,\mathrm{mm}$，外径 $\phi_2 = 100\,\mathrm{mm}$，内径与膜的边界相重合，开孔直径 $\phi_1 = 6\,\mathrm{mm}$，开孔高 $e = 10\,\mathrm{mm}$，附着质量块的张紧薄膜固定在亥姆霍兹腔无底面的一端，膜在 X、Y 方向的张力均为 0.66 MPa。亥姆霍兹腔体材质为钢，质量块的材质为钨，薄膜材质为硅橡胶，表 3.16 为所涉及的材料参数。

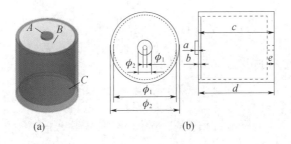

图 6.67　材料结构

(a) 结构示意图；(b) 结构参数。

对于一般的亥姆霍兹腔来说，当其腔体开孔处受到声压为 $p = p_a \mathrm{e}^{\mathrm{j}\omega t}$ 的声波作用，其可以看作一个带阻尼受迫振动，可以简化为一个"弹簧 – 振子"结构，其中振子为开孔处的气体，弹簧为腔内气体，其振动方程可以表示为

$$
\begin{cases}
M_a \dfrac{\mathrm{d}U}{\mathrm{d}t} + R_a U + \dfrac{1}{C_a}\displaystyle\int U\mathrm{d}t = p_a \mathrm{e}^{j\omega t} \\
U = vS
\end{cases} \tag{6-51}
$$

式中：M_a 为声质量；R_a 为声阻；C_a 为声容；v 为开孔处空气速度；S 为开孔面积；U 为体积速度。

在使用有限元法计算结构反射系数 R、透射系数 T 以及传输损失（TL）时，构建如图 6.68 所示圆柱形腔体结构，在圆柱形腔体两侧边界 S_1、S_2 设置声波完美吸收层，并在 S_1 边界设置平面波入射。

声波从 S_1 边界入射之后，将首先受到 10mm 穿孔钢板的阻挡，由于四周固定的 10mm 钢板隔声性能极强，将对超材料整体传输损失的计算造成极大的影响，故此将圆柱形腔体的直径设置为 104mm，略大于亥姆霍兹腔直径。需要说明的是，由于开孔较浅，并不可将其视为"长管"，且空气也并非黏性流体，故在仿真中并未引入"狭窄区域声学"模块，这样也减少了数值模拟的计算量，许多研究者也在其研究中进行了类似的简化。

反射系数 R 与透射系数 T 的定义为

$$
\begin{cases}
R = \dfrac{\displaystyle\int_{S_1} p_{r0}\,\mathrm{d}S}{\displaystyle\int_{S_1} p_{i0}\,\mathrm{d}S} \\[4mm]
T = \dfrac{\displaystyle\int_{S_2} p_{t0}\,\mathrm{d}S}{\displaystyle\int_{S_1} p_{i0}\,\mathrm{d}S}
\end{cases} \tag{6-52}
$$

式中：p_{i0} 为 S_1 平面入射声压；p_{r0} 为 S_1 平面反射声压，p_{t0} 为 S_2 平面透射声压。

传输损失（TL）的定义如下，其单位为分贝。

$$
\begin{cases}
W_{in} = \displaystyle\int_{S_1} \dfrac{p_{i0}^2}{2\rho_0 c_0}\mathrm{d}S \\[3mm]
W_{out} = \displaystyle\int_{S_2} \dfrac{p_{t0}^2}{2\rho_0 c_0}\mathrm{d}S \\[3mm]
\mathrm{TL} = 10\lg\left(\dfrac{W_{in}}{W_{out}}\right)
\end{cases} \tag{6-53}
$$

式中：W_{in}，W_{out} 分别为入射声能与出射声能。

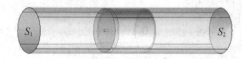

图 6.68　腔体结构

6.8.2　结果分析

使用上节所述方法计算材料在对数坐标系下的传输损失曲线如图 6.69 黑线所示。

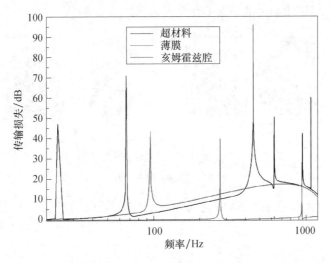

图 6.69　传输损失曲线(见彩图)

结果发现材料在 20～1200Hz 范围内隔声性能优异,尤其是在 100Hz 以下的低频范围内,第一隔声峰出现在 25.10Hz,传输损失高达 44.29dB,第二隔声峰出现在 67.43Hz,传输损失为 66.74dB;在更高频范围内,在 451.49Hz 处出现第三隔声峰,传输损失为 90.178dB;在 626.30Hz 处出现第四隔声峰,传输损失为 47.05dB;在 952.81Hz 处出现第五隔声峰,传输损失为 39.74dB;在 1080.08Hz 处出现第六隔声峰,传输损失为 56.39dB。

在此设置了两对照组,分别计算相同结构参数刚性底面亥姆霍兹腔和薄膜附加质量块结构的传输损失曲线,如图 6.69 中蓝线、红线所示,虽然在 70～399Hz 频段内,刚性底面亥姆霍兹腔的隔声性能略好于本超材料。但总体上,这里所设计的超材料性能明显优于其余两对照组。

接下来计算超材料的共振模态。由前面可知,超材料由无底面亥姆霍兹腔与薄膜附加质量单元结构构成,其中亥姆霍兹腔材质为钢,可看作刚体,不考虑其振动,故用薄膜俯视方向的位移图和总声压场垂直膜面切面图表征超材料的振动模态。

由于薄膜结构的加入,超材料具有非常丰富的共振模态,但存在两类共振模态,因其不会影响超材料的隔声性能,故这里对其不加考虑。这两类模态分别如下:

(1)不考虑未被激起的共振模态。这里仅研究声波垂直方向入射的情况,由于许多模态难以与这一方向的行波耦合,未能被激起。这里以 0.01Hz 步长计算了超材料的传输损失以及相应的振动模式,通过对比振动模式图与共振模态,可判别其是否被激起,且在实验过程中,对入射波频率的监测精度往往不能达到 0.01Hz,故此认为这一方法是有效的。例如图 6.70(a)所示为 69.44Hz 共振频率处对应的模态,其表现为质量单元平行于膜面的扭转振动,故其不能被垂直膜面方向入射的声波所激起。

(2)不考虑薄膜反对称振动模式下的共振模态。从之前的研究中可知[205],在薄膜反对称振动时,亥姆霍兹腔声场的变化也是反对称的,其总的等效声压为零。此时,薄膜振动并不能激发腔体开孔处空气的振动,从而无法将声压传导至腔外,开孔处的阻抗并未发生作用,故对超材料的声学性能没有影响。例如图 6.70(b)所示为传输损失曲线中 325.40Hz 处超材料的振动模式,对应 328Hz 特征频率,在特征频率附近,相应的振动模态被激起,但并未出现传输损失的显著变化。

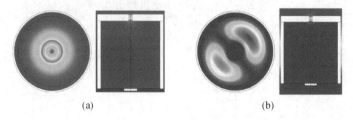

图 6.70　共振模态图
(a)69.44Hz；(b)325.40Hz。

在去除上述两类模态后,超材料在 20 ～ 1200Hz 频段的共振频率及其对应模态如表 6.14所列。

表 6.14　共振模态

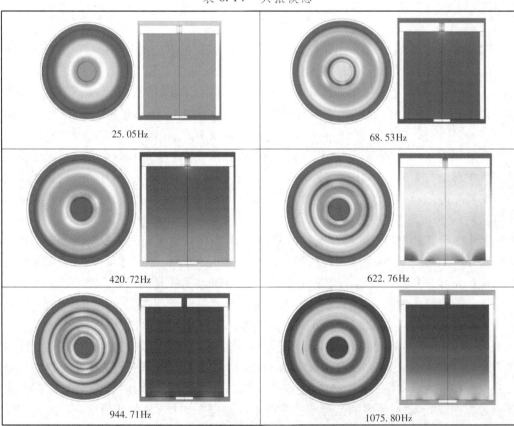

可以发现,特征频率与传输曲线基本上相吻合,在 100Hz 以下表现为质量块与薄膜共同振动,在 100Hz 以上则展现出丰富的薄膜振动模态。后面会结合传输损失曲线和共振模态,进一步分析本超材料的隔声机理。

6.8.3　隔声机理分析

为进一步分析结构的隔声机理,这里计算了结构在各隔声峰处的振动模式图,如

表 6.15 所列。

表 6.15　隔声峰振动模式图

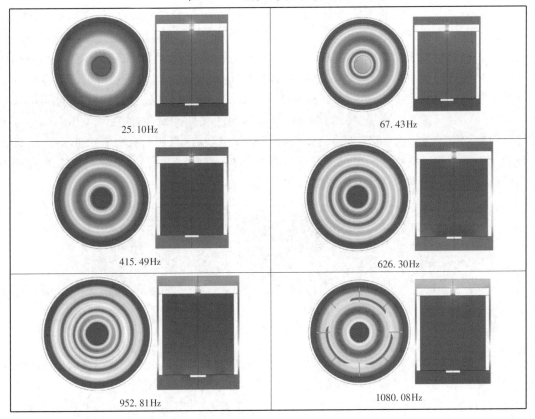

25.10Hz	67.43Hz
415.49Hz	626.30Hz
952.81Hz	1080.08Hz

综合分析在隔声峰处的振动模式图和共振模态图可以发现,隔声峰总是出现在共振频率附近,当入射波频率接近共振频率时,会激发超材料的共振模态,隔声峰出现。值得关注的是第六隔声峰,其所对应的为 1075.80Hz 共振模态,通过观察模态图可知,此模态中薄膜的振动几乎是平行于膜面的,但实际上薄膜仍有轻微的垂直膜面振动,故其仍可在共振频率附近与入射波耦合,使第六隔声峰出现,但是由于耦合作用较弱,因此第六隔声峰的频带很窄,仅有0.02Hz。

由表 6.15 可知,结构的第 3~6 隔声峰的振动模式分别表现为薄膜的各阶振动,相较于刚性底面亥姆霍兹腔,薄膜底面的加入使得超材料的共振模态更加丰富,使得超材料拥有更多的隔声峰。第一、二隔声峰是 100Hz 以下的超低频隔声峰,其振动模式表现为薄膜与质量块的耦合振动,在薄膜上附加质量块可以增大超材料的等效质量,使其共振频率变低,从而增强了结构的低频隔声性能。

在共振频率附近,薄膜附加质量块结构与腔体内的空气将会发生强烈的耦合共振。在入射波激励下,腔体开孔处的空气将会发生强烈振动,此时腔体内的空气将起类似于弹簧的作用,为开孔处的空气提供回复力。一方面,入射波的能量局域在开孔处,同时空气将与孔壁发生摩擦,将被局域化的能量消耗掉;另一方面,开孔处空气振动时也将向外辐射声波,造成能量的耗散。同时,薄膜附加质量块结构也会发生强烈共振,将入射波的能量局域化在结构中并耗散掉。

6.8.4　实验验证

为了验证数值计算的正确性,在此采用实验的方法对其进行验证,使用 AWA6290T 型传递函数传输损失测量系统对所制样件在 50 ~ 1000Hz 频率范围内的传输损失进行了测量。由于测量系统的内径仅为 100mm,为保证实验条件与数值计算条件一致,这里将样件的内径设置为 96mm,样件其余的结构参数与前述相同,这样可以在边缘留出同宽度的缝隙。从以往的研究可知,影响亥姆霍兹腔声学性能与其外径并无显著联系,故此可以认为样件外径的轻微改变对超材料的声学性能无影响。在样件安装时,在其前后两端分别对称附加两块长宽约为 1mm,厚度为 2.2mm 的硅胶垫,由于硅胶具有一定的可压缩性,样件便可固定在测试系统中。由于硅胶垫的截面积仅为缝隙截面积的 1.2% 左右,可忽略硅胶垫对实验的影响。其实物图如图 6.71 所示。

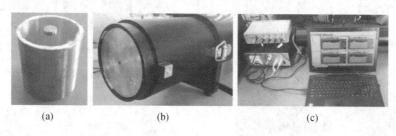

(a)　　　　　　　　(b)　　　　　　　　(c)

图 6.71　实验示意图

为了方便实验取材,这里的腔体与质量块使用不锈钢材质。由于在此超材料中不考虑两者自身的振动,可将其看作刚体,故仅关注其密度参数,实测得其密度为 7748kg/m³。薄膜材质为硅橡胶,密度为 1030kg/m³,弹性模量为 1.175×10^5Pa,泊松比为 0.469,金属和硅橡胶之间使用 JL‐401AB 硅胶快干胶粘合。

测得样件的传输损失如图 6.72 红线所示,图 6.72 黑线为数值计算所得对照组。由图 6.72 可知,数值计算结果与实验结果之间仍存在一定的误差,这是由样件的加工条件、实验测量误差等原因所致。具体来讲,误差产生的原因主要有以下 3 点:

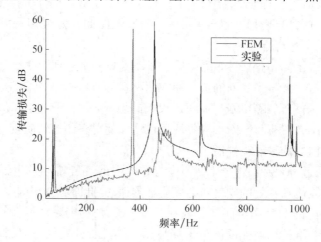

图 6.72　传输损失曲线(见彩图)

（1）由于在样件装配时仅仅使用了直尺等简单工具，对于质量单元的定位存在些许误差，使得500Hz以上频段出现了若干新隔声峰，这是由于质量单元位置偏心所致，相关内容将在后面详细讨论。

（2）薄膜的张力控制未能十分精确，使实验测得的隔声峰的位置发生了偏移。

（3）胶黏剂的使用也会对薄膜的力学参数产生影响，但由于在数值计算中粘合部分不参与振动，且实验中粘合部分也较为牢固，可认为此部分影响较小。

由上面对于超材料隔声机理的分析可知，上述原因均不会使超材料的传输损失发生质变，因此可以认为实验是有效的。通过对比图6.72两图线可得，两种方式所得传输损失曲线的走势以及隔声峰的出现位置大致吻合，实验结果验证了数值计算的真实性。

6.8.5　等效参数提取

声学超材料所具有的一个重要特征就是具有天然材料所不具有的"负参数"性质。一般来讲，超材料的等效弹性模量、等效密度等参数是随频率变化的。当材料受到一定频率入射波激励时，材料发生共振，当共振的强度大于入射波时，材料的"负参数"性质得以显现。负等效体积模量意味着材料的形变与所受激励相位不匹配，负等效密度意味着材料的加速度与所受激励相位不匹配。

从之前的研究可知，可通过材料的透射系数 T 和反射系数 R 来计算材料的相关等效参数，但这种方法仅适用于研究"薄材料"，即当入射声波波长远大于材料的厚度时，同时，在此条件下，材料可看作均质的。本章所研究的材料厚度 $d=110mm$，已知空气中声速 $c_0=343m/s$，当入射声波频率高于300Hz时，其波长将小于1143mm，将不满足"薄材料"的条件。故此，这里仅研究材料在 20~300Hz 频率范围内的等效参数。

首先计算材料在 20~300Hz 频率范围内的透射系数 T、反射系数 R，分别如图6.73（a）、（b）所示。

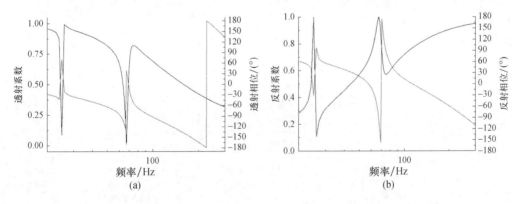

图6.73　透射系数与反射系数（见彩图）

从图中可见，透射系数 T 与反射系数 R 与传输损失基本吻合，且当 T 或 R 出现峰值或者谷值时，相位同时出现剧烈的变化，这是由于材料在受到频率接近其特征频率的声波激励时，发生不受外部声场影响的强烈共振。

从以往的研究可知，当声波从流体介质入射薄板时，其反射系数 R 与透射系数 T 分别为

$$\begin{cases} R = \dfrac{Z_2^2 - Z_1^2}{Z_1^2 + Z_2^2 + 2\mathrm{i}Z_1 Z_2 \cot\phi} \\ \\ T = \dfrac{1 + R}{\cot\phi - \dfrac{Z_2 \mathrm{i}\sin\phi}{Z_1}} \end{cases} \tag{6-54}$$

式中:Z_1,Z_2 分别为流体介质与薄板阻抗;ϕ 为声波穿过薄板后的相位变化。

引入 $\xi = Z_1 / Z_2$,解上述方程可得 ξ 与折射率 n 分别为

$$\begin{cases} \xi = \dfrac{r}{1 - 2R + R^2 - T^2} \\ \\ n = \dfrac{-\mathrm{i}\log x}{kd} \\ \\ r = \mp\sqrt{(R^2 - T^2 - 1)^2 - 4T^2} \\ \\ x = \dfrac{(1 - R^2 + T^2 + r)}{2T} \end{cases} \tag{6-55}$$

式中:k 为波矢;d 为材料的厚度。

又有阻抗的定义为 $Z = \rho c$,故

$$\begin{cases} \dfrac{\rho_{\mathrm{eff}}}{\rho_0} = n\xi \\ \\ \dfrac{K_{\mathrm{eff}}}{K_0} = \dfrac{\xi}{n} \end{cases} \tag{6-56}$$

式中:ρ_{eff}、ρ_0 为超材料的等效密度与流体介质的密度;K_{eff}、K_0 为材料的等效体积模量与流体介质的体积模量。

通过上述方法,可以求得 $\rho_{\mathrm{eff}}/\rho_0$ 与 K_{eff}/K_0,分别如图 6.74(a)、(b)所示,其中黑色线条为实部,红色线条为虚部。

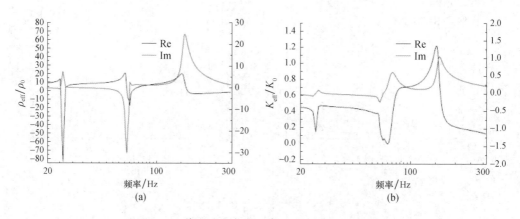

图 6.74　等效质量密度与等效体积模量(见彩图)

由图可得,这里所设计的超材料在一些频段内出现"负参数"特性,例如在 25Hz 与 67Hz 隔声峰处都表现出负等效密度,同时等效模量都出现大幅下降,在 67Hz 处 K_{eff}/K_0 的值为 9×10^{-4},接近于 0。

6.8.6　等效模型

材料在 100Hz 以下出现的超低频隔声峰是本材料的重要特征。从前面可知,材料的特征频率极大地影响着其性能,尤其是材料的首阶特征频率,决定其超低频隔声峰的位置。为了进一步揭示材料的工作机理,在此构建其等效模型。使用等效模型可以便捷地估算结构的特征频率,具有十分重要的理论意义。

对于一般的亥姆霍兹腔,如图 6.75 所示,其腔体为刚性材质,开孔处横截面积为 S,腔口长度为 l,腔体体积为 V。

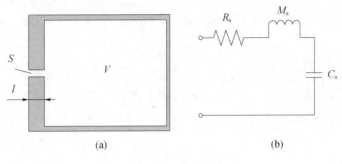

图 6.75　亥姆霍兹腔

通过等效电路法,将亥姆霍兹腔转化为等效电路模型,其中 R_a 为声阻,M_a 为声质量,C_a 为声容,可知结构的固有频率 f_a 为

$$f_a = \frac{1}{2\pi}\sqrt{\frac{1}{M_a C_a}} \qquad (6-57)$$

由上式可知,f_a 仅由 M_a 与 C_a 决定,所以在此仅关注 M_a、C_a,两者的值分别为

$$\begin{cases} M_a = \dfrac{\rho_0 l}{S} \\[2mm] C_a = \dfrac{V}{\rho_0 c_0^2} \end{cases} \qquad (6-58)$$

图 6.76(a) 是底面为附加质量薄膜结构的亥姆霍兹腔,所附加质量为 M_{add},薄膜质量为 m,薄膜面积为 S_m。在等效电路中,其相当于在 C_a 两端再并联一条支路,如图 6.76(b) 所示。其中 C_m、M_m 分别为附加质量薄膜结构的声容与声质量。

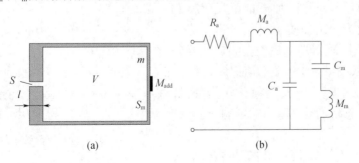

图 6.76　薄膜底面亥姆霍兹腔

普通圆膜的首阶特征频率为

$$f_m = \frac{\mu}{2\pi r}\sqrt{\frac{T}{\sigma}} \qquad (6-59)$$

式中：T 为膜表面张力；σ 为膜面密度；r 为膜半径；$\mu = 2.405$。

可知其等效力学质量 M_F 为

$$M_F = mJ_1^2(\mu) \qquad (6-60)$$

式中：J_1 为一阶贝塞尔函数。

根据前面的分析，膜结构的首阶固有模态为对称振动，可以将其视为"弹簧 – 振子"系统，设其等效刚度为 K_F。此系统的特征频率 $f_m = \frac{1}{2\pi}\sqrt{\frac{K_F}{M_F}}$，设 $\omega_m = 2\pi f_m$，得

$$K_F = \omega_m^2 mJ_1^2(\mu) \qquad (6-61)$$

在原膜中心附加质量为 M_{add} 质量块之后，模型的等效质量 M_F 变为

$$M_F = mJ_1^2(\mu) + M_{add} \qquad (6-62)$$

根据以往的研究，此类柔性底面力声变量器等效面积为 $A_{eff} = \frac{1}{3}S_m$，所以，有

$$\begin{cases} C_m = \dfrac{S_m^2}{9\omega_m^2 mJ_1^2(\mu)} \\ M_m = \dfrac{9mJ_1^2(\mu)}{S_m^2} \end{cases} \qquad (6-63)$$

设特征频率为 f，其圆频率 $\omega = 2\pi f$，则图 6.76（b）所示电路的总阻抗为

$$Z = R_a + j\omega M_a - j\frac{\omega M_m - 1}{\omega^3 M_m C_a C_m - \omega C_a - \omega C_m} \qquad (6-64)$$

当 $\omega M_a = \dfrac{\omega M_m - 1}{\omega^3 M_m C_a C_m - \omega C_a - \omega C_m}$ 时，电路的阻抗最小，解此方程，即可得到电路的固有频率，即图 6.76（a）所示结构的固有频率。

分别使用有限元法与等效模型方法，计算超材料的首阶共振频率，取附加质量单元的密度为 1000 ~ 5000kg/m³，结果如图 6.77 所示。

等效模型方法所得结果存在一定误差，误差出现的主要原因是将附加质量单元薄膜的等效刚度等效为未附加质量单元薄膜的等效刚度。但实际上，质量单元底面会固定一部分薄膜，使其等效模量发生改变，从而使 C_m 的计算存在一定的误差。同时，为简化建模流程，在等效模型中忽略了空气阻力的影响，也造成了一定的误差。

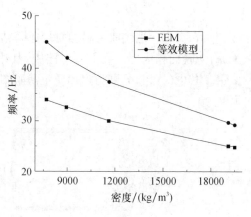

图 6.77　首阶特征频率

但如图 6.77 所示，两结果基本吻合，且二者的变化趋势相同，可以认为等效模型是合理的，有一定的理论价值。

6.8.7　质量单元偏心量对超材料隔声性能的影响

从前述对于共振模态的分析可知,虽然超材料的反对称共振模态会被激起,但并不会在共振频率附近出现隔声峰。在这里采用附加偏心质量单元的方法来减少这类"无用"模态的出现。图 6.78 所示为超材料薄膜底面俯视图,其中薄膜圆心为 O,偏心质量单元圆心为 O',两者距离为 l。

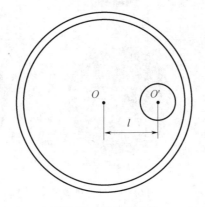

图 6.78　结构示意图

计算 l 值不同时超材料的传输损失曲线,如图 6.79 所示。

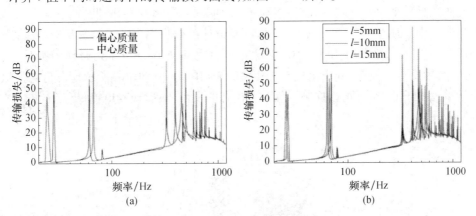

图 6.79　传输损失曲线(见彩图)

图 6.79(a)分别为 $l=0$(中心质量块)与 $l=20\text{mm}$(偏心质量块)时超材料的传输损失曲线,加入偏心质量单元设计之后,在保留两个低频隔声峰的同时,出现了更多的隔声峰,为了探究其机理,计算了偏心质量材料第 1~6 隔声峰的振动模式图,如图 6.80 所示。

从以往有关薄膜声学超材料的研究中可知[205],质量单元的加入会对薄膜起类似于"分割"的作用,即薄膜的不同部分表现为相对独立的振动,如图 6.80 中各振动模式所示。

由图 6.80(a)、(b)中可得,在低频范围内,质量单元仍发挥着重要的作用。由于质量单元的存在,超材料仍然可以保持良好的低频性能。同时由图 6.79(b)可得,随着 l 的增长,第一隔声峰频率升高,这一隔声峰的振动模式可等效为"弹簧 - 振子"系统,随着质量单元向边界移动,系统的等效刚度变大,使第一隔声峰频率升高,第二隔声峰频率降低。

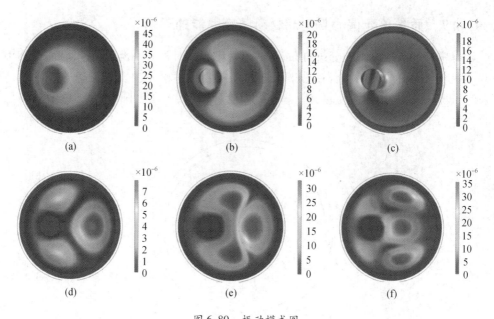

图 6.80　振动模式图

(a)28.03Hz;(b)61.27Hz;(c)71.29Hz;(d)328.22Hz;(e)396.30Hz;(f)466.81Hz。

此共振模态下,质量单元将薄膜分割为质量单元附加周围薄膜与余下薄膜两部分,随着质量单元向边界移动,余下薄膜的面积逐渐变大,使第二隔声峰频率降低。

相较于中心质量单元设计,偏心质量单元设计可以将原先的一部分反对称模态转化为非反对称模态。图6.81所示为中心质量单元设计时,68.83Hz共振频率所对应的模态,由于其为反对称模态,并未出现与之相关的隔声峰,图6.80(c)所示模态与之类似,由于质量单元处于非对称位置,抑制了反对称模态的发生,故出现隔声峰。

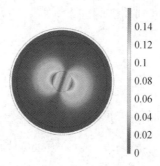

图6.81　共振模态图

偏心质量单元设计也激发了许多全新的振动模式,如图6.80(d)、(e)、(f)所示,这些共振模态的出现,大大增加了超材料的隔声峰数量。

图6.79(b)为 l=5mm,10mm,15mm 时超材料的传输损失曲线。随着 l 的变化,超材料300Hz以上隔声峰出现的位置变得杂乱无章。由于300Hz以上的振动表现为薄膜振动,而 l 的变化使得质量单元"分割"薄膜造成的结果难以预料,使得隔声峰出现的位置各异,但相较于中心质量单元设计均有提升。

为验证以上说法,通过实验手段测量了附加偏心质量单元样件的传输损失。图 6.82 (a)为样件实物图,图 6.82(b)中红线与黑线分别为实验测得的偏心质量单元样件、中心质量单元样件的传输损失曲线,其中偏心量 $l = 20\mathrm{mm}$。由图 6.82(b)可得,偏心质量单元结构的确拥有更多隔声峰。

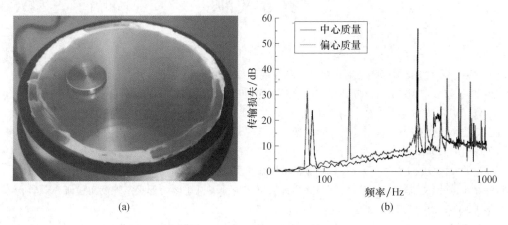

(a)　　　　　　　　　　　　　　(b)

图 6.82　实验验证(见彩图)

(a)样件图;(b)传输损失曲线。

6.8.8　小结

这里设计了一种薄膜底面亥姆霍兹腔声学超材料,得到结论如下:

(1)通过有限元法,计算了超材料 20 ~ 1200Hz 的传输损失曲线与共振模态,发现超材料在此频段内隔声性能良好,最高出现 90.18dB 的隔声峰,在 100Hz 以下的超低频范围内出现两个 40dB 以上的隔声峰,并在实验中验证了有限元计算的正确性;综合分析超材料的传输损失曲线与共振模态,进一步探究了超材料的隔声机理。

(2)计算了超材料的透射系数与反射系数,并通过等效参数提取法,得到了超材料在各个频率点处的等效密度与等效模量。发现在隔声峰处,超材料的等效密度出现负值,同时等效模量接近于零。

(3)使用等效电路法,构建了薄膜底面亥姆霍兹腔声学超材料的首阶共振频率处的等效模型,进一步揭示了该超材料的隔声机理。通过等效模型,可以快捷并较为准确地估算该声学超材料的首阶共振频率。

(4)引入了偏心质量单元,减少了超材料的反对称共振模态,进一步优化了超材料的隔声性能。

参考文献

[1]刘文艳.某型机座舱降噪技术研究[J].科技视界,2013(18):5-6.

[2]余文斌,郭金洋,潘玮,等.某新型飞机模拟座舱噪声控制措施研究[C]//2014年全国环境声学学术会议.2014:169-172.

[3]裘进浩,袁明,季宏丽.大型飞机舱内振动噪声主动控制技术的研究及应用[J].航空制造技术,2010(14):26-29.

[4]刘碧龙,常道庆,王晓林,等.飞机座舱声学控制方法报告[J].科技资讯,2016,14(16):179-180.

[5]孙亚飞,陈仁文,徐志伟,等.应用微穿孔板吸声结构的飞机座舱内部噪声控制实验研究[J].声学学报,2003,28(4):294-298.

[6]孙亚飞,陈仁文,徐志伟,等.应用粘弹阻尼材料的飞机座舱振动噪声控制实验研究[J].机械科学与技术,2003,22(3):480-483.

[7]孙亚飞,陈仁文,徐志伟,等.基于压电智能结构飞机座舱振动噪声主动控制研究[J].宇航学报,2003,24(1):43-48.

[8]秦浩明.飞机座舱壁板及舱段结构声学试验技术的新发展[J].结构强度研究,2010(4):18-24.

[9]朱广荣,陈国平,张方,等.大型飞机三维空间噪声的主动控制研究[J].振动工程学报,2012,25(4):426-430.

[10]刘耀宗,郁殿龙,赵宏刚,等.被动式动力吸振技术研究进展[J].机械工程学报,2007,43(3):14-21.

[11]ALDEMIR U. Optimal control of structures with semiactive - tuned mass dampers[J]. Journal of Sound and Vibration,2003,266(4):847-874.

[12]OMIONDIUYD J. Theory of the dynamic vibration absorber[J]. Transaction of the Asme,1928,50.

[13]GEBAI S, HAMMOUD M, HALLAL A, et al. Structural control and biomechanical tremor suppression: Comparison between different types of passive absorber[J]. Journal of Vibration and Control,2018,24(12):2576-2590.

[14]陈艳秋,郭宝亭,朱梓根.金属橡胶减振垫刚度特性及本构关系研究[J].航空动力学报,2002,17(4):416-420.

[15]邓吉宏,王轲,陈国平,等.金属橡胶减振器用于发动机安装减振的研究[J].航空学报,2008,29(6):1581-1585.

[16]FACCHINETTI A, MAZZOLA L, ALFI S, et al. Mathematical modelling of the secondary airspring suspension in railway vehicles and its effect on safety and ride comfort[J]. Vehicle System Dynamics,2010,48(sup1):429-449.

[17]LEE S J. Development and analysis of an air spring model[J]. International Journal of Automotive Technology,2010,11(4):471-479.

[18]ZHENG T,CHEN W D. Application of vibration absorbers in floating raft system[J]. Noise and Vibration Control,2013,33(3):44-49.

[19]SEGERS R. Methane production and methane consumption: A review of processes underlying wetland

methane fluxes[J]. Biogeochemistry,1998,41(1):23 – 51.

[20]YANG B,HU Y,VICARIO F,et al. Improvements of magnetic suspension active vibration isolation for floating raft system[J]. International Journal of Applied Electromagnetics and Mechanics,2017,53(2):193 – 209.

[21]CUI Z Y,WU J H,CHEN H L,et al. A quantitative analysis on the energy dissipation mechanism of the non – obstructive particle damping technology[J]. Journal of sound and Vibration,2011,330(11):2449 – 2456.

[22]BALAMURUGAN V,NARAYANAN S. Active – passive hybrid vibration control study in plates using enhanced smart constrained layer damping(ESCLD) treatment[J]. Proceedings of SPIE – The International Society for Optical Engineering,2003,5062:568 – 576.

[23]温熙森,温激鸿,郁殿龙,等. 声子晶体[M]. 北京:国防工业出版社,2009.

[24]温熙森,等. 光子/声子晶体理论与技术[M]. 北京:科学出版社,2006.

[25]KUSHWAHA M S,HALEVI P,DOBRZYNSKI L,et al. Acoustic band structure of periodic elastic composites[J]. Physical Review Letters,1993,71(13):2022 – 2025.

[26]MARTÍNEZ – SALA R,SANCHO J,SÁNCHEZ J V,et al. Sound attenuation by sculpture[J]. Nature, 1995,378(6554):241 – 241.

[27]肖勇. 局域共振型结构的带隙调控与减振降噪特性研究[D]. 长沙:国防科技大学,2012.

[28]LIU Z,ZHANG X,MAO Y,et al. Locally resonant sonic materials[J]. Science,2000,289(5485):1734 – 1736.

[29]LI J,CHAN C T. Double – negative acoustic metamaterial[J]. Physical Review E,2004,70:055602.

[30]WU Y,LAI Y,ZHANG Z Q. Effective medium theory for elastic metamaterials in two dimensions [J]. Phys. Rev. B,2007,76(20):205313.

[31]FANG N,XI D,XU J,et al. Ultrasonic metamaterials with negative modulus[J]. Nature Materials,2006,5:452 – 456.

[32]ZHOU X M,HU G K. Analytic model of elastic metamaterials with local resonances [J]. Phys. Rev. B, 2009,79(19):195109.

[33]LAI Y,WU Y,SHENG P,et al. Hybrid elastic solids[J]. Nature Materials,2011,10:620 – 624.

[34]LIU Z,CHAN C T,SHENG P. Analytic model of phononic crystals with local resonances[J]. Physical Review B,2005,71(1):014103.

[35]MALDOVAN M. Sound and heat revolutions in phononics[J]. Nature,2013,503:209 – 217.

[36]WU Y,LAI Y,ZHANG Z Q. Elastic metamaterials with simultaneously negative effective shear modulus and mass density [J]. Phys. Rev. Lett. ,2011,107(10):105506.

[37]丁昌林,赵晓鹏. 可听声频段的声学超材料[J]. 物理学报,2009,58(9):6351 – 6355.

[38]HU X H,CHAN C T,ZI J. Two – dimensional sonic crystals with Helmholtz resonators [J]. Phys. Rev. E, 2005,71(5):055601.

[39]丁昌林,赵晓鹏,郝丽梅,等. 一种基于开口空心球的声学超材料 [J]. 物理学报,2011,60(4):044301.

[40]YANG X,YIN J,YU G,et al. Acoustic superlens using Helmholtz – resonator – based metamaterials [J]. Applied physics Letters,2015,107(19):193505.

[41]GUAN D,WU J H,JING L,et al. Application of a Helmholtz structure for low frequency noise reduction [J]. Noise Control Engr. J,2015,63(1):20 – 25.

[42]JING L,WU J H,GUAN D,et al. Multilayer – split – tube resonators with low – frequency band gaps in phononic crystals[J]. Journal of Applied physics,2014,116(10):103514.

[43]MURRAY A R J,SUMMERS I R,SAMBLES J R,et al. An acoustic double fishnet using Helmholtz resonators[J]. The Journal of the Acoustical Society of America,2014,136(3):980 - 984.

[44]VASSEUR J O,DJAFARI - ROUHANI B,DOBRZYNSKI L,et al. Complete acoustic band gaps in periodic fibre reinforced composite materials:the carbon/epoxy composite and some metallic systems[J]. Journal of Physics:Condensed Matter,1994,6(42):8759 - 8770.

[45]SIGALAS M M,GARCÍA N. Importance of coupling between longitudinal and transverse components for the creation of acoustic band gaps:The aluminum in mercury case[J]. Applied Physics Letters,2000,76(16): 2307 - 2309.

[46]TANAKA Y,TOMOYASU Y,TAMURA S. Band structure of acoustic waves in phononic lattices:Two - dimensional composites with large acoustic mismatch[J]. Physical Review B,2000,62(11):7387 - 7392.

[47]KEE C S,KIM J E,PARK H Y,et al. Essential role of impedance in the formation of acoustic band gaps [J]. Journal of Applied Physics,2000,87(4):1593 - 1596.

[48]HOU Z L,FU X J,LIU Y Y. Acoustic wave in a two - dimensional composite medium with anisotropic inclusions[J]. Physics Letters A,2003,317(1 - 2):127 - 134.

[49]KUANG W M,HOU Z L,LIU Y Y. The effects of shapes and symmetries of scatterers on the phononic band gap in 2D phononic crystals[J]. Physics Letters A,2004,332(5 - 6):481 - 490.

[50]ZHONG L H,WU F G,ZHANG X,et al. Effects of orientation and symmetry of rods on the complete acoustic band gap in two - dimensional periodic solid/gas systems[J]. Physics Letters A,2005,339(1 - 2):164 - 170.

[51]WANG L F,BERTOLDI K. Mechanically tunable phononic band gaps in three - dimensional periodic elastomeric structures[J]. International Journal of Solids and Structures,2012,49(19 - 20):2881 - 2885.

[52]WU L Y,CHEN L W. Enhancing transmission efficiency of bending waveguide based on graded sonic crystals using antireflection structures[J]. Applied Physics A,2012,107(3):743 - 748.

[53]ROMERO - GARCIA V,VASSEUR J O,GARCIA - RAFFI L M,et al. Theoretical and experimental evidence of level repulsion states and evanescent modes in sonic crystal stubbed waveguides[J]. New Journal of Physics,2012,14(2):023049.

[54]WANG G,CHEN S B,WEN J H. Low - frequency locally resonant band gaps induced by arrays of resonant shunts with Antoniou's circuit:experimental investigation on beams[J]. Smart Materials and Structures, 2011,20(1):015026.

[55]SÁNCHEZ - DEHESA J,GARCIA - CHOCANO V M,TORRENT D,et al. Noise control by sonic crystal barriers made of recycled materials[J]. The Journal of the Acoustical Society of America,2011,129(3): 1173 - 1183.

[56]KUSHWAHA M S,HALEVI P,DOBRZYNSKI L,et al. Acoustic band structure of periodic elastic composites [J]. Physical Review Letters,1993,71(13):2022 - 2025.

[57]VASSEUR J O,DEYMIER P A,KHELIF A,et al. Phononic crystal with low filling fraction and absolute acoustic band gap in the audible frequency range:A theoretical and experimental study[J]. Physical Review E,2002,65(5):056608.

[58]VASSEUR J O,DEYMIER P A,DJAFARI - ROUHANI B,et al. Absolute forbidden bands and waveguiding in two - dimensional phononic crystal plates[J]. Physical Review B,2008,77(8):085415.

[59]SOLIMAN Y M,SU M F,LESEMAN Z C,et al. Effects of release holes on microscale solid - solid phononic crystals[J]. Applied Physics Letters,2010,97(8):081907.

[60]MA T X,WANG Y S,SU X X,et al. Elastic band structures of two - dimensional solid phononic crystal with negative Poisson's ratios[J]. Physica B,2012,407(21):4186 - 4192.

[61] WITHINGTON S, GOLDIE D J. Elastic and inelastic scattering at low temperature in low – dimensional phononic structures[J]. Physical Review B,2013,87(20):205442.

[62] MA T X, SU X X, WANG Y S, et al. Effects of material parameters on elastic band gaps of three – dimensional solid phononic crystals[J]. Physica Scripta,2013,87(5):055604.

[63] CHEN J S, SUN C T. Wave propagation in sandwich structures with resonators and periodic cores [J]. Journal of Sandwich Structures and Materials,2013,15(3):359 – 374.

[64] CHEN J S, HUANG Y J. Wave propagation in sandwich structures with multiresonators[J]. Journal of Vibration and Acoustics,2016,138(4):041009.

[65] XIAO Y, WEN J, WEN X. Flexural wave band gaps in locally resonant thin plates with periodically attached spring – mass resonators[J]. Journal of Physics D:Applied Physics,2012,45(19):195401.

[66] MIRANDA Jr E J P, DOS SANTOS J M C. Flexural wave band gaps in elastic metamaterial thin plate [C]. Congresso Nacional de Engenharia Mecânica,2016.

[67] KHELIF A, ACHAOUI Y, BENCHABANE S, et al. Locally resonant surface acoustic wave band gaps in a two – dimensional phononic crystal of pillars on a surface[J]. Physical Review B,2010,81(21):214303.

[68] BRÛLÉ S, JAVELAUD E H, ENOCH S, et al. Experiments on seismic metamaterials:molding surface waves [J]. Physical Review Letters,2014,112(13):133901.

[69] OUDICH M, LI Y, ASSOUAR M B, et al. A sonic band gap based on the locally resonant phononic plates with stubs[J]. New Journal of Physics,2010,12(8):083049.

[70] ASSOUAR M B, OUDICH M. Enlargement of a locally resonant sonic band gap by using double – sides stubbed phononic plates[J]. Applied Physics Letters,2012,100(12):123506.

[71] HU A, ZHANG X, WU F, et al. Enlargement of the locally resonant Lamb wave band gap of the phononic crystal plate at the deep sub – wavelength scale[J]. Materials Research Express,2014,1(4):045801.

[72] ASSOUAR M B, SENESI M, OUDICH M, et al. Broadband plate – type acoustic metamaterial for low – frequency sound attenuation[J]. Applied Physics Letters,2012,101(17):173505.

[73] ASSOUAR M B, SUN J H, LIN F S, et al. Hybrid phononic crystal plates for lowering and widening acoustic band gaps[J]. Ultrasonics,2014,54(8):2159 – 2164.

[74] LIU WEI, CHEN JI WEI, SU XIAN YUE. Local resonance phononic band gaps in modified two – dimensional lattice materials[J]. Acta Mechanica Sinica,2012,28(3):659 – 669.

[75] MA T X, WANG Y S, WANG Y F, et al. Three – dimensional dielectric phoxonic crystals with network topology[J]. Optics Express,2013,21(3):2727 – 2732.

[76] LIU Y, SUN X Z, JIANG W Z, et al. Tuning of bandgap structures in three – dimensional kagome – sphere lattice[J]. Journal of Vibration and Acoustics,2014,136(2):021016.

[77] ACAR G, YILMAZ C. Experimental and numerical evidence for the existence of wide and deep phononic gaps induced by inertial amplification in two – dimensional solid structures[J]. Journal of Sound and Vibration, 2013,332(24):6389 – 6404.

[78] WANG P, CASADEI F, SHAN S, et al. Harnessing buckling to design tunable locally resonant acoustic metamaterials[J]. Physical Review Letters,2014,113(1):014301.

[79] BIGONI D, GUENNEAU S, MOVCHAN A B, et al. Elastic metamaterials with inertial locally resonant structures:Application to lensing and localization[J]. Physical Review B,2013,87(17):174303.

[80] ELFORD D P, CHALMERS L, KUSMARTSEV F V, et al. Matryoshka locally resonant sonic crystal [J]. The Journal of the Acoustical Society of America,2011,130(5):2746 – 2755.

[81] PENG H, PAI P F, DENG H. Acoustic multi – stopband metamaterial plates design for broadband elastic wave absorption and vibration suppression[J]. International Journal of Mechanical Sciences,2015,103:104 – 114.

［82］DING C L,ZHAO X P. Multi – band and broadband acoustic metamaterial with resonant structures［J］. Journal of Physics D:Applied Physics,2011,44(21):215402.

［83］WANG T,SHENG M P,WANG H,et al. Band structures in two – dimensional phononic crystals with periodic s – shaped slot［J］. Acoustics Australia,2015,43(3):275 – 281.

［84］WANG G,WEN X,WEN J,et al. Two – dimensional locally resonant phononic crystals with binary structures［J］. Physical Review Letters,2004,93(15):154302.

［85］OUDICH M,ASSOUAR M B,HOU Z. Propagation of acoustic waves and waveguiding in a two – dimensional locally resonant phononic crystal plate［J］. Applied Physics Letters,2010,97(19):193503.

［86］HIRSEKORN M. Small – size sonic crystals with strong attenuation bands in the audible frequency range ［J］. Applied Physics Letters,2004,84(17):3364 – 3366.

［87］HUSSEIN M I,LEAMY M J,RUZZENE M. Dynamics of phononic materials and structures:Historical origins,recent progress,and future outlook［J］. Applied Mechanics Reviews,2014,66(4):040802.

［88］FANG N,XI D J,XU J Y,et al. Ultrasonic metamaterials with negative modulus［J］. Nature Materials, 2006,5(6):452 – 456.

［89］PENDRY J B,HOLDEN A J,ROBBINS D J,et al. Magnetism from conductors and enhanced nonlinear phenomena［J］. IEEE Transactions on Microwave Theory and Techniques,1999,47:2075 – 2084.

［90］IYER A K,KREMER P C,ELEFTHERIADES G V. Experimental and theoretical verification of focusing in a large,periodically loaded transmission line negative refractive index metamaterial［J］. Optics. Express, 2003,11(7):696 – 708.

［91］CHENG Y,XU J Y,LIU X J. Broad forbidden bands in parallel – coupled locally resonant ultrasonic metamaterials［J］. Applied Physics Letters. ,2008,92(5):051913.

［92］CHENG Y,XU J Y,LIU X J. One – dimensional structured ultrasonic metamaterials with simultaneously negative dynamic density and modulus［J］. Phys. Rev. B,2008,77(4):045134.

［93］LIU X N,HU G K,HUANG G L,et al. An elastic metamaterial with simultaneously negative mass density and bulk modulus［J］. Applied Physics Letters,2011,98(25):251907.

［94］DONG H W,ZHAO S D,WANG Y S,et al. Topology optimization of anisotropic broadband double – negative elastic metamaterials［J］. Journal of the Mechanics and Physics of Solids,2017,105:54 – 80.

［95］TAN K T,HUANG H H,SUN C T. Blast – wave impact mitigation using negative effective mass density concept of elastic metamaterials［J］. International Journal of Impact Engineering,2014,64:20 – 29.

［96］CHEN Y,HU G,HUANG G. A hybrid elastic metamaterial with negative mass density and tunable bending stiffness［J］. Journal of the Mechanics and Physics of Solids,2017,105:179 – 198.

［97］POPE S A,LAALEJ H,DALEY S. Performance and stability analysis of active elastic metamaterials with a tunable double negative response［J］. Smart Materials and Structures,2012,21(12):125021.

［98］RUZZENE M,BAZ A. Control of wave propagation in periodic composite rods using shape memory inserts ［J］. Journal of Vibration and Acoustics,2000,122(2):151 – 159.

［99］RUZZENE M,BAZ A. Attenuation and localization of wave propagation in periodic rods using shape memory inserts［J］. Smart Materials and Structures,2000,9(6):805 – 816.

［100］WANG P,SHIM J,BERTOLDI K. Effects of geometric and material nonlinearities on tunable band gaps and low – frequency directionality of phononic crystals［J］. Physical Review B,2013,88(1):014304.

［101］JANG J H,KOH C Y,BERTOLDI K,et al. Combining pattern instability and shape – memory hysteresis for phononic switching［J］. Nano Letters,2009,9(5):2113 – 2119.

［102］THORP O,RUZZENE M,BAZ A. Attenuation and localization of wave propagation in rods with periodic shunted piezoelectric patches［J］. Smart Materials and Structures,2001,10(5):979 – 989.

［103］BAZ A. Active control of periodic structures［J］. Journal of Vibration and Acoustics,2001,123:472 – 479.

［104］SINGH A,PINES D J,BAZ A. Active/passive reduction of vibration of periodic one – dimensional structures using piezoelectric actuators［J］. Smart Materials and Structures,2004,13:698 – 711.

［105］MUNDAY J N, BENNETT C B, ROBERTSON W M. Band gaps and defect modes in periodically structured waveguides［J］. The Journal of the Acoustical Society of America,2002,112(4):1353 – 1358.

［106］JAMES R,WOODLEY S M,DYER C M,et al. Sonic bands,bandgaps,and defect states in layered structures – theory and experiment［J］. The Journal of the Acoustical Society of America,1995,97(4):2041 – 2047.

［107］WANG Y Z, LI F M, HUANG W H, et al. Effects of inclusion shapes on the band gaps in two – dimensional piezoelectric phononic crystals［J］. Journal of Physics:Condensed Matter, 2007, 19(49): 496204.

［108］WANG Y, LI F, WANG Y, et al. Tuning of band gaps for a two – dimensional piezoelectric phononic crystal with a rectangular lattice［J］. Acta Mechanica Sinica,2009,25(1):65 – 71.

［109］WANG Y Z, LI F M, HUANG W H, et al. Wave band gaps in two – dimensional piezoelectric/ piezomagnetic phononic crystals［J］. International Journal of Solids and Structures,2008,45(14 – 15): 4203 – 4210.

［110］WANG Y Z, LI F M, KISHIMOTO K, et al. Elastic wave band gaps in magnetoelectroelastic phononic crystals［J］. Wave Motion,2009,46:47 – 56.

［111］HOU Z L, WU F G, LIU Y Y. Phononic crystals containing piezoelectric material［J］. Solid State Communications,2004,130(11):745 – 749.

［112］HSU J C. Switchable frequency gaps in piezoelectric phononic crystal slabs［J］. Japanese Journal of Applied Physics,2012,51(7Issue 2):07GA04.

［113］YEH J Y. Control analysis of the tunable phononic crystal with electrorheological material［J］. Physica B, 2007,400(1 – 2):137 – 144.

［114］张佳龙,姚宏,杜军,等. 局域共振单元与薄膜复合声子晶体板结构的低频降噪［J］. 光子学报, 2016,45(7):0731002.

［115］吴健,白晓春,肖勇,等. 一种多频局域共振型声子晶体板的低频带隙与减振特性［J］. 物理学报, 2016,65(6):064602.

［116］杜军,祁鹏山,姜久龙,等. 局域共振声子晶体复合结构的隔声特性［J］. 光子学报,2016,45(10): 1016001.

［117］张思文,吴九汇. 局域共振复合单元声子晶体结构的低频带隙特性研究［J］. 物理学报,2013,62 (13):134302.

［118］YU D,LIU Y,WANG G,et al. Flexural vibration band gaps in Timoshenko beams with locally resonant structures［J］. Journal of Applied Physics,2006,100(12):124901.

［119］ZHANG Y,NI Z Q,HAN L,et al. Flexural vibrations band gaps in phononic crystal Timoshenko beam by plane wave expansion method［J］. Optoelectronics and Advanced Materials – Rapid Communications, 2012,6(11 – 12):1049 – 1053.

［120］WANG Z,ZHANG P,ZHANG Y. Locally resonant band gaps in flexural vibrations of a timoshenko beam with periodically attached multioscillators ［ J ］. Mathematical Problems in Engineering, 2013, 2013: 146975.

［121］WANG G,WEN X,WEN J,et al. Quasi – one – dimensional periodic structure with locally resonant band gap［J］. Journal of Applied Mechanics,2006,73(1):167 – 170.

［122］YU D, LIU Y, ZHAO H, et al. Flexural vibration band gaps in Euler – Bernoulli beams with locally resonant structures with two degrees of freedom[J]. Physical Review B,2006,73(6):064301.

[123]XIAO Y,WEN J,HUANG L,et al. Analysis and experimental realization of locally resonant phononic plates carrying a periodic array of beam – like resonators[J]. Journal of Physics D:Applied Physics, 2014,47(4):045307.

[124]XIAO Y,WEN J,WANG G,et al. Theoretical and experimental study of locally resonant and Bragg band gaps in flexural beams carrying periodic arrays of beam – like resonators[J]. Journal of Vibration and Acoustics,2013,135(4):041006.

[125]XIAO Y,WEN J,YU D,et al. Flexural wave propagation in beams with periodically attached vibration absorbers:Band – gap behavior and band formation mechanisms[J]. Journal of Sound and Vibration, 2013,332(4):867 – 893.

[126]XIAO Y,WEN J,WEN X. Longitudinal wave band gaps in metamaterial – based elastic rods containing multi – degree – of – freedom resonators[J]. New Journal of Physics,2012,14(3):033042.

[127]XIAO Y, WEN J, WEN X. Broadband locally resonant beams containing multiple periodic arrays of attached resonators[J]. Physics Letters A,2012,376(16):1384 – 1390.

[128]ZHAO H,LIU Y,WEN J,et al. Tri – component phononic crystals for underwater anechoic coatings [J]. Physics Letters A,2007,367(3):224 – 232.

[129]ZHAO HONGGANG, LIU YAOZONG, WEN JIHONG, et al. Sound absorption of locally resonant sonic materials[J]. Chinese Physics Letters,2006,23(8):2132 – 2134.

[130]ZHAO H,LIU Y,YU D,et al. Absorptive properties of three – dimensional phononic crystal[J]. Journal of Sound and Vibration,2007,303(1 – 2):185 – 194.

[131]YANG Z,MEI J,YANG M,et al. Membrane – type acoustic metamaterial with negative dynamic mass [J]. Physical Review Letters,2008,101(20):204301.

[132]ROMERO – GARCÍA V,SÁNCHEZ – PÉREZ J V,GARCIA – RAFFI L M. Tunable wideband bandstop acoustic filter based on two – dimensional multiphysical phenomena periodic systems[J]. Journal of Applied Physics,2011,110(1):014904.

[133]NAIFY C J,CHANG C M,MCKNIGHT G,et al. Transmission loss and dynamic response of membrane – type locally resonant acoustic metamaterials[J]. Journal of Applied Physics,2010,108(11):114905.

[134]NAIFY C J, CHANG C M, MCKNIGHT G, et al. Transmission loss of membrane – type acoustic metamaterials with coaxial ring masses[J]. Journal of Applied Physics,2011,110(12):124903.

[135]NAIFY C J,CHANG C M,MCKNIGHT G,et al. Membrane – type metamaterials:Transmission loss of multi – celled arrays[J]. Journal of Applied Physics,2011,109(10):104902.

[136]NAIFY C J,CHANG C M,MCKNIGHT G,et al. Scaling of membrane – type locally resonant acoustic metamaterial arrays[J]. The Journal of the Acoustical Society of America,2012,132(4):2784 – 2792.

[137]MEI J,MA G,YANG M,et al. Dark acoustic metamaterials as super absorbers for low – frequency sound [J]. Nature Communications,2012,3:756.

[138]ZHANG YUGUANG,WEN JIHONG,ZHAO HONGGANG,et al. Sound insulation property of membrane – type acoustic metamaterials carrying different masses at adjacent cells[J]. Journal of Applied Physics, 2013,114(6):063515.

[139]吴九汇,马富银,张思文,等. 声学超材料在低频减振降噪中的应用评述[J]. 机械工程学报,2016, 52(13):68 – 78.

[140]张炜权,吴九汇,马富银,等. 薄膜低频隔声性能的张力依赖性[J]. 振动工程学报,2016,29(4): 616 – 622.

[141]MA FUYIN,WU JIUHUI,HUANG MENG. Resonant modal group theory of membrane – type acoustical

metamaterials for low – frequency sound attenuation[J]. The European Physical Journal Applied Physics, 2015,71(3):30504.

[142] MA FUYIN,WU JIUHUI,HUANG MENG,et al. A purely flexible lightweight membrane – type acoustic metamaterial[J]. Journal of Physics D:Applied Physics,2015,48(17):175105.

[143] MA FUYIN, WU JIUHUI, HUANG MENG. One – dimensional rigid film acoustic metamaterials [J]. Journal of Physics D:Applied Physics,2015,48(46):465305.

[144] DELLA GIOVAMPAOLA C,ENGHETA N. Digital metamaterials[J]. Nature materials,2014,13(12): 1115 – 1121.

[145] CUI T J, QI M Q, WAN X, et al. Coding metamaterials, digital metamaterials and programmable metamaterials[J]. Light:Science and Applications,2014,3(10):e218.

[146] WANG Z,ZHANG Q,ZHANG K,et al. Tunable digital metamaterial for broadband vibration isolation at low frequency[J]. Advanced Materials,2016,28(44):9857 – 9861.

[147] KUTSENKO A A,SHUVALOV A L,PONCELET O,et al. Quasistatic stopband and other unusual features of the spectrum of a one – dimensional piezoelectric phononic crystal controlled by negative capacitance [J]. Comptes Rendus Mécanique,2015,343(12):680 – 688.

[148] CHEN Z G,WU Y. Tunable topological phononic crystals[J]. Physical Review Applied,2016,5(5): 054021.

[149] CROËNNE C,PONGE M F,DUBUS B,et al. Tunable phononic crystals based on piezoelectric composites with 1 – 3 connectivity[J]. The Journal of the Acoustical Society of America,2016,139(6):3296 – 3302.

[150] WANG Y Z,LI F M,KISHIMOTO K. Effects of the initial stress on the propagation and localization properties of Rayleigh waves in randomly disordered layered piezoelectric phononic crystals[J]. Acta Mechanica,2011,216(1 – 4):291 – 300.

[151] LAN M,WEI P. Band gap of piezoelectric/piezomagnetic phononic crystal with graded interlayer [J]. Acta Mechanica,2014,225(6):1779 – 1794.

[152] SESION JR P D,ALBUQUERQUE E L,CHESMAN C,et al. Acoustic phonon transmission spectra in piezoelectric AlN/GaN Fibonacci phononic crystals[J]. The European Physical Journal B,2007,58(4): 379 – 387.

[153] JIN Y,FERNEZ N,PENNEC Y,et al. Tunable waveguide and cavity in a phononic crystal plate by controlling whispering – gallery modes in hollow pillars[J]. Physical Review B,2016,93(5):054109.

[154] CHEN Y Y,HUANG G L,SUN C T. Band gap control in an active elastic metamaterial with negative capacitance piezoelectric shunting[J]. Journal of Vibration and Acoustics,2014,136(6):061008.

[155] BENCHABANE S,KHELIF A,RAUCH J Y,et al. Evidence for complete surface wave band gap in a piezoelectric phononic crystal[J]. Physical Review E,2006,73(6):065601.

[156] LAUDE V,WILM M,BENCHABANE S,et al. Full band gap for surface acoustic waves in a piezoelectric phononic crystal[J]. Physical Review E,2005,71(3):036607.

[157] VASSEUR J O,HLADKY – HENNION A C,DJAFARI – ROUHANI B,et al. Waveguiding in two – dimensional piezoelectric phononic crystal plates [J]. Journal of Applied Physics, 2007, 101 (11): 114904.

[158] WU T T,HSU Z C,HUANG Z G. Band gaps and the electromechanical coupling coefficient of a surface acoustic wave in a two – dimensional piezoelectric phononic crystal[J]. Physical Review B,2005,71(6): 064303.

[159] MOHAMMADI S, EFTEKHAR A A, KHELIF A, et al. Evidence of large high frequency complete

phonomic band gaps in silicon phononic crystal plates［J］. Applied Physics Letters,2008,92（22）: 221905.

［160］HWAN OH J,KYU LEE I,SIK MA P,et al. Active wave – guiding of piezoelectric phononic crystals［J］. Applied Physics Letters,2011,99（8）:083505.

［161］张海澜. 理论声学［M］. 北京:高等教育出版社,2012.

［162］杜功焕,朱哲民,龚秀芬. 声学基础［M］. 南京:南京大学出版社,2012.

［163］倪振华. 振动力学［M］. 西安:西安交通大学出版社,1989.

［164］姜久龙,姚宏,杜军,等. 双开口 Helmholtz 局域共振周期结构低频带隙特性研究［J］. 物理学报, 2017,66（6）:064301

［165］RAJALINGHAM C,BHAT R B,XISTRIS G D. Vibration of circular membrane backed by cylindrical cavity［J］. International Journal of Mechanical Sciences,1998,40（8）:723 – 734.

［166］EFTEKHARI S A. A differential quadrature procedure for free vibration of circular membranes backed by a cylindrical fluid – filled cavity［J］. Journal of the Brazilian Society of Mechanical Sciences and Engineering,2017,39（4）:1119 – 1137.

［167］陈鑫,姚宏,赵静波,等. Helmholtz 腔与弹性振子耦合结构带隙［J］. 物理学报,2019,68（8）: 084302.

［168］芮筱亭,贠来峰,陆毓琪,等. 多体系统传递矩阵法及其应用［M］. 北京:科学出版社,2008.

［169］黄永强,赵晓云,陈树勋. 弹性动力学中的瑞利—里兹法［J］. 河北理工学院学报,1996,18（2）: 62 – 66.

［170］吴九汇. 噪声分析与控制［M］. 西安:西安交通大学出版社,2011.

［171］LI F,LIU J,WU Y H. The investigation of point defect modes of phononic crystal for high Q resonance ［J］. Journal of Applied Physics,2011,109:124907.

［172］LV H Y,TIAN X Y,WANG M Y,et al. Vibration energy harvesting using a phononic crystal with point defect states［J］. Applied Physics Letters,2013,102（3）:034103.

［173］BENCHABANE S, GAIFFE O, SALUTR,et al. Guidance of surface waves in a micron – scale phononic crystal line – defect waveguide［J］. Applied Physics Letters,2015,106（8）:081903.

［174］HE Y ,WU F,YAO Y,et al. Effect of defect configuration on the localization of phonons in two – dimensional phononic crystals［J］. Physics Letters A,2013,377（12）:889 – 894.

［175］赵言诚,姜宇,苑立波. 二维声子晶体多点缺陷局域模的分离特性［J］. 人工晶体学报,2008,37 （4）:805 – 808.

［176］PENNEC Y,DJAFARI – ROUHANI B,LARABI H,et al. Phonon transport and waveguiding in a phononic crystal made up of cylindrical dots on a thin homogeneous plate［J］. Physical Review B,2009,80: 144302.

［177］LI Y G,CHEN T N,WANG X P,et al. Acoustic confinement and waveguiding in two – dimensional phononic crystals with material defect states［J］. Journal of Applied Physics,2014,116（2）:024904.

［178］WU T C,WU T T,HSU J C. Waveguiding and frequency selection of Lamb waves in a plate with a periodic stubbed surface［J］. Physical Review B,2009,79,104306.

［179］ROUNDY S. On the effectiveness of vibration – based energy harvesting［J］. Journal of Intelligent Material Systems and Structures,2005,16（10）:809 – 823.

［180］LI Y G,CHEN T N,WANG X P,et al. Band structures in two – dimensional phononic crystals with periodic Jerusalem cross slot ［J］. Physica B:Condensed Matter,2015,456:261 – 266.

［181］SHIM JONGMIN,WANG PAI,BERTOLDI KATIA. Harnessing instability – induced pattern transformation to design tunable phononic crystals［J］. International Journal of Solids and Structures,2015,58:52 – 61.

［182］YU K P,CHEN T N,WANG X P, et al. Large band gaps in phononic crystal slabs with rectangular cylinder inclusions parallel to the slab surfaces［J］. Journal of Physics and Chemistry of Solids,2013,74 (8):1146 – 1151.

［183］TIAN H Y,WANG X Z ,ZHOU Y H. Theoretical model and analytical approach for a circular membrane – ring structure of locally resonant acoustic metamaterial［J］. Appl Phys A,2014,114:985 – 990.

［184］WANG Y L,SONG W,SUN E W, et al. Tunable passband in one – dimensional phononic crystal containing a piezoelectric 0. 62Pb($Mg_{1/3}Nb_{2/3}$) O_3 – 0. 38PbTiO$_3$ single crystal defect layer ［J］. Physica E,2014,60:37 – 41.

［185］PARK J J,PARK C M,LEE K J B,et al. Acoustic superlens using membrane – based metamaterials ［J］. Applied Physics Letters,2015,106:051901.

［186］ZHANG S W,WU J H. Low – frequency band gaps in phononic crystals with composite locally resonant structures［J］. Acta Phys Sin,2013,62(13):134302.

［187］GAO N S,WU J H,YU L. Research on bandgaps in two – dimensional phononic crystal with two resonators［J］. Ultrasonics,2015,56:287 – 293.

［188］ZHU Y F,YUAN Y,ZOU X Y,et al. Piezoelectric – sensitive mode of lamb wave in one – dimensional piezoelectric phononic crystal plate［J］. Wave Motion,2015,54:66 – 75.

［189］WANG Y F,WANG Y S,WANG L T. Two – dimensional ternary locally resonant phononic crystals with a comblike coating［J］. Journal of Physics D:Applied Physics,2014,47(1):015502.

［190］钟会林,吴福根,姚立宁 . 遗传算法在二维声子晶体带隙优化中的应用［J］. 物理学报,2006,55 (01):275 – 280.

［191］刘么和,陈源,熊健民 . 基于智能算法的声子晶体带隙优化设计［J］. 振动与冲击,2008,27(9): 94 – 95.

［192］刘耀宗,孟浩,李黎,等 . 基于遗传算法的声子晶体梁振动传输特性优化设计［J］. 振动与冲击, 2008,27(9):47 – 50.

［193］DONG H W,SU X X,WANG Y S,et al. Topological optimization of two – dimensional phononic crystals based on the finite element method and genetic algorithm［J］. Struct Multidisc Optim,2014,50:593 – 604.

［194］雷英杰,等 . Matlab 遗传算法工具箱及应用［M］. 西安:西安电子科技大学出版社,2005.

［195］ROMERO – GARCÍA V,KRYNKIN A,GARCIA – RAFFI L M,et al. Multi – resonant scatterers in sonic crystals:Locally multi – resonant acoustic metamaterial［J］. Journal of Sound and Vibration,2013,332: 184 – 198.

［196］LEE MYEUNG HEE,JUNG MYOUNG KI,LEE SAM HYEON,et al. Acoustic resonant states on the interface between density – negative and modulus – negative metamaterial ［J］. Journal of the Korean Physical Society,2012,60(1):31 – 33.

［197］PARK JONG JIN,PARK CHOON MAHN,LEE K J B,et al. Acoustic superlens using membrane – based metamaterials［J］. Applied Physics Letters,2015, 106:051901.

［198］CHEN Y Y,HUANG G L,ZHOU X M,et al. Analytical coupled vibroacoustic modeling of membrane – type acoustic metamaterials:Plate model［J］. The Journal of the Acoustical Society of America,2014,136 (6):2926 – 2934.

［199］SHEN C,XU J,FANG N X,et al. Anisotropic complementary acoustic metamaterial for canceling out aberrating layers［J］. Physical Review X,2014,4(4):041033.

［200］YANG Z,DAI H M,CHAN N H,et al. Acoustic metamaterial panels for sound attenuation in the 50 – 1000 Hz regime［J］. Applied Physics Letters,2010,96:041906.

[201] FAN L, CHEN Z, ZHANG S Y, et al. An acoustic metamaterial composed of multi – layer membrane – coated perforated plates for low – frequency sound insulation[J]. Applied Physics Letters, 2015, 106: 151908.

[202] LEE SAM HYEON, PARK CHOON MAHN, SEO YONG MUN, et al. Acoustic metamaterial with negative density[J]. Physics Letters A, 2009, 373: 4464 – 4469.

[203] MEI J, MA G C, YANG M, et al. Dark acoustic metamaterials as super absorbers for low – frequency sound[J]. Nature Communications, 2012, 3: 756.

[204] Fano U. Effects of configuration interaction on intensities and phase shifts[J]. Physical Review, 1961, 124(6): 1866 – 1878.

[205] MONTERO D E F R, JIMÉNEZ E, TORRES M. Ultrasonic band gap in a periodic two – dimensional composite[J]. Physical Review Letters, 1998, 80(6): 1208 – 1211.

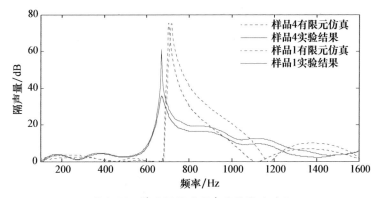

图 2.76 单元间隔对隔声效果影响对比

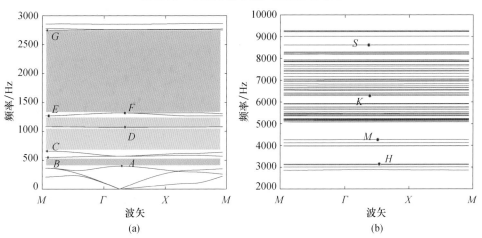

(a)

(b)

图 3.11 前 12 阶及 13 ~ 18 阶本征频率

（a）前 12 阶本征频率；（b）第 13 ~ 80 阶本征频率。

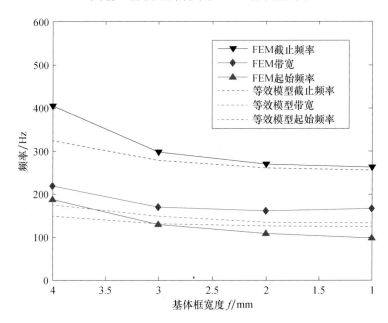

图 3.22 环氧树脂基体框宽度对带隙的影响

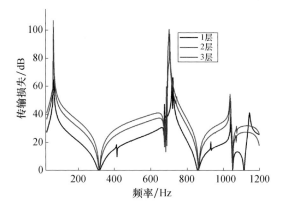

图 3.75 结构层数对隔声量的影响

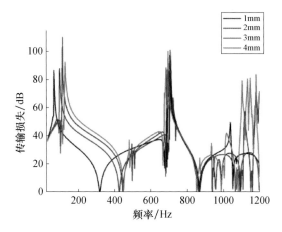

图 3.77 包覆层宽对传输损失的影响

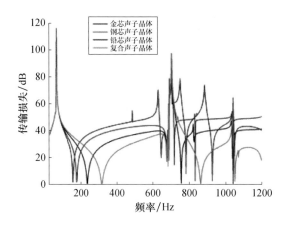

图 3.78 复合方式对隔声性能的影响

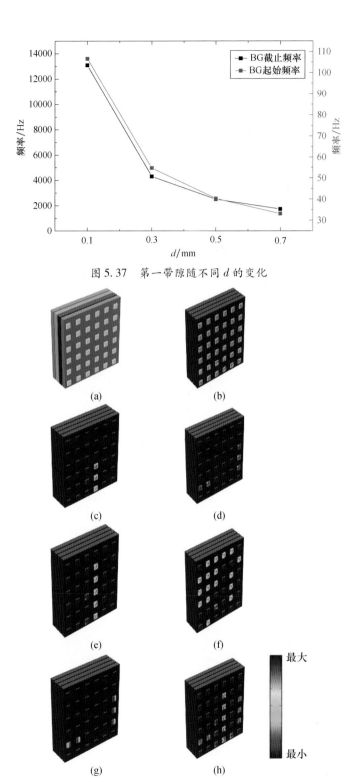

图 5.37 第一带隙随不同 d 的变化

(a)   (b)

(c)   (d)

(e)   (f)

最大

最小

(g)   (h)

图 5.43 位移矢量图

(a)A 点位移矢量图;(b)B 点位移矢量图;(c)C 点位移矢量图;(d)D 点位移矢量图;
(e)E 点位移矢量图;(f)F 点位移矢量图;(g)G 点位移矢量图;(h)H 点位移矢量图。

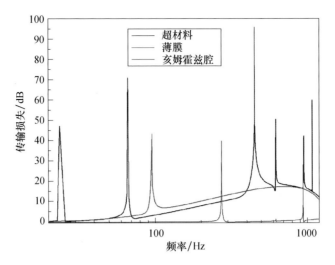

图 6.69　传输损失曲线

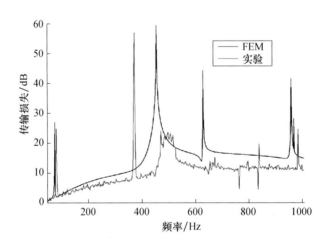

图 6.72　传输损失曲线

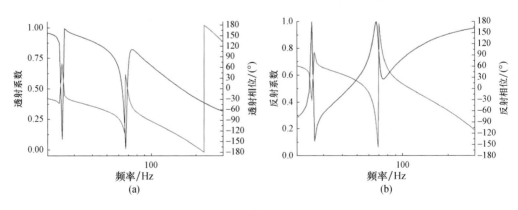

图 6.73　透射系数与反射系数

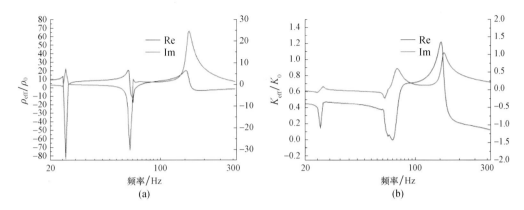

图 6.74 等效质量密度与等效体积模量

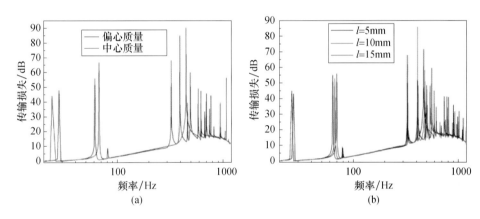

图 6.79 传输损失曲线

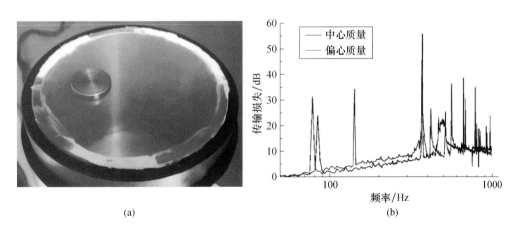

图 6.82 实验验证

（a）样件图；（b）传输损失曲线。